现代危险化学品安全管理与技术丛书

危险化学品安全管理实务

鲁　宁　范小花　主编

中国劳动社会保障出版社

图书在版编目(CIP)数据

危险化学品安全管理实务/鲁宁，范小花主编. —北京：中国劳动社会保障出版社，2010

现代危险化学品安全管理与技术丛书

ISBN 978-7-5045-8533-2

Ⅰ.①危… Ⅱ.①鲁…②范 Ⅲ.①化学品-危险物品管理：安全管理 Ⅳ.①TQ086.5

中国版本图书馆 CIP 数据核字(2010)第 187596 号

中国劳动社会保障出版社出版发行

(北京市惠新东街1号 邮政编码：100029)

出 版 人：张梦欣

*

中国铁道出版社印刷厂印刷装订 新华书店经销

787 毫米×960 毫米 16 开本 17.75 印张 307 千字

2010 年 9 月第 1 版 2010 年 9 月第 1 次印刷

定价：43.00 元

读者服务部电话：010-64929211/64921644/84643933

发行部电话：010-64961894

出版社网址：http：//www.class.com.cn

内容简介

本书依据《危险化学品安全管理条例》（国务院令第344令，2002年颁发并执行）及相关法律、法规，对危险化学品非生产性环节的安全管理要点进行了介绍。主要内容包括：危险化学品安全技术说明书、危险化学品安全标签、危险化学品包装的安全管理、危险化学品经营的安全管理、危险化学品储存的安全管理、危险化学品运输的安全管理、危险化学品使用的安全管理等。

本书可作为危险化学品行业包装、经营、运输、储存、使用环节管理与技术人员的工作、学习参考用书。

目　录

第一章　化学品安全技术说明书

化学品安全技术说明书，国际上称做化学品安全信息卡，简称 MSDS（material safety data sheet）或 CSDS，是关于危险化学品燃爆、毒性和环境危害以及安全使用、泄漏应急处置、主要理化参数、法律法规等方面信息的综合性文件。作为对用户的一种服务，生产企业应随化学商品向用户提供安全技术说明书，向用户提供基本危害信息（包括运输、操作处置、储存和应急行动等），使用户明了化学品的有关危害，使用时能主动进行防护，起到减少职业危害和预防化学事故的作用。

国际标准化组织于 1994 年就化学品安全技术说明书的内容和编写要求作出了规定，颁布了 2009 safety data sheet for chemical products-content and order of sections（ISO 11014）标准。我国于 1996 年制定了国家标准《危险化学品安全技术说明书编写规定》（GB 16483—1996），但其内容与 ISO 11014 要求的内容有所不同。为了与国际体系接轨，我国于 2000 年按照 ISO 11014 的要求对 GB 16483—1996 进行了修订，形成了新版的《化学品安全技术说明书编写规定》（GB 16483—2000）。

化学品安全技术说明书为化学物质及其制品提供了有关安全、健康和环境保护方面的各种信息，并提供了有关化学品的基本知识、防护措施和应急行动等方面的资料。作为最基础的技术文件，其主要用途是传递安全信息。其具体作用主要体现在：

1. 是作业人员安全使用化学品的指导性文件。

2. 为化学品生产、处置、储存和使用各环节制定安全操作规程提供技术信息。

3. 为危害控制和预防措施设计提供技术依据。

4. 是企业安全教育的主要内容。

化学品安全技术说明书不可能将所有可能发生的危险及安全使用的注意事项全部表示出来，加之作业场所情形各异，所以它仅是用以提供化学商品基本安全信息，并非产品质量的担保。

第一节　化学品安全技术说明书编写内容

《化学品安全技术说明书编写规定》（GB 16483—2000）规定的安全技术说明书应包括安全卫生信息 16 大项近 70 个小项的内容，具体项目如下。

1. 化学品及企业标志

主要包括化学品名称、生产企业名称、地址、邮编、电话、应急咨询电话、传真和电子邮件等方面的信息。

2. 成分/组成信息

主要说明该化学品是纯化学品还是混合物。纯化学品，应给出其化学品名称或商品名和通用名，并标明分子式、相对分子质量和重量比例；混合物，应给出对安全和健康构成危害的组分重量比例。无论是纯化学品还是混合物，如果其中包含有害性组分，则应给出化学文摘索引登记号（CAS 号）。

3. 危险性概述

简要概述本化学品最重要的危害和效应，主要包括危险类别、侵入途径、健康危害、环境危害、燃爆危险等信息。

4. 急救措施

指作业人员意外地受到伤害时，所需采取的现场自救或互救的简要处理方法，包括眼睛接触、皮肤接触、吸入、食入的急救措施。

5. 消防措施

主要表示化学品的物理和化学特殊危险性、合适的灭火介质、不合适的灭火介质以及消防人员个体防护等方面的信息，包括危险特性、灭火介质和方法、灭火注意事项等。

6. 泄漏应急处理

指化学品泄漏后现场可采用的简单有效的应急措施、注意事项和消除方法，包括应急行动、应急人员防护、环保措施、消除方法等内容。

7. 操作处置与储存

主要是指化学品操作处置和安全储存方面的信息资料，包括操作处置作业中的安全注意事项、安全储存条件和注意事项。

8. 接触控制/个体防护

在生产、操作处置、搬运和使用化学品的作业过程中，为保护作业人员免受化学品危害而采取的防护方法和手段，包括最高容许浓度、工程控制、呼吸系统防护、眼睛防护、身体防护、手防护、其他防护要求。

9. 理化特性

主要描述化学品的外观及理化性质等方面的信息，包括外观与性状、pH 值、沸点、熔点、相对密度（水=1）、相对蒸气密度（空气=1）、饱和蒸气压、燃烧热、临界温度、临界压力、辛醇/水分配系数、闪点、引燃温度、爆炸极限、溶解性、主要用途和其他一些特殊理化性质。

10. 稳定性和反应性

主要叙述化学品的稳定性和反应活性方面的信息，包括稳定性、禁配物、应避免接触的条件、聚合危害、分解产物。

11. 毒理学资料

提供化学品的毒理学信息，包括不同接触方式的急性毒性（LD_{50}、LC_{50}）、刺激性、致敏性、亚急性、慢性毒性、致突变性、致畸性、致癌性等。

12. 生态学资料

主要陈述化学品的环境生态效应、行为和转归，包括生物效应（如 LD_{50}、LC_{50}）、生物降解性、生物富集、环境迁移及其他有害的环境影响等。

13. 废弃处置

指对被化学品污染的包装和无使用价值的化学品的安全处理方法，包括废弃处置方法和注意事项。

14. 运输信息

主要是指国内、国际化学品包装、运输的要求及运输规定的分类和编号，包括危险货物编号、包装类别、包装标志、包装方法、UN 编号及运输注意事项等。

15. 法规信息

主要是化学品管理方面的法律条款和标准。

16. 其他信息

主要提供其他对安全有重要意义的信息，包括参考文献、填表时间、填表部门、数据审核单位等。

第二节　化学品安全技术说明书的编写和使用新要求

一、化学品安全技术说明书填写指南

1. 化学品及企业标志（chemical product and company identification）

（1）化学品中文名。填写学名、俗名或商品名称［A］。

（2）化学品英文名。填写学名、俗名或商品名称［A］。

（3）生产企业名称。填写化学品生产企业的中英文全名［A］。

（4）地址。填写化学品生产企业的详细地址［A］。

（5）邮编。填写化学品生产企业的邮政编码［A］。

（6）传真号码。填写化学品生产企业的传真号码［A］。

（7）企业应急电话。填写紧急事态下拨打的化学品生产企业的应急电话号码［A］。

（8）电子邮件地址。填写化学品生产企业的电子邮件地址［C］。

（9）技术说明书编码。填写产品安全技术说明书编码［A］。

（10）生效日期。填写该安全技术说明书编印或修订的日期［A］。

（11）国家应急电话。填写紧急事态下拨打的国家化学事故应急电话号码、消防应急电话号码［A］。

2. 成分/组成信息（composition/information on ingredients）

（1）主要成分［B］。

1）混合物。填写主要危险组分及其含量或含量范围。

2）纯品。填写有害组分的品名和浓度范围。

（2）CAS 号。填写该化学品中有害组分的化学文摘索引登记号［B］。

3. 危险性概述（hazards summarizing）

（1）危险性类别。按《常用危险化学品的分类及标志》（GB 13690—92）规定填写［B］。

（2）侵入途径。化学物质侵入机体引起伤害的途径，如吸入、食入、皮肤接触［B］。

（3）健康危害。填写毒物中毒典型临床表现，包括主要靶器官、急性中毒、慢性中毒的症状及表现和致癌性等［B］。

（4）环境危害。简要描述化学品在一定浓度时对各种生物造成的危害及其造成危害的程度［B］。

（5）燃爆危险。简要概述化学品在空气中遇明火、高温或与氧化剂接触时能引起的危害［B］。

4. 急救措施（first-aid measures）

（1）皮肤接触［B］。

1）剧毒品。立即脱去衣着，用推荐的清洗介质冲洗。就医。

2）中等毒品。脱去衣着，用推荐的清洗介质冲洗。就医。

3）有害品。脱去污染的衣着，用所推荐的介质冲洗皮肤。

4）腐蚀品。用所推荐的介质冲洗。若有灼伤，就医。

（2）眼睛接触［B］。

1）剧毒品。立即翻开眼睑，用大量清水冲洗眼睛，至少 15 min。就医。

2）中等毒品。立即翻开眼睑，用大量清水冲洗眼睛，至少 15 min。就医。

3）有害品。翻开眼睑，用大量清水冲洗眼睛。

4）腐蚀品。立即翻开眼睑，用流动清水或生理盐水冲洗。就医。

（3）吸入［B］。

1）剧毒品、中等毒品、有害品。迅速撤离现场到空气新鲜处；如呼吸停止，进行人工呼吸；如呼吸困难，给输氧（如有适当的解毒剂，立即服用）。

2）腐蚀品。立即脱离现场至空气新鲜处，必要时进行人工呼吸。就医。

（4）食入［B］。

1）剧毒品。立即就医。

2）中等毒品。立即就医。

3）有害品。立即就医。

4）腐蚀品。立即就医。

5. 消防措施（fire-fighting measures）

（1）危险特性。主要填写遇明火、高温、氧化剂等可能产生的危害，遇水、酸、碱和一些活性物质的反应性、氧化性，以及腐蚀性等［B］。

（2）有害燃烧产物。填写燃烧后的产物，如有害气体［B］。

（3）灭火方法。填写灭火的方法和灭火剂。对不同类别的化学品要根据其性能和状态，选用合适的灭火介质［B］。

（4）灭火注意事项及措施［B］。

1）消防员的个体防护。填写应选用的防护服，如全身消防防护服、防火防毒服、消防防护靴、正压自给式呼吸器等。

2）禁止使用的灭火剂。填写应禁止使用的灭火剂，如禁止用水、二氧化碳、干粉、泡沫、沙土等。

6. 泄漏应急处理（accidental release measures）

应急处理。可参考下列层次填写［B］。

（1）迅速报警、疏散有关人员、隔离污染区；疏散人员的多少和隔离污染区的大小，根据泄漏量和泄漏物的毒性大小具体而定。

（2）切断电源。对于易燃、易爆泄漏物在清除之前必须切断火源。

（3）应急处理人员防护。泄漏作为一种紧急事态，防护要求比较严格。

（4）注意事项。有些物质不能直接接触，有些物质可喷水雾减少挥发，有的则不能喷水，有些物质则需要冷却防振，这都要针对具体物质和泄漏现场进行选择。

（5）消除方法。根据化学品的物态（气、液、固）及其危险性（燃爆特性、毒性）和环保要求给出具体的消除方法。

（6）设备器材。给出应急处理时所需的设备、器材名称。

7. 操作处置与储存（handling and storage）

（1）操作注意事项。指对化学品操作过程中的安全注意要点和个体防护［B］。

（2）储存注意事项。参考下列层次填写：储存的基本条件和要求、储存限量、注意事项、禁配物、防火防爆要求、分装注意事项［B］。

8. 接触控制/个体防护（exposure controls/personal protection）

（1）最高容许浓度。以国家颁布的卫生标准为依据填写，若国家尚无标准，可参考国外有关标准，用 mg/m^3 表示［B］。

（2）监测方法。填写车间空气中有害物质的监测方法［B］。

（3）工程控制。主要填写生产过程中的密闭和通风等防护和隔离措施，不特指工业生产过程中的自动化控制［B］。

（4）呼吸系统防护。防止有害物质从呼吸系统进入体内的防护用品，主要考虑以下三方面因素，即作业环境、毒物从呼吸系统进入体内的危害程度和防护用品的防护能力，推荐选用空气呼吸器、自给式呼吸器、氧气呼吸器、过滤式防毒面具（半、全面罩）、防尘口罩等［B］。

（5）眼睛防护。保护眼睛免受毒物侵害的面具。主要推荐选用安全面罩、安全防护眼镜、化学安全防护眼镜、安全护目镜、安全防护面罩［B］。

（6）身体防护。避免皮肤受到损害所做的防护。根据毒物毒性、接触的浓度大小选择：面罩式胶布防毒衣、连衣式胶布防毒衣、橡胶工作服、防毒物渗透工作服、透气型防毒服、一般工作防毒服［B］。

（7）手防护。主要选用防护手套、橡胶手套、乳胶手套、耐酸碱手套、防化学品手套、皮肤防护膜等［B］。

（8）其他防护。主要填写作业人员的个人卫生要求、现场注意事项、毒物的监测和定期体验情况［C］。

9. 理化特性（physical and chemical properties）

（1）产品的外观与性状。主要是常温常压下物质的颜色、气味和存在状态［A］。

（2）pH 值。填写 pH 值［B］。

（3）熔点。填写常温常压下的数值，特殊条件的数值应标出技术条件［B］。

（4）沸点。填写常温常压的沸点值，特殊条件下得到的数值，应标出技术条件，在沸腾之前的升华值或分解值应加以说明并标注出技术条件［B］。

（5）相对密度（水＝1）。填写 20℃时物质的密度与 4℃时水的密度比值

[B]。

(6) 相对蒸气密度 (空气=1)。填写0℃时物质的蒸气密度与空气密度的比值 [B]。

(7) 饱和蒸气压。一定温度下，于真空容器中纯净液体与蒸气达到平衡时的压力，用kPa表示，并注明温度 [C]。

(8) 燃烧热。1摩尔物质完全燃烧时产生的热量，用kJ/mol表示 [C]。

(9) 临界温度。加压后使气体呈液体时所允许的最高温度，用℃表示 [C]。

(10) 临界压力。在临界温度时使气体呈液体时所需要的最小压力，用MPa表示 [C]。

(11) 辛醇/水分配系数。是用来预计一种化学品在土壤中的吸附性、生物吸收、亲脂性储存和生物富集的重要参数。当一种化学品溶解在辛醇/水的混合物中时，该化学品在辛醇和水中浓度的比值称为分配系数，通常以10为底的对数形式表示 [B]。

(12) 闪点。在指定的条件下，试样被加热到它的蒸气与空气混合气接触产生火焰时，能产生闪燃的最低温度，填写时注明开杯或闭杯值 [B]。

(13) 引燃温度 (自燃温度)。是指在常温常压下，加热一个容器内的可燃气体与空气的混合物，开始着火时的反应容器器壁的最低温度 [B]。

(14) 爆炸上限。可燃气与空气混合，形成可燃性混合气的上限值，气体和液体的单位用% (V/V) 表示，粉尘用mg/m³表示 [B]。

(15) 爆炸下限。可燃气与空气混合，形成可燃性混合气的下限值，单位表示与上限值相同 [B]。

(16) 溶解性。在常温常压下物质在溶剂中的溶解性，分别用混溶、易溶、溶于、微溶、不溶表示其溶解程度 [B]。

(17) 主要用途。填写其主要用途 [C]。

(18) 其他理化性质。对某些物质特有的性质设立了非固定的数据项，如颗粒大小、挥发性有机物含量、蒸发速率、黏度、放射性、凝固点、腐蚀性、爆燃点、爆速、最小点火能等 [C]。

10. 稳定性和反应性 (stability and reactivity)

(1) 稳定性。在常温常压或预期的储存条件下，该物质的化学行为是否稳定，分别用稳定、不稳定表示 [B]。

(2) 避免接触的条件。标明可能导致化学品发生有害影响的外界条件，如受热、光照、接触空气和潮气、振荡、挤压等。

(3) 禁配物。明确标出化学品在其化学性质上相抵触的物质 [B]。

（4）聚合危害。说明该物质在外界条件下，能否出现意外的聚合反应，分别用能发生、不能发生表示［B］。

（5）分解产物。定性说明物质在燃烧或发生化学反应时可能产生的最终有害物质［B］。

11. 毒理学资料（toxicological information）

（1）急性毒性。用 LD_{50}、LC_{50} 表示急性毒性［B］。

（2）亚急性和慢性毒性。主要填写动物经亚急性和慢性染毒后的毒作用表现及组织病理学检查的结果［C］。

（3）刺激性。填写对动物眼睛和皮肤的刺激性试验结果，分别用轻度、中度和重度表示其刺激强度［B］。

（4）致敏性。填写动物染毒后的试验结果［C］。

（5）致突变性。填写沙门氏菌回变试验（Ames 试验）数据为主的大鼠、小鼠、人及其他试验结果。用最低剂量表示［C］。

（6）致畸性。填写该化学品是否有致畸性的试验结果。可用最低剂量表示［C］。

（7）致癌性。填写国际癌症研究中心（IARC）专家小组的评定结论。可用最低剂量表示［C］。

（8）其他。填写其他相关数据，如生殖毒性、神经毒性等［C］。

12. 生态学资料（ecological information）

（1）生态毒性。说明该化学品对水生生物（藻类、无脊椎动物、鱼类）、陆生生物（植物、蝗蚓、鸟类）、有益微生物的毒性，可用半数致死剂量（LD_{50}）、半数致死浓度（LC_{50}）、无作用剂量（NOEL）、半数耐受量（TLm）表示［B］。

（2）生物降解性。说明该化学品是否具有生物降解性，用试验数据说明其生物降解能力，以一段时间内生物降解百分率表示［B］。

（3）非生物降解性。说明该化学品是否具有非生物降解性，如光解、水解［B］。

（4）生物富集和生物积累性。说明该化学品是否具有生物富集的特性，可分为水生和陆生环境的生物富集。化学品被生物体摄入而存留一段时间后，摄入、分配、转化、排泄这四个相互联系的过程形成动态平衡时，化学品在生物体内和环境介质中的浓度比衡定值。如填写鱼的生物富集系数（BCF）值［C］。

（5）其他有害作用。指对破坏臭氧层及全球变暖的潜在影响［C］。

13. 废弃处置

（1）废弃物性质。标明废弃物是否属于危险废物。判断标准为新版《国家危险废物名录》[B]。

（2）废弃处置方法。只填写对不能再利用的有害化学物质进行无害化的最后处理方法，如焚烧炉焚烧、化学氧化、溶解、深层掩埋等 [B]。

（3）废弃注意事项。填写在进行化学品及其外包装废弃处置时，保护操作者和环境所需要的条件 [B]。

14. 运输信息（transport information）

（1）危险货物编号。按《危险货物分类和品名编号》（GB 6944—2005）填写其危险类别及分类号 [B]。

（2）UN 编号。联合国《关于危险货物运输的建议书》规定的编号 [B]。

（3）包装标志。填写危险货物危险性的程度，明确标出（主、次）危险性 [B]。

（4）包装类别。按《危险货物运输包装类别划分原则》（GB/T 15098—94）的划分原则确定包装类别 [B]。

（5）包装方法。按铁道部颁布的《铁路危险货物运输管理规则》（铁运[1995] 104 号）和联合国《关于危险货物运输的建议书》（第十四修订版）的规定填写 [B]。

（6）运输注意事项。填写运输化学品时，应注意的运输条件、预防措施、包装方法及材料、标志等，同时应注意（航运、船运、铁路运输、公路运输等）可能发生的意外情况的预防 [B]。

15. 法规信息（regulatory information）

（1）国内化学品安全管理法规。主要为化学品管理、使用以及操作者提供有关化学品方面的国内法规资料。如《化学危险物品安全管理条例》[A]。

（2）国际法规。主要提供有关化学品管理及操作的国际法规资料 [C]。

16. 其他信息（other information）

（1）参考文献。

（2）填表时间。填写本 CSDS 的时间 [A]。

（3）填表部门。填写本 CSDS 的部门 [A]。

（4）数据审核单位。填写审核本 CSDS 的单位 [A]。

（5）修改说明。填写修订本 CSDS 时须做的简单说明 [A]。

（6）其他信息。需补充的其他信息资料或说明 [C]。

二、危险化学品安全技术说明书的编写要求

危险化学品安全技术说明书规定的 16 大项内容在编写时不能随意删除或合并，其顺序不可随意变更。各项目填写的要求、边界和层次，按“填写指南”进行。其中 16 大项为必填项，而每个小项可有三种选择，标明 [A] 项者，为必

填项；标明［B］项者，此项若无数据，应写明无数据原因（如无资料、无意义）；标明［C］项者，若无数据，此项可略。

危险化学品安全技术说明书的正文应采用简洁明了、通俗易懂的规范汉字表述。数字资料要准确可靠、系统全面。

危险化学品安全技术说明书的内容，从该化学品的制作之日算起，每五年更新一次，若发现新的危害性，在有关信息发布后的半年内，生产企业必须对安全技术说明书的内容进行修订。

三、危险化学品安全技术说明书的种类

危险化学品安全技术说明书采用“一个品种一卡”的方式编写，同类物、同系物的技术说明书不能互相替代；混合物要填写有害性组分及其含量范围。所填数据应是可靠和有依据的。一种化学品具有一种以上的危害性时，要综合表述其主、次危害性以及急救、防护措施。

四、危险化学品安全技术说明书的使用

危险化学品安全技术说明书由化学品的生产供应企业编印，在交付商品时提供给用户，作为为用户的一种服务随商品在市场上流通。化学品的用户在接收使用化学品时，要认真阅读技术说明书，了解和掌握化学品的危险性，并根据使用的情形制定安全操作规程，选用合适的防护器具，培训作业人员。

五、危险化学品安全技术说明书资料的可靠性

危险化学品安全技术说明书的数据和资料要准确可靠，选用的参考资料要有权威性，必要时可咨询省级以上职业安全卫生专门机构。

六、危险化学品安全技术说明书编制相关方的责任

1. 生产企业既是化学品的生产商，又是化学品使用的主要用户，对安全技术说明书的编写和供给负有最基本的责任。生产企业必须按照国家法规，填写符合规定要求的安全技术说明书，全面翔实地向用户提供本企业有关化学品的安全技术说明书、安全卫生信息。并确保接触化学品的作业人员能方便地查阅，还应负责更新本企业产品的安全技术说明书。

2. 使用单位作为化学品使用的用户，应向供应商索取全套的最新的化学品安全技术说明书，并评审从供应商处索取的安全技术说明书，从而针对本企业的应用情况和掌握的信息，补充新的内容，确保接触化学品的作业人员能方便地查阅。

3. 经营、销售企业所经销的化学品必须附带安全技术说明书；经营进口化学品的企业，应负责向供应商、进口商索取最新的中文安全技术说明书，随商品提供给用户。

4. 运输部门对无安全技术说明书的化学品一律不予承运。

第三节　化学品安全技术说明书通用格式

一般化学品安全技术说明书的通用格式如下。

第一部分　化学品及企业标志

化学品中文名称：

化学品俗名或商品名称：

化学品英文名称：

生产企业名称：

地址：

邮编：

电子邮件地址：

传真号码：(国家或地区代码)(区号)(电话号码)

企业应急电话：(国家或地区代码)(区号)(电话号码)

技术说明书编码：

生效日期：　年　月　日

国家应急电话：

第二部分　成分/组成信息

纯品□　混合物□

化学品名称：

有害物成分　　　　含量　　　　CAS No.

第三部分　危险性概述

危险性类别：

侵入途径：

健康危害：

环境危害：

燃爆危险：

第四部分　急救措施

皮肤接触：

眼睛接触：

吸　入：

食　入：

第五部分　消防措施

危险特性：

有害燃烧产物：

灭火方法及灭火剂：

灭火注意事项：

第六部分　泄漏应急处理

应急处理：

消除方法：

第七部分　操作处置与储存

操作注意事项：

储存注意事项：

第八部分　接触控制/个体防护

最高容许浓度：

监测方法：

工程控制：

呼吸系统防护：

眼睛防护：

身体防护：

手防护：

其他防护：

第九部分　理化特性

外观与性状：

pH值：

熔点（℃）：　　　　相对密度（水=1）：

沸点（℃）：　　　　相对蒸气密度（空气=1）：

饱和蒸气压（kPa）：　　　　燃烧热（kJ/mol）：

临界温度（℃）：　　　　临界压力（MPa）：

辛醇/水分配系数的对数值：

闪点（℃）：　　　　爆炸上限%（V/V）：

引燃温度（℃）：　　　　爆炸下限%（V/V）：

溶解性：

主要用途：

其他理化性质：

第十部分　稳定性和反应性

稳定性：
禁配物：
避免接触的条件：
聚合危害：
分解产物：

第十一部分　毒理学资料

急性毒性：
亚急性和慢性毒性：
刺激性：
致敏性：
致突变性：
致畸性：
致癌性：
其　他：

第十二部分　生态学资料

生态毒性：
生物降解性：
非生物降解性：
生物富集或生物积累性：
其他有害作用：

第十三部分　废弃处置

废弃物性质：□危险废物　□工业固体废物
废弃处置方法：
废弃注意事项：

第十四部分　运输信息

危险货物编号：
UN 编号：
包装标志：
包装类别：
包装方法：
运输注意事项：

第十五部分　法规信息

法规信息：

第十六部分　其他信息

参考文献：

填表时间：

填表部门：

数据审核单位：

修改说明：

其他信息：

第四节　化学品安全技术说明书编写实例

苯的安全技术说明书编写如下。

第一部分　化学品及企业标志

化学品中文名称：苯

化学品俗名或商品名称：

化学品英文名称：Benzene

生产企业名称：×××

地址：×××

邮编：××××××

电子邮件地址：×××××

传真号码：(国家或地区代码)(区号)(电话号码)×××××××××

企业应急电话：(国家或地区代码)(区号)(电话号码)×××××××××

技术说明书编码：

生效日期：　年　月　日

国家应急电话：

第二部分　成分/组成信息

纯品☑　混合物□

化学品名称：苯

有害物成分	含量	CAS No.
苯	100%	71-43-2

第三部分　危险性概述

危险性类别：第 3.2 类 中闪点易燃液体

侵入途径：吸入　食入　经皮肤吸收

健康危害：高浓度苯对中枢神经系统具有麻醉作用，可引起急性中毒并强烈地作用于中枢神经很快引起痉挛；长期接触高浓度苯对造血系统有损害，引起慢性中毒。对皮肤、黏膜有刺激、致敏作用。可引起出血性白血病。

环境危害：该物质对环境有危害，应特别注意对水体的污染。

燃爆危险：易燃，其蒸气与空气接触可形成爆炸性混合物，遇明火、高热有燃烧爆炸危险。

第四部分 急救措施

皮肤接触：脱去污染的衣着，用肥皂水及清水彻底冲洗皮肤。

眼睛接触：立即翻开上下眼睑，用流动清水或生理盐水冲洗至少 15 min。就医。

吸 入：迅速脱离现场至空气新鲜处。保持呼吸道通畅。呼吸困难时给输氧。如呼吸及心跳停止，立即进行人工呼吸和心脏按压术。就医。忌用肾上腺素。

食 入：饮足量温水，催吐，就医。

第五部分 消防措施

危险特性：其蒸气与空气接触可形成爆炸性混合物，遇明火、高热能引起燃烧爆炸，与氧化剂能发生强烈反应。其蒸气比空气密度大，能在较低处扩散到相当远的地方，若遇火源引着回燃。若遇高热，容器内压增大，有开裂和爆炸的危险。流速过快，容易产生和积聚静电。

有害燃烧产物：CO

灭火方法及灭火剂：可用泡沫、二氧化碳、干粉、沙土扑救，用水灭火无效。

第六部分 泄漏应急处理

应急处理：切断火源。迅速撤离泄漏污染区人员至安全地带，并进行隔离，严格限制出入。建议应急处理人员戴自给正压式呼吸器，穿防毒服。尽可能切断泄漏源。防止进入下水道、排洪沟等限制性空间。小量泄漏：尽可能将溢漏液收集在密闭容器内，用沙土、活性炭或其他惰性材料吸收残液，也可以用不燃性分散剂制成的乳液刷洗，洗液稀释后放入废水系统。大量泄漏：构筑围堤或挖坑收容。用泡沫覆盖，降低蒸气灾害。喷雾状水冷却和稀释蒸气，保护现场人员。用防爆泵转移至槽车或专用收集器内，回收或运至废物处理所处理。

第七部分 操作处置与储存

操作注意事项：密闭操作，加强通风。操作人员必须经过专门培训，严格遵守操作规程。建议操作人员佩戴自吸过滤式防毒面具（半面罩），戴化学安全防护眼镜，穿防毒物渗透工作服，戴橡胶耐油手套。远离火种、热源、工作场所严禁吸烟。使用防爆型的通风系统和设备。防止蒸气泄漏到工作场所空气中。避免与氧化剂接触。灌装时应注意流速（不超过 5 m/s），且有接地装置，防止静电积聚。搬运时要轻装轻卸，防止包装及容器损坏。配备相应品种和数量的消防器材及泄漏应急处理设备。倒空的容器可能残留有害物。

储存注意事项：储存于阴凉、通风库房。远离火种、热源。仓温不宜超过30℃。保持容器密封。应与氧化剂、食用化学品分开存放，切忌混储。采用防爆型照明、通风设施。禁止使用易产生火花的机械设备和工具。储区应备有泄漏应急处理设备和合适的收容材料。

第八部分　接触控制/个体防护

最高容许浓度：中国（MAC）40 mg/m^3［皮］

监测方法：气相色谱法。

工程控制：生产过程密闭，加强通风。

呼吸系统防护：空气中浓度超标时，建议佩戴过滤式防毒面具（半面罩）。紧急事态抢救或撤离时，应该佩戴空气呼吸器或氧气呼吸器。

眼睛防护：戴化学安全防护眼镜。

身体防护：穿防毒物渗透工作服。

手防护：戴橡胶耐油手套。

其他防护：工作现场禁止吸烟、进食和饮水。工作前避免饮用酒精性饮料。工作后淋浴更衣。进行就业前和定期体检。

第九部分　理化特性

外观与性状：无色透明液体，有强烈芳香味。

熔点（℃）：5.5　　相对密度（水=1）：0.88

沸点（℃）：80.1　　相对蒸气密度（空气=1）：2.77

饱和蒸气压（kPa）：13.33/26.1℃　　燃烧热（kJ/mol）：3 264.4

临界温度（℃）：289.5　　临界压力（MPa）：4.92

辛醇/水分配系数的对数值：2.15

闪点（℃）：−11　　爆炸上限%（V/V）：8

引燃温度（℃）：562　　爆炸下限%（V/V）：1.2

溶解性：微溶于水，可与醇、醚、丙酮、二硫化碳、四氯化碳、醋酸等混溶。

主要用途：用做溶剂及合成苯的衍生物，如香料、染料、塑料、医药、炸药、橡胶等。

第十部分　稳定性和反应性

稳定性：稳定

禁配物：强氧化剂

避免接触的条件：明火、高热

聚合危害：不能发生

分解产物：一氧化碳、二氧化碳

第十一部分　毒理学资料

急性毒性：LD_{50} 3 306 mg/kg（大鼠经口）；48 mg/kg（小鼠经皮）LC_{50} 31 900 mg/m^3，7 h（大鼠吸入）。

急性中毒：轻者有头痛、头晕、恶心、呕吐、轻度兴奋、步态蹒跚等酒醉状态；严重者发生昏迷、抽搐、血压下降，以致呼吸和循环衰竭而死亡。

慢性中毒：主要表现有神经衰弱综合征；造成系统改变：白细胞、血小板减少，重者出现再生障碍性贫血；少数病例在慢性中毒后可发生白血病（以急性粒细胞性为多见）。皮肤损害有脱脂、干燥、皲裂、皮炎。可致月经量增多与经期延长。

刺激性：家兔经眼 2 mg/24 h，重度刺激；家兔经皮 500 mg/24 h，中度刺激。

亚急性和慢性毒性：家兔吸入 10 mg，数天到几周，引起白细胞减少、淋巴细胞百分比相对增加。慢性中毒动物造血系统改变，严重者骨髓再生不良。

致突变性：DNA 抑制，人体白细胞 2 200 mmol/L；姊妹染色单体交换，人体淋巴细胞 200 mmol/L。

致畸性：大鼠吸收最低中毒浓度（TCL0）150×10^{-6}，24 h（孕 7～14 天），引起植入后死亡率增加和骨髓肌肉异常。

致癌性：国际癌症研究中心（IARC）已确认为致癌物。

第十二部分　生态学资料

生态毒理毒性：LC_{100} 12.8 mmol/（L·24 h）（梨形四膜虫）

LC_{50} 27 ppm/96 h（小长臂虾）；LC_{50} 20 ppm/96 h（褐虾）

LC_{50} 108 ppm/96 h（黄道蟹的蚤状幼蟹）

LC_{50} 12 mg/（L·h）（一年欧鳟）；LC_{50} 63 ppm/14 d（虹鳟）

LC_{50}（5.8～10.9）ppm/96 h（条纹石鮰）

LC_{50} 370 mg/（L·48 h）（孵化后 3～4 周的墨西哥蝾螈）

90 mg/（L·148 h）（孵化后 3～4 周的滑爪蟾）

LD_{50} 46 mg/（L·24 h）（金鱼）；60 mg/（L·2 h）（蓝鳃太阳鱼）

TLm 66～21 mg/（L·24 h），48 h（海虾）

TLm 35.5～33.5 mg/（L·24 h），96 h 软水，24.4～32 mg/（L·24 h），

96 h 硬水（软口鲦）

TLm 22.5 mg/（L·24 h），96 h，软水（蓝鳃太阳鱼）

TLm 34.4 mg/（L·24 h），96 h，软水（金鱼）

TLm 36.6 mg/（L·24 h），96 h，软水（虹鳟）

TLm 395 mg/（L·24 h），96 h（食蚊鱼）

生物降解性：初始浓度为 20 ppm 时，1 周、5 周和 10 周内分别降解 24%、44%和 47%（在棕壤中）；低浓度下，6～14 天去除率为 44%～100%（在污水处理厂）。

非生物降解性：光解半衰期为 13.5 天（计算）或 17 天（实验）。

生物富集或生物积累性：BFC：日本鳗鲡 3.5；大西洋鲱 4.4；金鱼 4.3

[注：ppm 指对气态物质，通常用 100 万份的空气容积中某一种物质所占的容积分数（ppm）表示。对溶液浓度，常用 100 万份的溶剂中某一种物质所占溶液的分数（ppm）表示。尽管 ppm 单位已经废止，但在国外文献中应用仍较普遍，为操作方便，在本标准中涉及的 ppm 单位予以保留，1 ppm=10^{-6}。]

第十三部分　废弃处置

废弃物性质：危险废物

废弃处置方法：用控制焚烧法处理

第十四部分　运输信息

危险货物编号：32050

UN 编号：1114

包装标志：易燃

包装类别：Ⅱ

包装方法：小开口钢桶，螺纹口玻璃瓶、塑料瓶或金属桶（罐），外普通木箱。

运输注意事项：夏季应早晚运输，防止日光曝晒。运输按规定路线行使。

第十五部分　法规信息

《化学危险物品安全管理条例》（国务院令第 344 号），针对危险化学品的安全生产、使用、储存、运输、装卸等方面均作了相应规定。

《常用危险化学品的分类及标志》（GB 13690—92），将其划为第 3.2 类中闪点易燃液体。

第十六部分　其他信息

参考文献：

1. 周国泰. 化学危险品安全技术全书. 北京：化学工业出版社，1997

2. 国家环保局有毒化学品管理办公室，北京化工研究院合编. 化学品毒性法规环境数据手册. 北京：中国环境科学出版社，1992

3. Canadian Centre for Occupational Health and Safety. CHEMINFO Database，1998

4. Canadian Centre for Occupational Health and Safety. RTECS Database

填表时间：××××年××月××日

填表部门：×××

数据审核单位：×××

修改说明：×××

第二章　危险化学品安全标签

危险化学品安全标签是指危险化学品在市场上流通时应由供应者提供的附在化学品包装上的标签，是向作业人员传递安全信息的一种载体，用于提示接触危险化学品的人员的一种标志。它用简单、明了、易于理解的文字和象形图表述有关化学品的危险特性及其安全处置的注意事项，以警示作业人员进行安全操作和处置。

第一节　危险化学品安全标签的内容、设计

一、标签要素

包括化学品标志、象形图、信号词、危险性说明、防范说明、应急咨询电话、供应商标志、资料参阅提示语等

二、安全标签的内容

《化学品安全标签编写规定》（GB 15258—2009）规定了化学品安全标签的内容、格式和制作等事项，具体内容如下。

1. 化学品标志。用中文和英文分别标明化学品的化学名称或通用名称。名称要求醒目清晰，位于标签的上方。名称应与化学品安全技术说明书中的名称一致。

对于混合物应标出对其危险性分类有贡献的主要组分的化学名称或通用名称、浓度或浓度范围。当需要标出的组分较多时，组分个数以不超过 5 个为宜。对于属于商业机密的成分可以不标明，但应列出其危险性。

2. 象形图。采用 GB 20576—2006～GB 20599—2006、GB 20601—2006～GB 20602—2006 规定的象形图。

3. 信号词。根据化学品的危险程度，分别用“危险”“警告”两个词分别进行危害程度的警示。信号词一般位于化学品名称的下方，要求醒目、清晰。根据 GB 20576—2006～GB 20599—2006、GB 20601—2006～GB 20602—2006，选择不同类别危险化学品的信号词。当某种化学品具有两种及两种以上的危险性时，用危险性最大的信号词。

4. 危险性说明。简要概述化学品的危险特性。居信号词下方。根据 GB 20576—2006～GB 20599—2006、GB 20601—2006～GB 20602—2006 选择不同类别危险化学品的危险性说明。

5. 防范措施。表述化学品在处置、搬运、储存和使用作业中所必须注意的事项和发生意外时简单有效的救护措施等，要求内容简明扼要、重点突出。该部分应包括安全预防措施、意外情况（如泄漏、人员接触或火灾等）的处理、安全储存措施及废弃处置等内容。

6. 供应商标志。供应商名称、地址、邮编和电话等。

7. 应急咨询电话。填写化学品生产商或生产商委托的 24 h 化学事故咨询电话。国外进口化学品安全标签上应至少有一家中国境内的 24 h 化学事故应急咨询电话。

8. 资料参阅提示语。提示化学品用户应参阅化学品安全技术说明书。

9. 危险信息先后排序。当某种化学品具有两种及两种以上的危险性时，安全标签的象形图、信号词、危险性说明的先后顺序规定如下：

（1）象形图先后顺序。物理危险象形图的先后顺序，根据《危险货物名表》（GB 12268—2005）中的主次危险性确定，未列入《危险货物名表》的化学品，以下危险性类别的危险性总是主危险：爆炸物、易燃气体、易燃气溶胶、氧化性气体、高压气体、自反应物质和混合物、发火物质、有机过氧化物。其他主危险性按照联合国《关于危险货物运输的建议书·规章范本》危险性先后顺序确定的方法确定。

对于健康危害，按照以下先后顺序：如果使用了骷髅和交叉骨图形符号，则不应出现感叹号图形符号；如果使用了腐蚀图形符号，则不应出现感叹号来表示皮肤或眼睛刺激；如果使用了呼吸致敏物的健康危害图形符号，则不应出现感叹号来表示皮肤致敏物或者皮肤/眼睛刺激。

（2）信号词先后顺序。存在多种危险时，如果在安全标签上选用了信号词“危险”，则不应出现信号词“警告”。

（3）危险性说明先后顺序。所有危险性说明都应当出现在安全标签上，按物理危险、健康危害、环境危害顺序排列。

三、简化标签

对于小于或等于 100 mL 的化学品小包装，为方便标签使用，安全标签要素可以简化，包括化学品标志、象形图、信号词、危险性说明、应急咨询电话、供应商名称及联系电话、资料参阅提示语即可。

第二节　危险化学品安全标签的制作

一、编写

标签正文应简捷、明了、易于理解，要采用规范的汉字表述，也可以同时使用少数民族文字或外文，但意义必须与汉字相对应，字形应小于汉字。相同的含义应用相同的文字和图形表示。

当某种化学品有新的信息发现时，标签应及时修订。

二、颜色

标签内象形图的颜色根据 GB 20576—2006～GB 20599—2006、GB 20601—2006～GB 20602—2006 的规定执行，一般使用黑色图形符号加白色背景，方块边框为红色。正文应使用与底色反差明细的颜色，一般采用黑白色。若在国内使用，方块边框可以为黑色。

三、标签尺寸

对不同容量的容器或包装，标签最低尺寸见表 2—1。

表 2—1　　标签最低尺寸

容器或包装容积 V（L）	标签尺寸（mm×mm）
V≤0.1	使用简化标签
0.1<V≤3	50×75
3<V≤50	75×100
50<V≤500	100×150
500<V≤1 000	150×200
V>1 000	200×300

四、印刷

标签的边缘要加一个黑色边框，边框外应留≥3 mm 的空白，边框宽度≥1 mm。象形图必须从较远的距离，以及在烟雾条件下或容器部分模糊不清的条件下也能看到。标签的印刷应清晰，所使用的印刷材料和胶粘材料应具有耐用性和防水性。图 2—1 所示为安全标签的样例。

简化标签样例如图 2—2 所示。

化学品名称　A组分：40%；B组分：60%

极易燃液体和蒸气，食人致死，对水生生物毒性非常大

【预防措施】

·远离热源、火花、明火、热表面。使用不产生火花的工具作业。

·保持容器密闭。

·采取防止静电措施，容器和接收设备接地、连接。

·使用防爆电器、通风、照明及其他设备。

·戴防护手套、防护眼镜、防护面罩。

·操作后彻底清洗身体接触部位。

·作业场所不得进食、饮水或吸烟。

·禁止排入环境。

【事故响应】

·如皮肤（或头发）接触：立即脱掉所有被污染的衣服。用水冲洗皮肤、淋浴。

·食入：催吐，立即就医。

·收集泄漏物。

·火灾时，使用干粉、泡沫、二氧化碳灭火。

【安全储存】

·在阴凉、通风良好处储存。

·上锁保管。

【废弃处置】

·本品或其容器采用焚烧法处置。

图 2—1　安全标签样例

化学品名称

极易燃液体和蒸气，食入致死，对
水生生物毒性非常大

请参阅化学品安全技术说明书

供应商：××××××××××××××××　电话：××××××

化学事故应急咨询电话：××××××

图 2—2　简化标签样例

第三节　危险化学品安全标签的应用

一、使用方法

标签应粘贴、挂拴、喷印在化学品包装或容器的明显位置。

当与运输标志组合使用时，运输标志可以放在安全标签的另一面版，将之与其他信息分开，也可以放在包装上靠近安全标签的位置，后一种情况下，若安全标签中的象形图与运输标志重复，安全标签中的象形图应删掉。

对于组合容器，要求内包装加贴（挂）安全标签，外包装上加贴运输象形图，如果不需要运输标志可以加贴安全标签。

化学品安全标签与运输标志粘贴样例如图 2—3、图 2—4 所示。

二、位置

安全标签的粘贴、喷印位置规定如下：

1. 桶、瓶形包装：位于桶、瓶侧身。

2. 箱状包装：位于包装端面或侧面明显处。

3. 袋、捆包装：位于包装明显处。

三、使用注意事项

1. 安全标签的粘贴、挂拴或喷印应牢固，保证在运输、储存期间不脱落，不损坏。

2. 标签应由生产企业在货物出厂前粘贴、挂拴或喷印。若要改换包装，则由改换包装单位重新粘贴、挂拴或喷印标签。

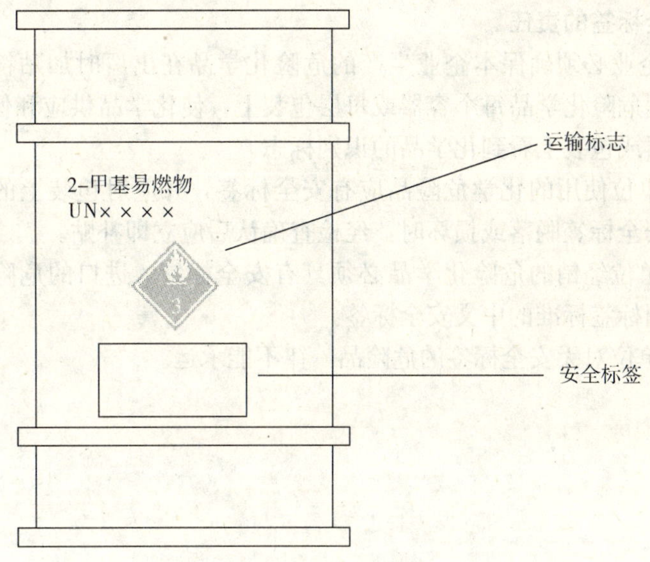

图 2—3　单一容器安全标签粘贴样例

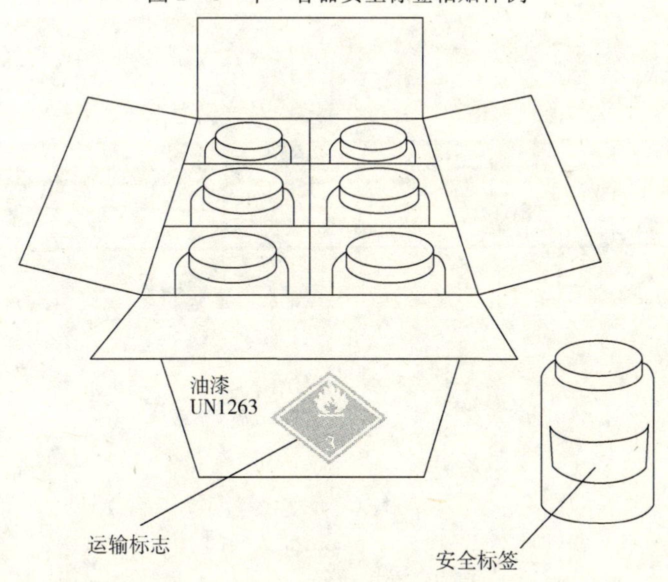

图 2—4　组合容器安全标签粘贴样例

3. 盛装危险化学品的容器或包装，在经过处理并确认其危险性完全消除之后，方可撕下标签，否则不能撕下相应的标签。

四、安全标签的责任

1. 生产企业必须确保本企业生产的危险化学品在出厂时加贴符合国家标准的安全标签到危险化学品每个容器或每层包装上，使化学品供应和使用的每一阶段均能在容器或包装上看到化学品的识别标志。

2. 使用单位使用的化学危险品应有安全标签，并应对包装上的安全标签进行核对。若安全标签脱落或损坏时，经检查确认后应立即补贴。

3. 经销单位经销的危险化学品必须具有安全标签，进口的危险化学品必须具有符合我国标签标准的中文安全标签。

4. 运输单位对无安全标签的危险品一律不能承运。

第三章　危险化学品包装的安全管理

由于包装伴随危险化学品从出厂销售到经营、运输以至使用全过程，经历的环境和状态十分复杂，因而对包装的安全管理是减少各类事故的关键环节。包装安全管理的要点是：根据危险化学品的性能采取合适的包装物，采取正确的包装标志和标记，根据可能的影响因素采取有效的管理措施，进行必要的强度试验等。

第一节　危险化学品包装的相关定义及分类

一、相关定义

危险化学品包装是指盛装危险货物的包装容器。为确保危险货物在储存运输过程中的安全，除其本身的质量符合安全规定、其流通环节的各种条件正常合理外，最重要的是危险货物必须具有适运的运输包装。包装对于包装危险化学品的危险特性不发生危险具有十分重要的保护作用，同时也便于危险化学品的保管、储存、运输和装卸。也就是说，没有合格的包装，也就谈不上危险化学品的保管、储存、运输和装卸，更谈不上危险化学品的贸易。

危险化学品包装从使用角度分为销售包装盒和运输包装，本章所讲的危险化学品包装是指危险化学品的运输包装。危险化学品包装通常包括盛装危险化学品的常规包装容器（最大容量≤450 L且最大净重≤400 kg）、中型散装容器、大型容器等，另外还包括压力容器、喷雾罐和小型气体容器、便携式罐体和多元气体容器等。

不同的国家或地区对同一种包装可能有不同的叫法，而对于同一个名词或术语也有可能有不同的命名或定义。国际上依据联合国危险货物运输专家委员会指定的《关于危险货物运输的建议书·规章范本》（橘皮书）来规范和指导危险货物包装的定义。按照这个规定，危险化学品包装及相关的术语定义如下。

1. 袋

袋是由纸张、塑料薄膜、纺织品、编织材料或其他适当材料制作的柔性容器。

2. 箱

箱是由金属、木材、胶合板、再生木、纤维板、塑料或其他适当材料制作的完整矩形或多角形容器；为了诸如便于搬动或开启的目的，或为了满足分类的要求，允许有小的洞口，只要洞口不损害容器在运输时的完整性。

3. 散装货箱

散装货箱是用于运输固体物质的装载系统（包括所有衬里或涂层），其中的固体物质与装载系统直接接触。容器、中型散装货箱（中型散货箱）、大型容器和便携式罐体不包括在内。

散装货箱的特点如下。

（1）具有长久性，也足够坚固，适合多次使用。

（2）专门设计便于以一种或多种运输手段运输货物而无须中途装卸。

（3）装有便于装卸的装置。

（4）容量不小于 1.0 m^3。

散装货箱包括货运集装箱、近海散装货箱、翻斗车、散料箱、交换车体箱、槽形集装箱、滚筒式集装箱、车辆的载货箱等。

4. 气瓶捆包

气瓶捆包是捆在一起用一根管道互相连接并作为一个单元运输的一组气瓶。总的水容量不得超过 3 000 L，但拟用于运输毒性气体（不包括气溶胶）的捆包的水容量限值是1 000 L。

5. 封闭装置

封闭装置是用于封住储器开口的装置。

6. 组合容器

组合容器是为了运输方便而组合在一起的一组容器，由按照规定固定在一个外容器中的一个或多个内容器组成。

7. 主管当局

主管当局是指为主管与本规章有关的任何事宜而指定的或以其他方式认可的一个国家机构或部门。

8. 遵章保证

遵章保证是指主管当局施行的系统性措施方案，其目的是保证本规章的各项规定在实践中得到遵守。

9. 复合容器

复合容器是由一个外容器和一个内储器组成的容器，其构造使内储器和外容器形成一个完整容器。这种容器经装配后，便成为单一的完整装置，整个用于装料、储存、运输和卸空。

10. 板条箱

板条箱是表面不完整的外容器。

11. 临界温度

临界温度是在该温度以上物质不能以液态存在的温度。

12. 低温储器

低温储器是用于装冷冻液化气体的可运输隔热储器，其水容量不大于 1 000 L。

13. 气瓶

气瓶是水容量不超过 150 L 的可运输压力储器。

14. 圆桶

圆桶是由金属、纤维板、塑料、胶合板或其他适当材料制成的两端为平面或凸面的圆柱形容器。本定义还包括其他形状的容器，例如圆锥形颈容器或提桶形容器。木制琵琶桶或罐不属于此定义范围。

15. 装载率

装载率是气体质量与装满准备好供使用的压力储器的 15℃水质量之比。

16. 货运集装箱

货运集装箱是一件永久性运输设备，因此足够坚固，适于多次使用；专门设计用来便利以一种或他种运输方式运输货物，而无须中间装卸；设计安全且便于操作，装有用于上述目的的装置，并根据 1972 年修订的《国际集装箱安全公约》得到批准。“货运集装箱”一词既不包括车辆，也不包括容器，但包括在底盘上运载的货运集装箱。用于运输第 7 类物质的货运集装箱。

17. 高温物质

高温物质指运输或要求运输的物质：处于液态，温度达到或高于 100℃；处于液态，闪点高于 60.5℃，并故意加热到高于其闪点的温度；或处于固态，温度达到或高于 240℃。

18. GHS

GHS 即《全球化学品统一分类和标签制度》，联合国以文件 ST/SG/AC.10/30 发表。

19. 检查机构

检查机构是主管当局核可的独立检查和试验机构。

20. 中型散货集装箱

中型散货集装箱也简称中型散货箱，是指硬质或软体可移动容器。这些容器的特点如下。

（1）具有下列容量。

1）装Ⅱ类包装和Ⅲ类包装的固体和液体时不大于 3.0 m^3（3 000 L）。

2）Ⅰ类包装的固体装入软性、硬塑料、复合、纤维板和木质中型散货箱时不大于 1.5 m^3。

3）Ⅰ类包装的固体装入金属中型散货箱时不大于 3.0 m^3。

4）装第 7 类放射性物质时不大于 3.0 m^3。

（2）设计用机械方法装卸。

（3）能经受装卸和运输中产生的应力，该应力由试验确定。

21. 改制的中型散货箱

改制的中型散货箱是如下情况的金属、硬塑料或复合中型散货箱：

（1）从一种非联合国型号改制为一种联合国型号。

（2）从一种联合国型号转变为另一种联合国型号。

22. 修理过的中型散货箱

修理过的中型散货箱是金属、硬塑料或复合中型散货箱由于撞击或任何其他原因（例如腐蚀、脆裂或与设计型号相比强度减小的其他迹象）而被修复到符合设计型号并且能够经受设计型号试验的中型散货箱。在本规章中，把复合中型散货箱的硬内储器换成符合原始制造商规格的储器算是修理。不过，硬质中型散货箱的例行维修（见下文定义）不算是修理。硬质中型散货箱的箱体和复合中型散货箱的内储器是不可修理的。软体中型散货箱是不可修理的，除非得到主管当局的批准。

23. 软体中型散货箱的例行维修

软体中型散货箱的例行维修是对塑料或纺织品制的软体中型散货箱进行的下述作业。

（1）清洗。

（2）更换非主体部件，如非主体的衬里和封口绳索，换之以符合原制造厂家规格的部件。

但上述作业不得有损于软体中型散货箱的装载功能，或改变设计类型。

24. 硬质中型散货箱的例行维修

硬质中型散货箱的例行维修是对金属、硬塑料或复合中型散货箱例行进行的下述作业。

（1）清洗。

（2）符合原始制造商规格的箱体封闭装置（包括连带的垫圈）或辅助设备的除去和重新安装或替换，但须检验中型散货箱的密封性。

（3）将不直接起封装危险货物或阻挡卸货压力作用的结构装置修复到符合设计型号（例如矫正箱脚或起吊附件），但中型散货箱的封装作用不得受到影响。

25. 内容器

内容器是运输时需用外容器才能起容器作用的容器。

26. 内储器

内储器是需要有一个外容器才能起容器作用的储器。

27. 中间容器

中间容器是置于内容器或物品和外容器之间的容器。

28. 罐

罐是横截面呈矩形或多角形的金属或塑料容器。

29. 大型容器

大型容器是由一个内装多个物品或内容器的外容器组成的容器，并且其设计用机械方法装卸；超过 400 kg 净重或 450 L 容量但体积不超过 3 m^3。

30. 衬里

衬里是指另外放入容器（包括大型容器和中型散货箱）但不构成其组成部分，包括其开口的封闭装置的管或袋。

31. 液体

液体是在 50℃时蒸气压不大于 300 kPa（3 bar）、在 20℃和 101.3 kPa 压力下不完全是气态、在 101.3 kPa 压力下熔点或起始熔点等于或低于 20℃的危险货物。比熔点无法确定的黏性物质应当进行检测试验（ASTM D 4359—90），或进行《欧洲国际公路运输危险货物协定》附件 A 中 2.3.4 节规定的流动性测定试验（穿透计试验）。

32.《试验和标准手册》

《试验和标准手册》是题为《关于危险货物运输的建议书、试验和标准手册》的联合国出版物第四修订版（ST/SG/AC.10/11/Rev.4）。

33. 最大容量

最大容量是储器或容器的最大内部体积，以 L 表示。

34. 最大净重

最大净重是一个容器内装物的最大净重，或者是多个内容器及其内装物的最大总合重量，以 kg 表示。

35. 多元气体容器

多元气体容器是将气瓶、气筒和气瓶捆包用一根管道互相连接并且装在一个框架内的多式联运组合。多元气体容器包括运输气体所需的辅助设备和结构装置。

36. 近海散装货箱

近海散装货箱指专门用来往返于近海的设施或在其之间运输危险货物多次使

用的散装货箱。近海散装货箱的设计和建造，需符合国际海事组织（IMO）在文件 MFC/Circ. 860 中具体规定的批准公海作业离岸集装箱的准则。

37. 外容器

外容器是复合或组合容器的外保护装置连同为容纳和保护内储器或内容器所需要的吸收材料、衬垫和其他部件。

38. 外包装

外包装是指发货人为了方便运输过程中的装卸和存放将一个或多个包件装在一起以形成一个单元所用的包装物。外包装的例子是若干包件以下述方法装在一起：

（1）放置或堆叠在诸如货盘的载重板上并用捆扎、收缩包装、拉伸包装或其他适当手段紧固。

（2）放在诸如箱子或板条箱的保护性外容器中。

39. 包件

包件是包装作业的完结产品，包括准备好供运输的容器和其内装物。

40. 容器

容器是一种储器和储器为实现储放作用所需要的其他部件或材料。

41. 便携式罐体

便携式罐体是指如下辅助设备和结构装置：

（1）用于运输第 1 类和第 3 至第 9 类物质的多式联运罐体。其罐壳装有运输危险物质所需的辅助设备和结构装置。

（2）用于运输非冷冻液化第 2 类气体、容积大于 450 L 的多式联运罐体。其罐壳装有运输气体所需的辅助设备和结构装置。

（3）用于运输冷冻液化气体、容积大于 450 L 的隔热罐体。其罐壳装有运输冷冻液化气体所需的辅助设备和结构装置。

便携式罐体必须在装货和卸货时不需去除结构装置。罐壳外部必须具有稳定部件，并可在满载时吊起。便携式罐体必须主要设计成可吊装到运输车辆或船舶上，并配备便利机械装卸的底垫、固定件或附件。公路罐车、铁路罐车、非金属罐体、气瓶、大型储器及中型散货箱不属于本定义范围。

42. 压力桶

容积大于 150 L 但不大于 1 000 L 的焊接可运输压力储器（例如装有滚动环箍、滑动球的圆柱形储器）。

43. 压力储器

压力储器包括气瓶、气筒、压力桶、封闭低温储器和气瓶捆包的集合术语。

44. 质量保证

质量保证是指任何组织或机构施行的系统性管制和检查方案。其目的是为在实践中达到本规章所规定的安全标准提供充分的可信性。

45. 储器

储器是用于装放和容纳物质或物品的封闭器具，包括封口装置。

46. 修整过的容器

修整过的容器包括如下情况：

(1) 金属桶。

1) 把所有以前的内装物、内外腐蚀痕迹以及外涂层和标签都清除掉，露出原始建造材料。

2) 恢复到原始形状和轮廓，并把凸边矫正封好，把所有外加密封垫换掉。

3) 洗净上漆之前经过检查，剔除了有肉眼可见的凹痕、材料厚度明显降低、金属疲劳、织线或封闭装置损坏，或者有其他明显缺陷的容器。

(2) 塑料桶和罐。

1) 把所有以前的内装物、外涂层和标签都清除掉，露出原始建造材料。

2) 把所有外加密封垫换掉。

3) 洗净后经过检查，剔除了有可见的磨损、折痕或裂痕、织线或封闭装置损坏，或者有其他明显缺陷的容器。

47. 回收塑料

回收塑料是指从使用过的工业容器中回收的、经洗净后准备用于加工成新容器的材料。用于生产新容器的回收材料的具体性质必须定期查明并记录，作为主管当局承认的质量保证方案的一部分。质量保证方案必须包括正常的预分拣和检验记录，表明每批回收塑料都有与用这种回收材料制造的设计型号一致的正常熔体流率、密度和拉伸屈服强度。这必然包括了解回收塑料来源的容器材料以及了解这些容器先前的内装物是否可能降低用该回收材料制造的新容器的性能。

48. 改制的容器

改制的容器包括如下情况。

(1) 金属桶。

1) 从一种非联合国型号改制为一种联合国型号。

2) 从一种联合国型号转变为另一种联合国型号。

3) 更换组成结构部件（例如非活动盖）。

(2) 塑料桶。

1）从一种联合国型号转变为另一种联合国型号（例如，$1H_1$ 变成 $1H_2$）。

2）更换组成结构部件。

49. 改制的圆桶

改制的圆桶须符合本规章适用于同一型号的新圆桶的同样要求。

50. 再次使用的容器

再次使用的容器是准备重新装载货物的容器，经过检查后没有发现影响其装载能力和承受性能试验的缺陷；本用语包括重新装载相同的或类似的相容内装物，并且在产品发货人控制的销售网范围内运输的容器。

51. 救助容器

救助容器是用于放置为了回收或处理而运输的有损坏、缺陷、渗漏的或不符合规定的危险货物包件，或者溢出或漏出的危险货物的特别容器。

52. 稳定压力

稳定压力是压力储器内装物在热和弥散平衡时的压力。

53. 防筛漏的容器

防筛漏的容器是指所装的干物质，包括在运输中产生的细粒固体物质不向外渗漏的容器。

54. 固体

固体是指不符合本节所载“液体”定义的非气体危险货物。

55. 罐体

罐体是指便携式罐体，包括罐式集装箱、公路罐车、铁路罐车或拟盛装固体、液体或气体的储器，当用来运输第 2 类物质时，容积不小于 450 L。

56. 试验压力

试验压力是为鉴定或重新鉴定进行压力试验时所需施加的压力。

57. 气筒

气筒是水容量大于 150 L 但不大于 3 000 L 的无接缝可运输压力储器。

58. 车辆

车辆是指公路车辆（包括铰接式车辆，即牵引车加上半拖车）或轨道车或铁路货车。每辆拖车必须被视为单独的车辆。

59. 船舶

船舶是指载货用的任何海船或内陆水道船只。

60. 木制琵琶桶

木制琵琶桶是由天然木材制成的容器，其截面为圆形，桶身外凸，由木板条和两个圆盖拼成，用铁圈箍牢。

61. 工作压力

工作压力是压缩气体在参考温度15℃下在装满的压力储器内的稳定压力。

本节的定义与所定义术语与联合国《关于危险货物运输的建议书·规章范本》(橘皮书)中的用法是一致的。不过,所定义的一些术语常被作他用。特别明显的是"内储器"一词,常被用来表示组合容器的"内部"。

"组合容器"的"内部"总是叫做"内容器",不叫做"内储器"。玻璃瓶就是这种"内容器"的实例。

"复合容器"的"内部"一般叫做"内储器"。例如,$6HA_1$复合容器(塑料)的"内部"就是这种"内储器",因为通常它没有"外容器"就起不到盛装的作用,所以它不是"内容器"。

二、分类

危险化学品种类繁多,性质、外形、结构等各有差别,在流通中的实际需要不尽相同,对包装的要求也不同,因而包装的分类也有区别。

1. 按流通中的作用分类

(1) 内包装。指和物品一起配装才能保证物品出厂的小型包装容器。如火柴盒、打火机用丁烷气筒等,是随同物品一起出售给消费者的。

(2) 中包装。指在物品的内包装之外,再加一层或二层包装物的包装。如20盒火柴集成的方形纸盒等,很多也随同物品一起出售给消费者。

(3) 外包装。指比内包装、中包装的体积大很多的包装容器。由于在流通过程中主要用来保护物品的安全,方便装卸、运输、存储和计量,所以外包装又称为运输包装或储运包装。如成箱的爆炸品、爆炸专用箱等。

2. 按用途分类

(1) 专用包装。指只能用于某一种物品的包装。如易挥发和易燃的汽油用密封的铁桶包装。

(2) 调用包装。指适宜盛装多种物品的包装。如水箱、麻袋、玻璃瓶等。

3. 按制作形式分类

(1) 桶。指直立圆形的容器。桶按材质还可分为铁(钢)桶、纤维板桶、铝桶、胶合板桶、塑料桶、木琵琶桶等。

(2) 箱。指矩形形体的容器。箱按材质还可分为铁皮箱、木箱、胶合板箱、再生木箱、纤维板箱、塑料箱等。

(3) 袋。指用软材料制成的有口容器,按材质还可分为纺织品袋(麻袋、棉袋)、塑料编织袋、塑料薄膜袋、纸袋等。

(4) 瓶、坛。瓶是指腹大、颈长而口小的容器,如各种玻璃瓶、塑料瓶等;

坛是指用陶土制成的容器，如酒坛、醋坛等。

4. 按制作方式分类

（1）单一包装。指没有内外包装之分，只用一种材质制作的独立包袋。这种包装主要是专用包装，如汽油桶等。

（2）组合包装。指由一个以上包装合装在一个外包装内组成的一个整体的包装。如乙醇玻璃瓶用木箱为外包装组合的包装。

（3）复合包装。指由一个外包装和一个内容器组成的一个整体的包装。这种包装经过组装，即保持为独立的完整包装。如内包装为塑料容器，外包装为钢桶而组成一个整体的包装即复合包装。

5. 按包装的结构强度和防护性能及内装物品的危险程度分类

各种危险化学品包装，除了爆炸品、压缩气体和液化气体、感染性物品的包装另有专门的规定外，其余均按包装的结构强度和防护性能及内装物品危险性的大小分为3级：

（1）Ⅰ级包装。适用于内装危险性极大的货物。

（2）Ⅱ级包装。适用于内装危险性中等的货物。

（3）Ⅲ级包装。适用于内装危险性较小的货物。

第二节　危险化学品包装的标记与标志

为了加强对危险化学品包装的管理，便于在装卸、搬运以及监督检查中，识别危险化学品的包装方法、包装材料及内、外包装的组合方式，国家对危险化学品包装规定了统一的标记代号和标志。

一、危险化学品包装的标记

1. 危险化学品包装级别的表示

危险化学品包装级别的标记代号用下列小写英文字母表示。

（1）x——符合Ⅰ、Ⅱ、Ⅲ级包装要求。

（2）y——符合Ⅱ、Ⅲ级包装要求。

（3）z——符合Ⅲ级包装要求。

2. 危险化学品包装容器形式和包装材质的表示

危险化学品包装容器的形式用阿拉伯数字表示，包装容器的材质用大写英文字母表示，见表3—1、表3—2。

表 3—1　包装形式的数字表示

表示数字	包装形式	表示数字	包装形式
1	桶	6	复合包装
2	木琵琶桶	7	压力容器
3	罐	8	筐、篓
4	箱、盒	9	瓶、坛
5	袋、软管		

表 3—2　包装材质的字母表示

表示字母	包装材质	表示字母	包装材质
A	钢	H	塑料材料
B	铝	L	编制材料
C	天然木	M	多层纸
D	胶合板	N	金属（除铜、铝外）
E	再生木板（锯末板）	P	玻璃、陶瓷、粗瓷
F	硬质纤维板（瓦楞纸板、硬纸板、	K	柳条、荆条、藤条及竹篾
G	钙塑板）		

3. 包装件组合类型的表示

包装件组合类型有单一包装、组合包装和复合包装 3 种，所以其表示方法也依包装的组合类型而定。

单一包装的包装型号是由 1 个阿拉伯数字和 1 个英文字母组成，前者表示包装形式，后者表示包装材质。如 1A 表示钢桶包装，1B 表示铝桶包装，2C 表示木琵琶桶包装，4C 表示木箱包装。

单一包装还在型号的右下角增加了 1 个阿拉伯数字，表示同一类型包装容器的不同开口型号。如 $1A_1$ 表示小开口钢桶（指桶顶开口直径不大于 70 mm 的桶）；$1A_2$ 表示中开口钢桶（指桶顶开口直径大于小开口桶，小于全开口桶的桶）；$1A_3$ 表示全开口钢桶（桶顶可以全开的桶）。

组合包装型号由若干组数码组成，从左至右分别表示外包装和内包装，多层包装以此类推。每组数码由 1 个阿拉伯数字和 1 个大写英文字母组成。顺序与单一包装相同。例如，4C7P 是指外包装为木箱、内包装为玻璃瓶的组合包装。

复合包装的包装型号是由一个表示符合包装的阿拉伯数字和一组表示包装材质和包装形式的数码组成。这组符号为两个大写英文字母和一个阿拉伯数字表示：第一个英文字母表示内包装的材质，第二个英文字母表示外包装的材质，右边的阿拉伯数字表示包装形式。例：$6HA_1$ 表示内包装为塑料容器、外包装为钢桶的复合包装，$6BA_3$ 表示内包装为铝容器、外包装为钢罐的复合包装。

4. 包装标记项目的表示

为使各种类型的包装能够让人们正确地识别，对符合国家标准要求的危险化学品包装，应当在其外表注持久清洗的标记。危险化学品包装的标记项目有以下 11 项。

（1）包装符号。指国家或部颁的标准号，如 GB——指符合国家标准，JT——指符合交通部部颁标准。

（2）包装型号。

（3）相对密度。对拟装液体的包装，如采用相对密度不大于 1.2 时，标记可以省略。

（4）货物质量。如为内装固体的包装，其最大总重以 kg 表示。

（5）包装级别。

（6）试验压力如系内装液体的包装，其液压试验的压力以 kPa 表示。

（7）固体代号。对拟装固体的包装，用 S 表示。

（8）制造年份。只需标明年份的后两位数，对塑料桶和塑料罐还应标明生产月份。

（9）生产国别。如中国用 CN 表示。

（10）生产厂代号。

（11）修复包装应标明修复的年份和符号 R。

常见包装标记的标示方法如图 3—1、图 3—2 所示。

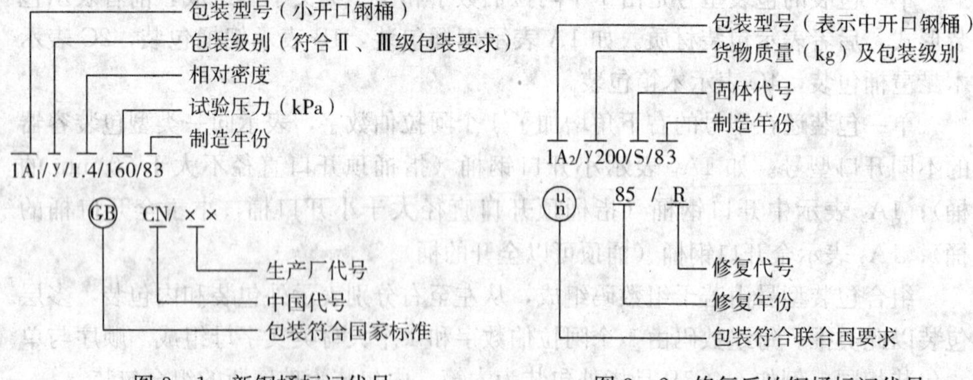

图 3—1 新钢桶标记代号　　图 3—2 修复后的钢桶标记代号

5. 包装标记的制作及使用

（1）制作。标记采用白底（或采用包装容器底色）黑字，字体要清楚、醒目。标记的制作方法可以是印刷、粘贴、涂打和钉附。钢制品容器可以打钢印。

（2）使用。

1）粘贴的标志。箱状包装，粘贴于包装两端或两侧的明显处；袋、捆包装，粘贴于包装明显的一面；桶形包装，粘贴于桶盖或桶身。

2）涂打的标志。用油漆、油墨或墨汁，以镂模、印模等方式，按粘贴标志打的位置涂打或者书写。

3）钉附带标志。用涂打有标志的金属板或木板，钉在包装的两端或两侧明显处。

二、危险化学品包装的标志

为了保证危险化学品储存和运输的安全，使办理储存、运输、经营的人员在进行作业时提高警惕，以防发生危险和一旦发生事故时，便于消防人员能及时采取正确的措施进行扑救。危险化学品的包装必须具备国家统一规定的“危险货物包装标志”。

我国规定的《各种危险货物的包装标志》（GB 190—2009）是参照联合国、国际海事组织、国际铁路合作组织和国际民航组织的有关危险货物运输规则制定的，国家标准局于 2009 年 6 月 21 日发布，2010 年 5 月 1 日实施。

1. 标志分类

危险货物包装标志分为标记（见表 3—3）和标签（见表 3—4）。标记 4 个，标签 26 个，其图形分别标示了 9 类危险货物的主要特性。

表 3—3　　危险货物包装标记

序号	标记名称	标记图形
1	危害环境物质和物品标记	（符号：黑色，底色：白色）

续表

序号	标记名称	标记图形
2	方向标记	 （符号：黑色或正红色，底色：白色）  （符号：黑色或正红色，底色：白色）
3	高温运输标记	 （符号：正红色，底色：白色）

表 3—4　　危险货物包装标签

序号	标签名称	标签图形	对应的危险货物类项号
1	爆炸性物质或物品	（符号：黑色，底色：橙红色）	1.1 1.2 1.3
		（符号：黑色，底色：橙红色）	1.2
		（符号：黑色，底色：橙红色）	1.5
		（符号：黑色，底色：橙红色） * *项号的位置——如果爆炸性是次要危险性，留空白。 *配装组字母的位置——如果爆炸性是次要危险性，留空白。	1.5

续表

序号	标签名称	标签图形	对应的危险货物类项号
2	易燃气体	 （符号：黑色，底色：正红色）  （符号：白色，底色：正红色）	2.1
	非易燃无毒气体	 （符号：黑色，底色：绿色）  （符号：白色，底色：绿色）	2.2
	毒性气体	 （符号：黑色，底色：白色）	2.3

续表

序号	标签名称	标签图形	对应的危险货物类项号
3	易燃液体	3 （符号：黑色，底色：正红色） 3 （符号：白色，底色：正红色）	3
4	易燃固体	4 （符号：黑色，底色：白色红条）	4.1
	易于自燃的物质	4 （符号：黑色，底色：上白下红）	4.2
	遇水放出易燃气体的物质	4 （符号：黑色，底色：蓝色） 4 （符号：白色，底色：蓝色）	4.3

续表

序号	标签名称	标签图形	对应的危险货物类项号
5	氧化性物质	5.1 （符号：白色，底色：柠檬黄色）	5.1
	有机过氧化物	5.2 （符号：黑色，底色：红色和柠檬黄色） 5.2 （符号：白色，底色：红色和柠檬黄色）	5.2
6	毒性物质	6 （符号：黑色，底色：白色）	6.1
	感染性物质	6 （符号：黑色，底色：白色）	6.2

续表

序号	标签名称	标签图形	对应的危险货物类项号
7	一级放射性物质	（符号：黑色，底色：白色，附一条红竖条） 黑色文字，在标签下半部分写上 “放射性” “内装物____” “放射性强度____” 在“放射性”字样之后应有一条红竖条	7A
	二级放射性物质	（符号：黑色，底色：上黄下白，附两条红竖条） 黑色文字，在标签下半部分写上 “放射性” “内装物____” “放射性强度____” 在一个黑边框格内写上：“运输指数” 在“放射性”字样之后应有两条红竖条	7B
	三级放射性物质	（符号：黑色，底色:上黄下白，附三条红竖条） 黑色文字，在标签下半部分写上： “放射性” “内装物____” “放射性强度____” 在一个黑边框格内写上：“运输指数” 在“放射性”字样之后应有三条红竖条	7C

续表

序号	标签名称	标签图形	对应的危险货物类项号
7	裂变性物质	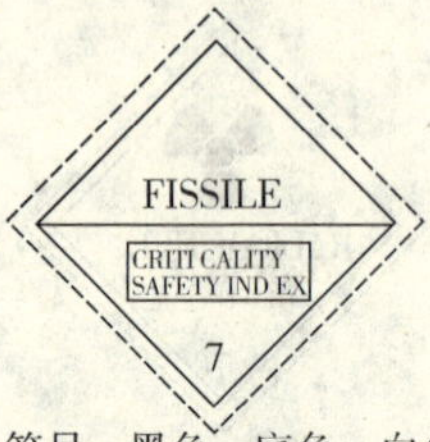 FISSILE CRITI CALITY SAFETY IND EX 7 （符号：黑色，底色：白色） 黑色文字 在标签上半部分写上："易裂变" 在标签下半部分的一个黑边框格内写上："临界安全指数"	7E
8	腐蚀性物质	 8 （符号：黑色，底色：上白下黑）	8
9	杂项危险物质和物品	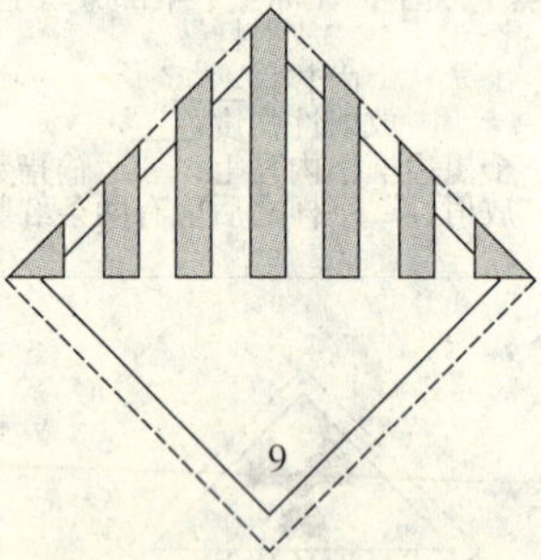 9 （符号：黑色，底色：白色）	9

2. 标志的尺寸和颜色

（1）标志的尺寸。标志的尺寸一般分为 4 种，见表 3—5。

表 3—5　　危险化学品包装标志的尺寸　　单位：mm

号别＼尺寸	长	宽
1	50	50
2	100	100
3	150	150
4	250	250

注：如遇特大或特小的运输包装件，标志的尺寸可按规定适当扩大或缩小。

(2) 标志的颜色。标志的颜色按表 3—3、表 3—4 规定设置。

3. 标志的使用方法及其注意事项

(1) 标志的使用方法。标志的标打，可采用粘贴、钉附及喷涂等方法。标志的位置规定如下。

1) 箱状包装。位于包装端面或侧面的明显处。

2) 袋、捆包装。位于包装明显处。

3) 桶形包装。位于桶身或桶盖。

4) 集装箱、成组货物。粘贴于四个侧面。

(2) 标志使用注意事项。

1) 每种危险化学品包装件都应按其类别粘贴相应的标志。但如果某种物质或物品还有属于其他类别的危险性质，包装上除了粘贴该类标志作为主标志以外，还应粘贴表明其他危险性的标志作为副标志，副标志图形的下角不应标有危险货物的类项号。

2) 储运的各种危险货物性质的区分及其应标打的标志，应按我国《危险货物分类及品名编号》(GB 6944—2005)、《危险货物品名表》(GB 12268—2005) 及有关国家运输主管部门规定的危险货物安全运输管理的具体办法执行；出口货物的标志应按我国执行的有关国际公约（规则）办理。

3) 标志应清晰，并保证在货物储运期内不脱落。

4) 标志应由生产单位在货物出厂前标打，出厂后如改换包装，其标志由改换包装单位标打。

第三节　危险化学品包装的基本要求

一、影响危险化学品包装的因素

包装是产品从生产者到使用者之间所采取的一种保护措施，在流通过程中会遇到外界各种因素的影响。所以在包装的设计制作过程中需要充分认识并考虑可能的影响因素，以便采取相应的预防措施。通过观察分析，一般认为包装在流通过程中受以下因素的影响较大：

1. 装卸作业影响

产品从生产者手中转到使用者手中，要经过多次的装卸和短距离搬运作业。在作业过程中，可能产生从高处跌落、碰撞等，易使包装以至物品受到外力的冲击而受损坏或引发事故。所以，其装卸次数越多，对包装的影响也就越大。如在人工装卸搬运时，一般较大的包装多采用肩扛，高度通常都在 140 cm 左右；而手搬运时，高度为 70 cm 左右。所以不管是用肩扛还是用手搬，跌落时的冲击力都会对包装造成影响。随着现代科学技术的发展，叉车、吊车的广泛应用，使托盘包装、集装箱也广为采用。吊车在吊起或下落时，都会产生较大的惯力而作用于包装上。因此，装卸机械、搬运方式都对包装有着直接的影响。所以包装在设计制作时，要充分考虑装卸机械所产生的外力作用，保证危险化学品的安全运输与储存。

2. 运输中的影响

危险化学品的长途运输方式，目前主要有汽车、火车、轮船和飞机 4 种。在使用这些运输工具时，一般包装物品所受到的冲击力没有装卸时大，但受振动损坏的机会较多。如汽车运输时，若公路不平，所产生的冲击力和振动力较大；火车运输时，急刹车也会产生较大的冲击力；海上船舶运输时，也会产生颠簸振动力和冲击力。另外，负荷、温度、湿度等的变化也会对包装带来影响。

3. 储存中的影响

危险化学品在储存过程中，一般都会被堆成具有一定高度的货垛，这样就会对处于下层的包装产生较大的负荷；同时储存时间的长短、储存条件的好坏（如潮湿、梅雨）等也都会对包装产生影响。

4. 气象条件的影响

危险化学品在储存和运输过程中，有可能遇到大风、大雨、冰雪等恶劣天气的影响。如大风会使包装堆垛倒塌而受到冲击，大雨、大雪会使包装受潮、受损、锈蚀以至破损、渗漏等。

二、危险化学品包装的基本安全要求

根据危险化学品的危险特性和储存与运输特点，危险化学品包装应符合下列基本要求：

1. 包装的材质、种类、封口应与所装物品的性质相符

(1) 材质。危险化学品的性质不同，对其包装及容器材质的要求也不同。如苦味酸若与金属化合，会生成苦味酸和金属盐类（铜、铅、锌盐类），此盐类的爆炸敏感度比苦味酸更大，所以此类物质严禁使用金属容器盛装；氢氟酸有较强

烈的腐蚀性，能腐蚀玻璃，所以不能使用玻璃容器盛装，要用铅桶或耐腐蚀的塑料、橡胶桶装运和储存；铝在空气中能形成氧化物薄膜，对硫化物、浓硝酸和任何浓度的醋酸及一切有机酸类都有耐腐蚀性，所以冰醋酸、醋酐、甲乙混合酸、二硫化碳（化学试剂除外），一般都用铝桶盛装；铁桶盛装甲醛应涂上防酸保护层（镀锌）；压缩及液化气体，因其处于较高的压力状态下，应使用特制的耐压气瓶装运。又如丙烯酸甲酯对铁有一定的腐蚀性，储运中容易渗漏，且丙烯酸甲酯内含有铁离子较多时，亦影响产品质量，所以不能用铁桶盛装。

（2）种类。危险化学品的状态不同，所选用的包装种类也不同。如液氨是由氨气压缩而成的，沸点−33.55℃，乙胺沸点16.6℃，所以在常温下都必须装入耐压力气瓶中；但若将氨气和乙胺分别溶解于水中，就成了氢氧化铵（氨水）和乙胺水溶液，这时因其状态发生了变化，所以就可用铁桶盛装。

（3）封口。危险化学品的性质不同，对其包装及容器封口的要求也不同。一般来说，包装的封口越严密越好。特别是各种气体以及易挥发的危险化学品包装的封口就应特别严密。如各种钢瓶冲装的压缩气体，当封口不严密而有气体跑出来时，不但剧毒和易燃的气体有引发中毒和着火的危险，而且由于气瓶内压力很高，气瓶会以高速朝与放出气体相反的方向移动，可能造成很大的破坏和严重的人身伤亡事故；添加稳定剂的危险化学品（如黄磷、金属钠、金属钾、二硫化碳等），容器必须严密封口，不得有任何泄漏，否则稳定剂溢出，将会发生事故；绝大多数易燃液体，不但极易挥发，且有不同程度的毒性，若容器封口不严，液体溢出，极易造成中毒事故；有毒粉状固体，若封口不严（桶、瓶、袋），粉末撒出与空气混合遇明火易发生爆炸事故或引起中毒，所以，这些危险化学品的包装必须严密不漏。但是对于碳化钙（电石）等危险化学品的包装，因其遇水或潮湿空气会产生乙炔气体，当桶内积聚乙炔气体过多而不能排出时，遇到装卸搬运过程中发生碰撞，或桶内坚硬的碳化钙块与铁桶壁碰撞产生火星时，即能引起电石桶内乙炔气体的爆炸，所以盛装碳化钙的铁桶，除充氮者外，一般不能装入塑料容器，且应留有小孔透气，以防容器胀裂；油布、油纸及其制品如空气潮湿闷热，本身经重压或密不透气时，则很易积热不散而发生自燃，所以其包装应透气，堆垛也必须分开，不能重压。

总之，包装及其容器的材质、种类、封口都要根据所盛装危险化学品的性质确定，否则会埋下事故隐患。

2. 包装及其容器要有一定的强度

包装及容器的强度，应能经受储运过程中正常的冲撞、振动、积压和摩擦。

（1）包装材料的强度。包装材料的强度应根据其应力的大小来确定。应力表示材料本身在单位面积上能够承受的外力，其单位为 kPa。应力可以分为破坏应力（极限强度）和允许应力（许用应力）。破坏应力表示材料受到外力作用直到破坏时所能产生的最大应力。但通常在使用材料时，为安全起见，其强度不能以其破坏应力作为计算依据，而应适当地保留材料的储备力量。破坏应力减去一定的安全系数所得到的应力叫允许应力。在计算材料强度时，应以允许应力作为标准。

(2) 包装的强度。包装的强度虽然与材料的强度有关，但两者并不是一回事。绝不能说，只要材料强度达到了要求，包装也就达到了要求。以木箱为例，其包装的强度除了和木材的强度有关，还和木材的含水率，木箱的形式和结构，增强板条的数量，以及钉子的长度、数量和钉钉的方法有关。铁桶也是如此，它除了和铁皮的强度有关外，还和两端边缘的结合方式、桶侧接缝的结合方式、滚动箍的形式、桶端上加边的形式等有关。又如钢瓶的强度除决定于钢材的强度外，主要还和钢瓶的制造工艺有关。所以除要求包装材料应具有一定的强度外，主要还应要求包装本身有一定的强度。一般讲，性质比较危险，发生事故后危害较大的危险化学品，其包装强度要求也越高；同一种危险化学品，单位包装质量越大，危险性也越大，因而包装强度要求也越高；对于内包装较差或用瓶盛装液体的，外包装强度要求应更高；同一类包装，运输距离越远，途中搬运次数越多，外包装强度要求也应越高。

(3) 包装强度的检验。包装强度的检验，主要根据在储运过程中可能遇到的各种情况，做各种不同的试验，以检验包装的结构是否合理，制作是否正确，能否经受储运中遇到的各种情况等。

包装强度检验的内容通常包括：跌落试验（装卸搬运时可能发生的跌落）、堆码试验（货物堆垛后可能发生倒塌）、液压试验、气密性试验 4 种。这 4 种试验，并非每一类包装全要做，而是根据材质、包装物品的性质做其中的某几项即可。

(4) 改进包装时应注意的问题。由于实际中遇到的情况很复杂，改进包装时，需要根据实际情况具体掌握。如有人将硝铵炸药的外包装改用合成纤维的编织物，强度和致密度均较麻袋略好，但是这种包装物非常光滑，装载于车内或库内，如果码放没有挤牢，车辆冲撞或其他振动，就很容易使包装物滑下而发生事故。所以从储存和运输的角度考虑，不宜改用此种包装。又如以条筐代替木箱作外包装，新条筐的强度可能符合要求，但由于露天储存，风吹、雨淋、日晒等，容易使筐子腐烂和结构松散，储运中仍然易出事故。再有，有人将纸箱的外铁皮改为五股刷胶纸绳捆扎，强度不够且无铁扣，储运中纸箱相互摩擦，纸箱易折断，包装易散开，不能保证安全等，这些都是值得注意的问题。

3. 包装应有适当的衬垫

包装要根据物品的特性和需要，采用适当的材料和正确的方法对物品进行衬垫，以防止运输过程中内、外包装之间，包装和包装之间以及包装对车辆、装卸机械之间发生冲撞、摩擦、振动，致使包装破损。同时，有些物品的衬垫还能防止液体物品挥发和渗漏；当液体泄漏后，还可以起到一定的吸附作用。如钢瓶上的胶圈、盛装铁桶间的胶皮衬垫等，属于防振、防摩擦的外衬垫材质；瓦楞纸、细刨花、草套、塑料套、泼墨塑料、蛭石、弹簧等属于防振的内衬垫材料；硅藻土、陶土、稻草、草套、草垫、无水氯化钙等属于防振和吸附衬垫。衬垫材料的选用应符合盛装危险物品的性质。如硝酸坛的外衬垫就不能用稻草，因为硝酸的氧化能力极强，破漏后接触稻草即可自燃而起火；桶装易燃液体不可用易燃材料做衬垫，以防止带来事故和危险。又如，有机乳剂农药，在用玻璃瓶盛装时，不能外加塑料袋，因为这种药液腐蚀性强，会使塑料袋软化或穿孔，当篓子破碎时，也会将塑料袋扎破，药液流出，起不到吸附作用。如加草套、草垫既能衬垫起到防振的作用，又能起到吸附的作用。如有的用大块煤渣作为溴素瓶的沉淀材料，不但起不到衬垫和吸附作用，反而容易碰破瓶子造成事故。如有的用黄土、黄沙作为酸坛的衬垫和吸附材料，能起到吸附作用，但因为太重而增加了装卸搬运的难度，有时木箱不牢固，还易造成事故。总之，衬垫材料的选择应符合所装危险物品的性质。

4. 包装应能经受一定范围内湿度、温度变化的影响

（1）温度的影响。我国幅员辽阔，同一时间内各地气温相差很大。如1月份平均最低气温，哈尔滨为－25.8℃，而广州为9.2℃；8月份平均最高气温，昆明为24.5℃，而南京、上海为33.0℃。由于同一时间内南北气温相差很大，有些危险化学品运输距离较远时，也会随温度的变化而变化。如无水的醋酸，在低温时凝固成冰状，俗称冰醋酸，如用坛子盛装或储运，而液体的冰醋酸遇冷结冰，凝固使体积膨胀，易将坛子胀裂。再由低温地区运往气温较高的地区时，冰醋酸会因熔化（熔点16.71℃）而渗漏。所以，运输距离较远、温差较大的地区，用这种包装就不合适。

在同一地区，季节的变化也会对包装有很大影响。如北京地区冬季的最低气温为－27.4℃、夏季的最高气温为40.6℃，有些危险化学品在储存期间也会随温度的变化而发生变化，这就要求包装能适应这种变化。如氰化氢、四氧化二氮本身都是液体，但它们的沸点极低，一般在20℃以上即变为气体，所以必须用钢瓶盛装。

（2）湿度的影响。和温度一样，在同一时间内各地的相对湿度也相差很大。如我国8月份的平均相对湿度，上海为84%，乌鲁木齐却为44%。在同一地区，季节不同，相对湿度也大不一样。以北京地区为例，四五月份的相对湿度为50%～60%，而8月份的相对湿度为70%～80%。由于相对湿度的影响，包装的防潮措施就应按相对湿度最大的地区和季节来考虑。尤其忌湿危险化学品的包装，应能经受一定范围内湿度变化的影响。

包装的防潮措施一般应从两方面考虑。首先，应采用防潮衬垫。危险化学品包装防潮衬垫的作用是，防止物品吸潮后变质以及吸潮后引起化学反应而发生事故。常用的防潮衬垫有塑料袋、沥青纸、铝箔纸、耐油纸、蜡纸、防潮玻璃纸、抗潮及吸潮干燥剂等。其次，危险化学品包装本身也应具有一定的防潮性能。如纸箱本身需刷油，使其具有一定的防水性。特别是将水箱、条筐等改为纸箱时，一定要对纸箱的防水性能提出具体要求。采用纸袋、麻袋、布袋等防潮性差的包装盛装危险化学品时，除要求里面有防潮衬垫外，袋子本身也应有防潮层。

5. 包装的容积、质量和形式应便于装卸和运输

每件包装的容积、质量（重量）和形式都应适于装卸和搬运，不应过大或过重。每件包装容积和质量的大小与装卸机具、机械化程度以及包装的强度有关。人工装卸时还与人体的负重能力有关。如国家颁发的《装卸、搬运作业劳动条件的规定》（1956年）规定：女工及未成年男工，单人负重一般不超过25 kg，两人抬运的总质量不超过50 kg；成年男工单人负重不得超过80 kg，两人抬运时，每人平均质量不超过70 kg；若单人负重超过50 kg时，平地上搬运距离不应大于70米。国家对需要人工搬运的危险化学品包装，如各种袋类包装，木桶、木琵琶桶和易碎的玻璃瓶、陶坛等，规定最大质量不得大于50 kg。

当采用机械吊装时，虽可大大提高载重量，但由于机电的危险性和其他机械及人员操作的因素，也限制质量不得大于400 kg。

考虑到包装强度对包装容积的影响，对包装强度较小的包装容器的容积都应严格限制。如国家规定，胶合板桶、木琵琶桶容积不应大于250 L，坛类等易碎容器的容积不应大于32 L等，其他材质的各种包装的最大容积也不得大于250 L。此外，根据装卸和搬运的需要，对于较重的包装件，还应有便于提起的提手、抓手或吊装的环扣，以便于装卸作业。

根据我国《危险货物运输包装通用技术条件》（GB 12463—2009）的规定，对危险化学品包装的最大容积和最大净质量的限制见表3—6。

表 3—6　　各种危险化学品包装允许的最大容积和最大净质量

包装类型	最大容积（L）	最大净质量（kg）
钢桶	250	400
铝桶	250	400
钢罐	60	120
胶合板桶	250	400
木琵琶桶	250	400
硬质纤维板桶	250	400
硬纸板桶	250	400
塑料桶	250	250
塑料罐	60	120
木箱		400
胶合板箱		400
再生木板箱		400
硬纸板箱、瓦楞纸箱、钙塑板箱		60
金属箱		400
塑料编织袋		50
纸袋		50
坛类	32	50
筐、篓类		50

第四节　危险化学品包装的性能测试

由于危险化学品具有特殊的危险性质，为了确保安全储存、运输、销售和使用等，避免所装的危险化学品在正常的储存、运输、销售和使用条件下受到伤害，对危险化学品的包装必须进行规定的性能试验，试验合格后才能使用。

每一种包装在开始生产前就应对该包装的设计、材料、制造和包装方法等方面进行试验。

无论设计还是材料或制造方法有变动，都应重新进行试验。同时还应按照主管部门规定的时间间隔，对生产的包装进行定期的重复试验或抽样检查试验，以确保包装的质量。

一、危险化学品包装试验的基本要求

在试验时，包装应处于待装状态，拟装物品可用非危险物品代替，并按物质状态的不同选择不同替代品。

对固态物质替代品至少应与拟装物质的物理特性、相对密度、粒径等相同；液态物质替代品应至少与拟装物质的物理特性、相对密度、黏度等相同。其装满度：固态物质必须装至包装容积的 95%；液态物质必须装至包装容积的 98%；

对于纸质或者纤维板包装，应置于控制温度和相对湿度的大气中持续至少 24 h。温度和湿度有 3 种选择，可任选其中之一，最好是在大气温度（23±2)℃、相对湿度 48%～52%的气候状态下进行。也可以在气温 18～20℃、相对湿度 63%～67%，或气温 25～29℃、相对湿度为 63%～67%的气候状态下进行试验。

对于塑料包装，温度应降至－18℃下进行。内装物为液体的应保持液态，如需要防冻时可加入防冻剂。对木琵琶桶至少应在试验前 24 h 盛满水。

封闭器应由类似不通风的封闭器代替和将孔口封闭。

二、危险化学品包装的试验项目

包装需要检验的项目根据包装类型的不同有所区别。如跌落试验每种类型的包装都要做，而袋类包装只需进行跌落试验一种，木琵琶桶每种试验项目都要做。各类危险化学品包装所要求的试验项目见表 3—7。

表 3—7　各类危险化学品包装所要求的试验项目

包装类型	跌落试验	气密试验	液压试验	堆码试验	桶体试验
铁（钢）桶（罐）	√	√	√	√	—
铝桶	√	√	√	√	—
胶合板桶	√	—	—	√	—
纤维板桶	√	—	—	√	—
塑料桶（罐）	√	√	√	√	√
木琵琶桶	√	√	—	√	—
铁皮箱	√	—	—	√	—
木箱	√	—	—	√	—
胶合板箱	√	—	—	√	—
再生木箱	√	—	—	√	—
纤维板箱	√	—	—	√	—
塑料箱	√	—	—	√	—
纺织品袋	√	—	—	—	—
塑料编织袋	√	—	—	—	—
塑料薄膜袋	√	—	—	—	—
纸袋	√	—	—	—	—

注：“√”表示要试验项目，“—”表示不需要试验项目。

三、危险化学品包装的性能试验

危险化学品包装的性能试验主要有：跌落试验、气密试验、液压试验、堆码试验和桶体试验、渗透性试验 6 种。

1. 跌落试验

跌落试验的目标应为坚硬、无弹性、平坦和水平的表面。试验时应当平落，重心垂直于撞击点上。试样的数量与跌落方位依包装类型的不同而有不同的要求，见表3—8。

表3—8　　跌落试验要求

包装类型	试样数量	跌落部位
铁（钢）桶（罐） 铝桶 胶合板桶 纤维板桶 塑料桶（罐） 木琵琶桶 复合包装（桶状）	试样6个，试验分2次，每次跌落3个	第一次跌落：（用3个试样）应以桶的凸边斜着撞击在冲击板上。如果容器没有凸边，则周边接缝处或一棱边缘撞击 第二次跌落：（用另外3个试样）应以第一次跌落未试验过的最弱部位撞击在冲击板上，例如封闭装置或者某些圆柱形桶，则撞击在桶身的纵向焊缝上
木箱 胶合板箱 再生木箱 纤维板箱 铁皮箱 塑料箱 复合包装（箱状）	试样5个，分5次跌落，每次跌落1个	第一次跌落：底部平跌 第二次跌落：顶部平跌 第三次跌落：长侧面平跌 第四次跌落：短侧面平跌 第五次跌落：棱角着地
纺织品袋 塑料编织袋	试样3个，每袋跌落2次	第一次跌落：宽面平落 第二次跌落：袋的端部跌落
塑料袋 纸袋	试样3个，每袋跌落3次	第一次跌落：宽面平落 第二次跌落：窄面平落 第三次跌落：袋的端部跌落

跌落试验的跌落高度依拟装物品的状态有所不同，同时液体物品又依物品的相对密度不同有不同的要求，见表3—9。

表3—9　　跌落试验的高度　　单位：m

包装介质状态	Ⅰ级包装	Ⅱ级包装	Ⅲ级包装
固体	1.8	1.2	0.8
包装介质相对密度＜1.2时	1.8	1.2	0.8
包装介质相对密度＞1.2时	1.5d	1d	0.67d

注：1. d为拟装物质的相对密度。

2. 跌落高度应按悬吊包装件最低点和冲击面之间的最近距离计算。

经过跌落试验的危险化学品包装及其内部，不得有任何渗漏或严重破裂。如是盛装爆炸品的包装不允许有任何破裂。当开口桶准备用来盛装固体时，其跌落试验的方法应用顶部撞击在目标上。如果通过某项装置（如塑料袋）内容仍保持完整无损，即使桶盖不再具有防漏能力，该包装应视为试验合格。对于盛装液体的包装，内外压力达到平衡时，包装不漏为试验合格。对于袋类包装，其外层及外包装没有严重破裂，内装物没有损失为试验合格。

2. 气密试验

气密试验只适用于铁桶、铝桶、塑料桶和木琵琶桶。要求每个试样桶都要进行试验。试验要在第一次使用前和修复后的再次使用之前进行。

试验的方法是将被试验的包装浸入水中（浸水方法不能影响试验效果），并向包装内冲罐气压；达到的压力标准不应小于表 3—10 的要求。试验后不漏气即为合格。

表 3—10　　危险化学品包装气密性试验的气压标准

包装级别	Ⅰ级包装	Ⅱ级包装	Ⅲ级包装
压力（kPa）	30	20	20

3. 液压试验

液压试验适用于铁（钢）桶（罐）、铝桶、塑料桶和木琵琶桶。试样数量一般为 3 个。方法是给被试包装连续均匀地施加压力，且在整个试验期间保持稳定。包装不得用机械支撑。若采用机械支撑包装的方法时，不得影响试验效果。考虑到储存或运输过程中可能遇到的最高温度，要求达到的试验压力应不低于 55℃时的总表压（充满物质的蒸气压力加上惰性气体的压力）乘上安全系数 1.5。对于总表压，应在同体物质充装至其容积的 95%，液体物质充装至其容积的 98%和充罐温度为 15℃时的最大限度充罐的基础上确定。但对于拟装Ⅰ类包装物品（一级危险化学品）的包装试验压力不应低于 250 kPa；对拟装Ⅱ、Ⅲ类包装物质（二、三级危险化学品）的包装试验压力不应低于 100 kPa。试验压力的持续时间，视包装材质的不同而定，对于塑料包装和内容器为塑料材质的复合包装为 30 min，其他材质的包装和复合包装为 5 min。在保压持续时间内不漏气为合格。

4. 堆码试验

堆码试验适用于桶类包装和箱类包装。试样数量为 3 个。试验方法是，在试样上面施加相当于在其上堆码 3 m 高度（一般堆码的高度为 3 m，海运堆码高度为 8 m）、同等货物的总质量，保持 24 h。

对拟装液体的塑料包装，应能承受≥40℃的条件下为期 28 天的堆码试验。经试验，包装没有严重破裂，装在其中的容器没有任何破裂和泄漏，且包装本身没有强度降低或造成堆积不稳的任何变形等，即为试验合格。

5. 桶体试验

危险化学品包装的桶体试验只适用于木琵琶桶。方法是，用试样 1 个，拆下空桶中腹以上所有桶箍，保持至少 2 天，如若桶上半部横部面直径的扩张不超过 10%，即为合格。

6. 渗透性试验

对拟装闪点低于 60℃易燃液体的塑料桶和罐（$6HA_1$ 除外），如采用铁路运输直接出口则应进行渗透性试验。

试验样品数为每种设计型号取 3 个。将试验样品置于盛装物或标准溶液后在温度 23℃、相对湿度 50%的条件下保存 28 天。称取其在 28 天保存期前后的质量，并计算其渗透率。渗透率不超过 0.008 g/h 为试验合格。

四、危险化学品包装试验报告

必须编写至少包括以下细节的试验报告，并将该报告提供给容器使用者。

1. 试验设施的名称和地址。

2. 申请人的姓名和地址（如适用）。

3. 试验报告的特别标志。

4. 试验报告日期。

5. 容器制造厂。

6. 容器设计型号说明（例如尺寸、材料、封闭装置、厚度等），包括制造方法（例如吹塑法），并且可附上图样或照片。

7. 最大容量。

8. 试验内装物的特性，例如液体的黏度和相对密度、固体的粒径。

9. 试验说明和结果。

10. 试验报告必须由签字人签字，写明姓名和身份。

试验报告必须载有如下陈述：准备好供运输的容器已按照有关规定进行试验，使用其他包装方法或部件可能使报告作废。试验报告的一份副本必须送交主管当局。

第五节　危险化学品气体承装安全

相当一部分危险化学品在常温下处于气态。以压缩气体或液化气体的形式承装危险化学品可以大大减少成本，提高效率，但同时也会带来新的危险因素。

广义地讲，气瓶是指盛装压缩气体或液化气体的瓶式压力容器。这里所说的气瓶是指工作压力为 1.0～30 MPa（表压）、公称容积为 0.4～1 000 L 的盛装压缩气体或液化气体的气瓶。不包括盛装溶解气体、吸附气体的气瓶、灭火剂的气瓶、非金属材料制成的气瓶，以及运输工具上和机器设备上附属的瓶式压力容器。掌握气瓶的安全特性是危险化学品包装安全管理的重要内容。

一、气瓶的构造

气瓶是专门盛装压缩气体或液化气体的金属容器，因为压缩气体或液化气体是在一定压力下装入气瓶的，且气体有受热膨胀性，所以要求气瓶要有较高的强度。制造气瓶的材料，必须选用镇静钢；高压气瓶还必须用合金钢或优质碳素钢。气瓶工作压力大于或等于 12.5 kPa 时应采用无缝钢结构。制造焊接气瓶（盛装低压气体的材料），要具有良好的可焊接性。制造气瓶的材料，要根据所装气体的性质选用。气瓶侧头上的连接螺纹，用于可燃气体的为左旋，用于不可燃气体的为右旋。氧气瓶的气阀密封填料应采用不燃烧和无油脂的材料，安全帽上应有泄气孔。现以氧气瓶为例，说明气瓶的构造，如图 3—3 所示。

氧气瓶的阀门应用黄铜制造，并另加安全塞，内装磷铜片（即爆破片），在超过气瓶允许工作压力 10%以上，即破裂泄气。安全帽上有泄气孔。在制造钢瓶时，焊缝必须进行射线透视检查。

气瓶制成后，必须进行液压试验，并在试验的同时，作容积残余变形测定。气瓶气密性试验的试验压力为气瓶的最高工作压力。试验时，将气瓶沉没于水中，在试验压力下持续 3 min，无漏气现象，即为合格。在进行容积和质量测定时，应先彻底清除其内外表面氧化皮等杂物。

气瓶质量不包括气阀、安全帽和防振网的质量。新瓶出厂要有质量合格证。

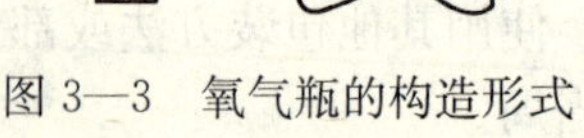

图 3—3　氧气瓶的构造形式

二、气瓶的漆色

各种气瓶，根据所装气体的性质、在瓶内的状态和压力，国家规定有不同的漆色，见表 3—11。

表 3—11　　气瓶的漆色

气瓶名称	外表面颜色	字样	字样颜色	色环
氢气	淡绿	氢	大红	淡黄
氧气	淡（酞）蓝	氧	黑	白

续表

气瓶名称	外表面颜色	字样	字样颜色	色环
氨气	淡黄	液化氨	黑	
氯气	深绿	液化氯	白	
空气	黑	空气	白	白
硫化氢	银灰	液化硫化氢	大红	
液化烷烃	棕	气体名称	白	
液化烯烃	棕	气体名称	淡黄	
民用液化石油气	银灰	液化石油气	大红	
氟、氯烷气	铝白	气体名称	黑	
氮气	黑	氮	淡黄	白
二氧化碳	铝白	液化二氧化碳	黑	黑
硫酰氟	银灰	液化硫酰氟	黑	
惰性气体	银灰	气体名称	深绿	白

气瓶不论盛装何种气体，在其肩部刻钢印的位置一律涂上白色薄漆。气瓶漆色后，不得任意涂改、增添其他图案或标记。气瓶的漆色必须完好，如脱落应及时补漆。气瓶的日常漆色工作由气体制造厂负责。气瓶的漆色和标志方法如图 3—4 所示。

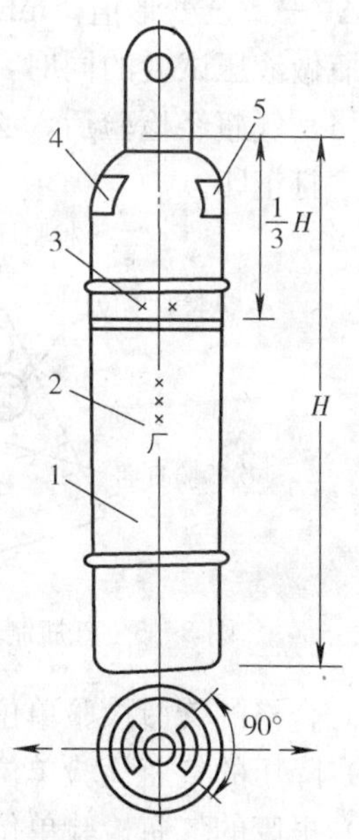

图 3—4　气瓶的漆色和标志方法

1—整体漆色　2—所属单位名称

3—气体名称（横条）　4—制造钢印（白色）

5—检验钢印（白色）

三、气瓶的技术检验

为了保证气瓶的使用安全，各种气瓶必须进行定期技术检验。充装一般气体的气瓶每 3 年检验一次；充装腐蚀性气体的气瓶，每 2 年检验一次。气瓶在使用过程中，如发现严重腐蚀或其他严重损伤，应提前进行检验。气瓶的定期技术检验工作，应由气体制造厂负责。定期技术检验的项目包括以下两方面的内容。

1. 内外表面检查

内外表面检查应在气瓶液压试验前后进行，检查前应先将瓶内铁锈、油污等杂质清除干净。

检查盛装有毒或易燃气体的气瓶时，必须先将瓶内残存的气体排除干净。气瓶经过内外表面检查，发现瓶壁有裂缝、鼓疤或明显的变形时应报废。发现有硬伤、局部片状腐蚀或密集斑点腐蚀时，应根据剩余壁厚进行校核，以确定是否达到要求。

2. 液压试验

液压试验的目的是查明容器及各连接处的强度和紧密性。它是最安全的试验方法。试验压力为最高工作压力的 1.5 倍。试验时应缓慢升压至工作压力，检查接头处有无渗漏。如无渗漏现象，再继续升压至试验压力，并保压 1～2 min，然后降至工作压力进行全面检查。

气瓶在做液压试验的同时，经进行容积残余变形的测定，残余变形率用下式计算：

$$残余变形率=(\Delta V'/\Delta V)\times 100\%$$

式中　$\Delta V'$——容积残余变形值，mL；

ΔV——全变形值，mL。

气瓶做液压试验的同时，无渗漏现象，且容积残余变形率不超过 10%，即认为合格。气瓶经检验后，必须在气瓶肩部的规定位置（见图 3—5）按下列项目和顺序打钢印。

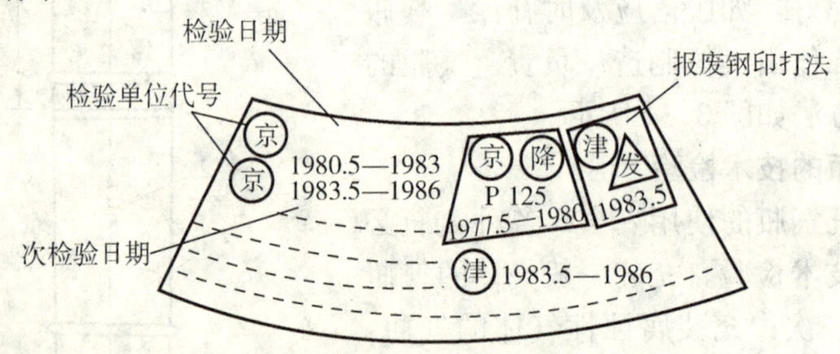

图 3—5　气瓶制造厂和检验单位打的钢印标记

（1）合格的气瓶检验单位代号，本次和下次检验日期。

（2）降压的气瓶检验单位代号，本次和下次检验日期。

（3）报废的气瓶检验单位代号，检验日期。

第四章　危险化学品经营的安全管理

危险化学品的经营是指企业、单位、个体工商户、百货商场、企业分支机构、化工生产企业在厂外设立的销售网点，经过审批后进行的批发、零售爆炸品、压缩气体和液化气体、易燃液体、易燃固体、自燃物品和遇湿易燃物品、氧化剂和有机过氧化物、有毒品和腐蚀品的商业行为。

危险化学品具有易燃、易爆、有毒、腐蚀等危险特性，在经营环节中，由于环境条件的变化以及管理不善极易引起燃烧、爆炸、烧伤、中毒等恶性事故，给人民生命财产造成严重损失。

《危险化学品安全管理条例》在危险化学品经营安全管理方面的规定如下。

1. 国家对危险化学品经营销售实行许可制度。未经许可，任何单位和个人都不得经营销售危险化学品。

2. 危险化学品经营企业必须具备下列条件：经营场所和储存设施符合国家标准；主管人员和业务人员经过专业培训，并取得上岗资格；有健全的安全管理制度；符合法律、法规规定和国家标准要求的其他条件。

3. 经营剧毒化学品和其他危险化学品的，应当分别向省、自治区、直辖市人民政府经济贸易管理部门或者设区的市级人民政府负责危险化学品安全监督管理综合工作的部门提出申请。经审查，符合条件的，颁发危险化学品经营许可证。申请人凭危险化学品经营许可证向工商行政管理部门办理登记注册手续。

4. 经营危险化学品，不得有下列行为。

（1）从未取得危险化学品生产许可证或者危险化学品经营许可证的企业采购危险化学品。

（2）经营国家明令禁止的危险化学品和用剧毒化学品生产的灭鼠药以及其他可能进入人们日常生活的化学产品和日用化学品。

（3）销售没有化学品安全技术说明书和化学品安全标签的危险化学品。

5. 危险化学品生产企业不得向未取得危险化学品经营许可证的单位或者个人销售危险化学品。

6. 危险化学品经营企业储存危险化学品，应当遵守储存危险化学品的有关规定。危险化学品商店内只能存放民用小包装的危险化学品，其总量不得超过国家规定的限量。

7. 剧毒化学品经营企业销售剧毒化学品，应当记录购买单位的名称、地址和购买人员的姓名、身份证号码及所购剧毒化学品的品名、数量、用途。记录应当至少保存1年。

剧毒化学品经营企业应当每天核对剧毒化学品的销售情况；发现被盗、丢失、误售等情况时，必须立即向当地公安部门报告。

8. 购买剧毒化学品，应当遵守下列规定。

（1）生产、科研、医疗等单位经常使用剧毒化学品的，应当向设区的市级人民政府公安部门申请领取购买凭证，凭购买凭证购买。

（2）单位临时需要购买剧毒化学品的，应当凭本单位出具的证明（注明品名、数量、用途）向设区的市级人民政府公安部门申请领取准购证，凭准购证购买。

（3）个人不得购买农药、灭鼠药、灭虫药以外的剧毒化学品。

剧毒化学品生产企业、经营企业不得向个人或者无购买凭证、准购证的单位销售剧毒化学品。剧毒化学品购买凭证、准购证不得伪造、变造、买卖、出借或者以其他方式转让，不得使用作废的剧毒化学品购买凭证、准购证。

第一节 危险化学品经营许可证管理

国家对危险化学品经营实行许可证制度。经营危险化学品的企业，应当依照规定取得危险化学品经营许可证（以下简称经营许可证），并凭经营许可证办理工商登记注册手续。未取得经营许可证和未办理工商登记注册手续的任何单位和个人，都不得经营危险化学品。国家已于2002年10月出台《危险化学品经营许可证管理办法》，并于2002年11月15日起实施。《危险化学品经营许可证管理办法》对危险化学品的经营范围、许可证种类、许可证的申请与审批、经营许可证的监督管理等作出了明确规定。

一、危险化学品经营范围

危险化学品许可经营范围包括：爆炸品、压缩气体和液化气体、易燃液体、易燃固体、自燃物品和遇湿易燃物品、氧化剂和有机过氧化物、有毒品和腐蚀品等。危险化学品许可经营范围不包括：民用爆炸品、放射性物品、核能物质和城镇燃气（包括民用液化石油气）的经营。禁止经营《淘汰落后生产能力、工艺和产品的目录》中的落后产品中的危险化学品、《禁止进口货物目录》和《禁止出口货物目录》中的危险化学品。

可以经营属于危险化学品类农药的单位包括：

1. 供销合作社的农业生产资料经营单位。

2. 植物保护站。

3. 土壤肥料站。

4. 农业、林业技术推广机构。

5. 森林病虫害防治机构。

6. 农药生产企业。

7. 国务院规定的其他经营单位。

个体工商户和百货商店（场）不得经营工业生产、农业生产、国防军工等使用的危险化学品和运输工具用成品油和液化气；个体工商户不得经营建筑装饰、科教文卫、家庭生活等使用的剧毒化学品；百货商店（场）不得经营家庭生活使用的危险化学品以外的危险化学品。

经营具有危险性的监控化学品、成品油、运输工具用液化气（液化石油气、液化天然气）、属于一类易制毒化学品的危险化学品，须出具国家经贸委或省（自治区、直辖市）经贸部门的批准文件。

二、经营许可证分类

经营许可证分为甲、乙两种，由国家授权的部门统一制作。甲种经营许可证的经营范围为剧毒化学品和其他危险化学品，由省、自治区、直辖市人民政府经济贸易主管部门或其委托的安全生产监督管理部门审批、颁发；乙种经营许可证的经营范围为除剧毒化学品以外的危险化学品，由设区的市级人民政府负责危险化学品安全监督管理综合工作的部门审批、颁发。成品油、运输工具用液化气（液化石油气、液化天然气）的经营许可纳入甲种经营许可证管理。

三、经营许可证的申请与审批

1. 危险化学品经营销售单位应当具备的基本条件

（1）经营和储存场所、设施、建筑物符合国家标准《建筑设计防火规范》（GB 50016—2006）、《爆炸危险场所安全规定》（劳部发［1995］56号）和《仓库防火安全管理规则》（公安部令6号）等规定，建筑物应当经公安消防机构验收合格。

（2）经营条件、储存条件符合《危险化学品经营企业开业条件和技术要求》（GB 18265—2000）、《常用危险化学品储存通则》（GB 15603—1995）的规定。

（3）单位主要负责人和主管人员、安全生产管理人员和业务人员经过专业培训，并经考核，取得上岗资格。

（4）有健全的安全管理制度和岗位安全操作规程。

（5）有本单位事故应急救援预案。经营单位租赁经营场所或储存场所的，经营单位应当与经营场所或储存场所的所有者共同编制事故应急救援预案。

2. 对危险化学品经营单位的安全评价

申请经营许可证的单位自主选择具有资质的安全评价机构，对本单位的经营条件进行安全评价。安全评价机构应当根据国家安全生产监督管理局颁布的《危险化学品经营单位安全评价导则》，对申请经营许可证的单位进行评价，并出具安全评价报告书。

3. 申请经营许可证需要提交的材料

申请经营许可证的单位，应当由单位主要负责人负责申办，并分别向省级发证机关和市级发证机关提出申请，提交下列材料。

（1）“危险化学品经营许可证申请表”一式3份和电子版1份。

（2）安全评价报告书，该报告书由有资质的单位编制，且报告书中存在的问题已整改完毕。

（3）经营和储存场所建筑物消防安全验收文件的复印件。

（4）经营和储存场所、设施产权或租赁证明文件复印件。

（5）单位主要负责人和主管人员、安全生产管理人员和业务人员专业培训合格证书的复印件。

（6）安全管理制度和岗位安全操作规程。

4. 经营许可证的发放

发证机关应当在接到申请之日起30个工作日内，对申请人提交的材料进行审查和现场核查，对符合条件的，颁发经营许可证；对不符合条件的，应当书面通知申请人并说明理由。

经营许可证应当载明下列事项。

（1）经营单位名称。

（2）经营单位住所（地址和经营场所）。

（3）经营单位法定代表人或负责人姓名。

（4）经营单位的经济类型。

（5）许可经营范围（剧毒化学品应当注明品名，其他危险化学品应当注明类项；成品油应当注明油品名称）。

（6）经营方式。

（7）发证机关。

（8）发证日期和有效期限。

（9）证书编号。

经营单位改建、扩建或者迁移经营、储存场所，扩大许可经营范围，应当事前重新申请办理经营许可证。

经营单位变更单位名称、经济类型或者注册的法定代表人或负责人，应当于变更之日起20个工作日内，向原发证机关申办变更手续，换发新的经营许可证。

经营许可证损坏、丢失，不补发，应重新申请办理经营许可证。原经营许可证自行注销。经营单位不得转让、买卖、出租、出借、伪造或者变造经营许可证。

经营许可证有效期为3年。有效期满后，经营单位继续从事危险化学品经营活动的，应当在经营许可证有效期满前3个月内向原发证机关提出换证申请，经审查合格后换领新证。

经营单位每年12月底将本单位年度经营、安全、事故情况通报发证机关。

发证机关应将经营许可证的发放情况，定期向同级公安、环保部门通报。

四、经营许可证的监督管理

经营许可证的审批分为受理、审核、终止审批、复核、审定、告知六个程序。发证机关应当坚持公开、公平、公正的原则，严格依照法律、法规、规章和标准规定的条件及程序，审批、发放经营许可证。

发证机关应当加强对经营许可证的监督管理，建立、健全经营许可证审批、发放档案管理制度，该档案保管期为4年。

市级发证机关应当将本行政区年度经营许可证的审批、发放情况报省级发证机关备案。省级发证机关应当将本行政区年度经营许可证的审批、发放情况报国家安全生产监督管理局备案。

发证机关应当对本行政区内已取得经营许可证的单位进行监督检查。经营单位应当接受发证机关依法实施的监督检查，无正当理由不得拒绝、阻挠。

第二节　危险化学品经营企业开业条件和技术要求

一、危险化学品从业人员的技术要求

依据《危险化学品经营企业开业条件和技术要求》(GB 18265—2000) 的规定，危险化学品经营企业的从业人员必须符合以下技术要求。

1. 危险化学品经营企业的法定代表人或经理应经过国家授权部门的专业培训，取得合格证书方能从事经营活动。

2. 企业业务经营人员应经国家授权部门的专业培训，取得合格证书方能上岗。

3. 经营剧毒物品企业的人员，除满足（1）、（2）项要求外，还应经过县级

以上（含县级）公安部门的专门培训，取得合格证书方可上岗。

二、危险化学品经营企业的经营条件

危险化学品经营企业的经营条件必须满足以下要求。

1. 危险化学品经营企业的经营场所应坐落在交通便利、便于疏散处。

2. 危险化学品经营企业的经营场所的建筑物应符合《火灾自动报警系统设计规范》（GB 50116—2008）的要求。

3. 从事危险化学品批发业务的企业，应具备经县级以上（含县级）公安、消防部门批准的专用危险化学品仓库（自有或租用）。所经营的危险化学品不得放在业务经营场所。

4. 零售业务只许经营除爆炸品、放射性物品、剧毒物品以外的危险化学品。

（1）零售业务的店面应与繁华商业区或居住人口稠密区保持 500 m 以上的距离。

（2）零售业务的店面经营面积（不含库房）应不小于 60 m^2，其店面内不得设有生活设施。

（3）零售业务的店面内只许存放民用小包装的危险化学品，其存放总质量不得超过 1 t。

（4）零售业务的店面内危险化学品的摆放应布局合理，禁忌物料混放。综合性商场（含建材市场）所经营的危险化学品应有专柜存放。

（5）零售业务的店面内显著位置应设有“禁止明火”等警示标志。

（6）零售业务的店面内应放置有效的消防、急救安全设施。

（7）零售业务的店面与存放危险化学品的库房（或罩棚）应有实墙相隔。单一品种存放量不能超过 500 kg，总存放量不能超过 2 t。

（8）零售店面备货库房应根据危险化学品的性质与禁忌，分别采用隔离储存或隔开储存或分离储存等不同方式进行储存。

（9）零售业务的店面备货库房应报公安、消防部门批准。

（10）经营易燃易爆品的企业，应向县级以上（含县级）公安、消防部门申领易燃易爆品消防安全经营许可证。

（11）危险化学品经营企业，应向供货方索取并向用户提供《化学品安全资料表》（GB/T 17519.1—1998）第 5 章 SDS 的内容和一般形式所规定的 16 个项目的有关信息。

三、危险化学品经营企业的储运条件

危险化学品经营企业的储存、运输应满足以下条件。

1. 仓储

（1）地点设置。

1）危险化学品仓库按其使用性质和经营规模分为三种类型：大型仓库（库房或货场总面积大于 9 000 m^2），中型仓库（库房或货场总面积在 550～9 000 m^2 之间），小型仓库（库房或货场总面积小于 550 m^2）。

2）大中型危险化学品仓库应选址在远离市区和居民区的且在主导风向的下风向和河流下游的地域。

3）大中型危险化学品仓库应与周围公共建筑物、交通干线（公路、铁路、水路）、工矿企业等距离至少保持 1 000 m。

4）大中型危险化学品仓库内应设库区和生活区，两区之间应有 2 m 以上的实体围墙，围墙与库区内建筑的距离不宜小于 5 m，并应满足围墙建筑物之间的防火距离要求。

5）大型仓库应符合经营条件（4）中 7）、8）、9）的规定。

6）危险化学品专用仓库应向县级以上（含县级）公安、消防部门申领消防安全储存许可证。

（2）建筑结构。

1）危险化学品的库房建筑应符合《建筑设计防火规范》（GB J16—2006）的要求。

2）危险化学品仓库的建筑屋架应根据所存危险化学品的类别和危险等级采用木结构、钢结构或装配式钢筋混凝土结构。砌砖墙、石墙、混凝土墙及钢筋混凝土墙。

3）库房门应为钛门或木质外包铁皮，采用外开式。设置高侧窗（剧毒物品仓库的窗户应加高铁护栏）。

4）毒害性、腐蚀性危险化学品库房的耐火等级不得低于二级。易燃易爆性危险化学品库房的耐火等级不得低于三级。爆炸品应储存于一级轻顶耐火建筑内，低、中闪点液体，一级易燃固体，自燃物品，压缩气体和液化气体类应储存于一级耐火建筑的库房内。

（3）储存管理。

1）危险化学品仓库储存的危险化学品应符合《常用化学危险品储存通则》（GB 15603—1995）、《腐蚀性商品储藏养护技术条件》（GB 17915—1999）、《毒害性商品储藏养护技术条件》（GB 17916—1999）等的规定。

2）入库的危险化学品应符合产品标准，收货保管员应严格按《危险货物包装标志》（GB 190—2009）的规定验收内外标志、包装、容器等，并做到账、货、卡相符。

3）库存危险化学品应根据其化学性质分区、分类、分库储存，禁忌物料不能混存。灭火方法不同的危险化学品不能同库储存。

4）库存危险化学品应保持相应的垛距、墙距、柱距。垛与垛的间距不小于0.8 m，垛与墙、柱的间距不小于0.3 m。主要通道的宽度不小于1.8 m。

5）危险化学品仓库的保管员应经过岗前和定期培训，持证上岗，做到一日两检，并做好检查记录。检查中发现危险化学品存在质量变质、包装破损、渗漏等问题时应及时通知货主或有关部门，采取应急措施解决。

6）危险化学品仓库应设有专职或兼职的危险化学品养护员，负责危险化学品的技术养护、管理和监测工作。

7）各类危险化学品均应按其性质储存在适宜的温湿度内。

2. 运输

（1）运输危险化学品的车辆应专车专用，并有明显标志。

（2）危险化学品在运输中，包装应牢固。各类危险化学品包装应符合《危险货物运输包装通用技术条件》（GB 12463—2009）的规定。

（3）运输剧毒物品时，应持有公安部门签发的《剧毒物品运输证》。应有专人押运，防止被盗、丢失。

（4）互为禁忌物料不能装在同一车、船内运输。

（5）易燃、易爆品不能装在铁帮、铁底车、船内运输。

（6）闪点在28℃以下的易燃液体，气温高于28℃时应在夜间运输。

（7）禁止无关人员搭乘运输危险化学品的车、船和其他运输工具。

（8）运输危险化学品的车、船应有消防安全设施。

3. 安全保证

（1）安全设施。

1）危险化学品仓库应根据经营规模的大小设置、配备足够的消防设施和器材，应有消防水池、消防管网和消火栓等消防水源设施。大型危险物品仓库应设有专职消防队，并配有消防车。消防器材应当设置在明显和便于取用的地点，周围不准放物品和杂物。仓库的消防设施、器材应当有专人管理，负责检查、保养、更新和添置，确保完好有效。对于各种消防设施、器材，严禁圈占、埋压和挪用。

2）危险化学品仓库应设有避雷设施，并每年至少检测一次，使之安全有效。

3）对于易产生粉尘、蒸气、腐蚀性气体的库房，应使用密闭的防护措施，有爆炸危险的库房应当使用防爆型电气设备。剧毒物品的库房还应安装机械通风、排毒设备。

4）危险化学品仓库应设有消防、治安报警装置。有供报警、联络的通信设备。

（2）安全组织。

危险化学品经营企业应设有安全保卫组织。危险化学品仓库应有专职或义务消防、警卫队伍。无论专职还是义务消防、警卫队伍，都应制定灭火预案并经常进行消防演练。

（3）安全制度。

1）危险化学品仓库应有完善的安全管理制度和逐级安全检查制度，对查出的安全隐患应及时整改。

2）进入危险化学品库区的机动车辆应安装防火罩。机动车装卸货物后，不准在库区、库房、货场内停放和修理。

3）汽车、拖拉机不准进入甲、乙、丙类物品库房。进入甲、乙类物品库房的电瓶车、铲车，应是防爆型的；进入丙类物品库房的电瓶车、铲车，应装有防止火花溅出的安全装置。

4）对剧毒物品的管理应执行“五双”制度，即双人验收、双人保管、双人发货、双把锁、双本账。

5）储存危险化学品的建筑物、区域内严禁吸烟和使用明火。

（4）安全操作。

1）装卸毒害品人员应具有操作毒品的一般知识。操作时轻拿轻放，不得碰撞、倒置，防止包装破损，商品外溢。作业人员应佩戴手套和相应的防毒口罩或面具，穿防护服。作业中不得饮食，不得用手擦嘴、脸、眼睛。每次作业完毕，应及时用肥皂（或专用洗涤剂）洗净面部、手部，用清水漱口，防护用具应及时清洗，集中存放。

2）装卸易燃易爆品人员应穿工作服，戴手套、口罩等必需的防护用具，操作中轻搬轻放、防止摩擦和撞击。各项操作不得使用能产生火花的工具，作业现场应远离热源和火源。装卸易燃液体须穿防静电工作服。禁止穿带钉鞋。大桶不得在水泥地面上滚动。桶装各种氧化剂不得在水泥地面上滚动。

3）装卸腐蚀品人员应穿工作服，戴护目镜、胶皮手套、胶皮围裙等必需的防护用具。操作时，应轻搬轻放，严禁背负肩扛，防止摩擦、振动和撞击。不能使用沾染异物和能产生火花的机具，作业现场须远离热源和火源。

4）各类危险化学品分装、改装、开箱（桶）检查等应在库房外进行。

5）在操作各类危险化学品时，企业应在经营店面和仓库内，针对各类危险化学品的性质，准备相应的急救药品和制定急救预案。

四、危险化学品废弃物处理

1. 禁止在危险化学品储存区域内堆积可燃性废弃物。

2. 泄漏或渗漏危险化学品的包装容器应迅速转移至安全区域。

3. 按危险化学品特性，用化学的或物理的方法处理废弃物品，不得任意抛弃，防止污染水源或环境。

五、危险化学品经营许可证

1. 企业从事危险化学品经营活动必须取得危险化学品经营许可证。

2. 危险化学品经营许可证由国家授权的部门统一制作、发放。

3. 危险化学品经营企业应符合前述要求，并取得消防安全许可证后，方可申领《危险化学品经营许可证》，并凭《危险化学品经营许可证》申办营业执照。

第五章　危险化学品储存的安全管理

危险化学品储存是指企业、单位、个体工商户、百货商店（场）等储存爆炸品、压缩气体和液化气体、易燃液体、易燃固体、自燃物品和遇湿易燃物品、氧化剂和有机过氧化物、有毒品和腐蚀品等危险化学品的行为。

危险化学品除了有混合储存的危险性外，仓库选址及库区布置不合理、库区储存量过大以及人员的违章操作等也是重要的危险因素。国家标准《危险化学品重大危险源辨识》（GB 18218—2009）根据储存物质的品种和临界量确定是否属于重大危险源。

随着我国化工产业的不断发展，生产规模越来越大，化学品的种类越来越多，重大危险源也就分布越广泛。

由于 80%以上的化学品具有易燃、易爆、有毒有害、腐蚀、放射等危险性，且其生产工艺复杂，高温高压突出，一旦发生事故，则极可能造成巨大的社会危害，因此，加强危险化学品储存的安全管理有着非常重要的意义。

1. 增强法律意识，整顿规范市场秩序。提高全社会特别是危险化学品从业人员对危险化学品安全管理的法律意识，加强危险化学品储存、废弃物处置的安全管理，有利于规范市场秩序，保障人民生命财产安全，保护环境。

2. 提高企业安全管理水平。通过对危险化学品安全管理的各项法律、法规、标准的贯彻实施，使我国危险化学品储存的相关企业或单位管理水平进一步提高，与国际接轨。

3. 加强基础环节的安全防范。按照国家危险化学品的法律、法规和执行标准，实施对危险化学品生产经营单位负责人和员工的培训，促进危险化学品储存相关企业或单位的人员素质的不断提高，有利于对危险化学品基础环节安全管理的落实及安全防范。

4. 强化监督管理，促进经济社会的可持续发展。通过政府各监管部门的统一协调，加强危险化学品的管理，使危险化学品的管理部门及生产经营单位对危险化学品管理中的新情况、新特点和新规律认识得更加深化，实现我国总体管理水平不断提高，促进国民经济与社会的可持续、健康、平衡的发展，为建立和谐社会作出贡献。

第一节　危险化学品储存安全管理基本要求

储存是指产品在离开生产领域而尚未进入消费领域之前，在流通过程中形成的停留。生产、经营、储存、使用危险化学品的企业都存在危险化学品的储存问题。

安全储存是危险化学品流通过程中非常重要的一个环节，储存是使物质不稳定的消耗与较为稳定的生产率保持平衡的一种手段，也是在生产中断、供应受阻时的缓冲手段。

储存不当，就会造成重大事故。如1993年深圳市安贸危险品储存公司清水河危险化学品仓库发生的爆炸事故，死亡15人，200多人受伤，直接经济损失2.5亿元，不仅给国家造成了重大的经济损失，还造成了人员伤亡。

为了加强对危险化学品储存的管理，国家不断加强对储存的监管力度，并制定了有关危险化学品储存标准，从而对规范危险化学品的储存起到了重要的作用。

危险化学品的储存根据理化性质和储存量的大小分为整装储存和散装储存两种。

整装储存是将物品装于小容器或包装件中储存。如各种袋装、桶装、箱装或钢瓶装的物品。这种储存往往存放的种类多，物品的性质复杂，比较难管理。

散装储存是物品不带外包装的净货储存，量比较大，设备、技术条件比较复杂。如有机液体危险化学品汽油、甲苯、二甲苯、丙酮、甲醇等就采用这种储存方式，一旦发生事故，难以施救。

无论整装储存还是散装储存都有很大的潜在危险。因此，必须用科学的态度从严管理，万万不可马虎从事。

在储存过程中，采用统一高效的方法和标准，可以使供应工作在各种条件下都能达到所要求的最佳效率和最佳经济效果。

危险化学品分类储存的安全要求主要包括：储存危险化学品的基本要求，储存易燃易爆品的要求，储存毒害品的要求，储存腐蚀性物品的要求。

一、储存危险化学品的分类

《危险化学品安全管理条例》第3条规定管理的危险化学品品种有8类：爆炸品、压缩气体和液化气体、易燃液体、易燃固体、自燃物品和遇湿易燃物品、氧化剂和有机过氧化物、有毒品、放射性物品和腐蚀品。

根据危险化学品的特性，从仓库建筑防火要求及养护技术要求分类，储存的危险化学品又可划分为3类：易燃易爆性物品（火灾危险性物品）、毒害性物品、腐蚀性物品。

1. 储存易燃易爆物品的火灾危险性分类

在储存中属于易燃易爆性物品的危险物品包括爆炸品、压缩气体和液化气体、易燃液体、易燃固体、自燃物品和遇湿易燃物品、氧化剂和有机过氧化物。

《建筑设计防火规范》（GB 50016—2006）将储存物品的火灾危险性分为5类，其火灾危险性特征分别如下。

(1) 甲类。

1）闪点小于28℃的液体。如己烷、戊烷、石脑油、环戊烷、二硫化碳、苯、甲苯、甲醇、乙醇、乙醚、蚁酸甲酯、醋酸甲酯、硝酸乙酯、汽油、丙酮、乙醚、乙醛、60°以上的白酒等。

2）爆炸下限小于10%的气体。如乙炔、氢、甲烷、乙烯、丙烯、丁二烯、环氧乙烷、水煤气、硫化氢、氯乙烯、液化石油气等。

3）常温下能自行分解或在空气中氧化能导致迅速自燃或爆炸的物质。如硝化棉、硝化纤维胶片、喷漆棉、火胶棉、赛璐珞棉、黄磷等。

4）常温下受到水或空气中水蒸气的作用，能产生可燃气体并引起燃烧或爆炸的物质。如金属钾、钠、锂、钙、锶、氢化锂、四氢化锂铝、氢化钠等。

5）遇酸、受热、撞击、摩擦、催化以及遇有机物或硫黄等易燃的无机物；极易引起燃烧或爆炸的强氧化剂；如氯酸钾、氯酸钠、过氧化钾、过氧化钠、硝酸铵、高锰酸钠等无机氧化剂；硝基胍、硝基脲等有机氧化剂，以及过氧化二苯甲酰等有机过氧化物等。

6）受撞击、摩擦或与氧化剂、有机物接触时能引起燃烧或爆炸的物质。如赤磷、五硫化磷、三硫化磷、二硝基萘、重氮氨基苯、任何地方都可以擦燃的火柴、硝化沥青、偶氮二甲酰胺等。

7）在密闭设备内操作温度大于等于物质本身自燃点的生产。

(2) 乙类。

1）闪点大于等于28℃，但小于60℃的液体。如煤油、松节油、丁烯醇、异戊醇、丁醚、醋酸丁酯、硝酸戊酯、乙酰丙酮、环己胺、溶剂油、冰醋酸、樟脑油、蚁酸等。

2）爆炸下限大于等于10%的气体。如氨气、液氯、一氧化碳、发生炉煤气等。

3）不属于甲类的氧化剂。如硝酸铜、铬酸、亚硝酸钾、重铬酸钠、铬酸钾、硝酸、硝酸汞、硝酸钴、发烟硫酸、漂白粉等。

4）不属于甲类的化学易燃危险固体。如硫黄、镁粉、铝粉、赛璐珞板（片）、樟脑、萘、生松香、硝化纤维漆布等。

5）助燃气体。如氧气、氟气等。

6）能与空气接触形成爆炸性混合物的浮游状态的粉尘、纤维、闪点≥60℃的液体雾滴。如漆布及其制品、油布及其制品、油纸及其制品、油绸及其制品等。

（3）丙类。

1）闪点≥60℃的液体。如动物油、植物油、沥青、蜡、润滑油、机油、重油、闪点≥60℃的柴油、糠醛、大于50°小于60°的白酒等。

2）可燃固体。如化学、人造纤维及其织物，纸张，棉、毛、丝、麻及其织物，谷物，面粉，天然橡胶及其制品，竹、木及其制品，中药材，电视机、收录机等电子产品，计算机房已录数据的磁盘储存间，冷库中的鱼肉等。

（4）丁类。

1）对不燃烧物质进行加工，并在高温或熔化状态下经常产生强辐射热、火花或火焰的生产。

2）利用气体、液体、固体作为燃料或将气体、液体进行燃烧作其他用的各种生产。

3）常温下使用或加工难燃烧物质的生产。

（5）戊类。常温下使用或加工不燃烧物质的生产。如钢材、铝材、玻璃及其制品、搪瓷制品、陶瓷制品、不燃气体、玻璃棉、岩棉、陶瓷棉、硅酸铝纤维、矿棉、石膏及其无纸制品、水泥、石、膨胀珍珠岩等。

2. 储存毒害性物品的分类

毒害性物品是指，凡少量进入人、畜体内或接触皮肤，能与体液和机体组织发生生物化学作用或生物物理学变化，扰乱或破坏机体的正常生理功能，引起暂时性或持久性的病理状态，甚至危及生命的物品。有的毒害品遇酸或受热能放出有毒的气体或烟雾；许多有机毒害品（特别是乳剂农药）具有易燃性，且易于渗漏、挥发，污染环境。毒害品按其毒性大小分为一级无机毒害品、一级有机毒害品、二级无机毒害品、二级有机毒害品。

（1）一级毒害品。指经口摄取半数致死量 LD_{50}≥50 mg/kg，经皮肤接触 24 h 半数致死量 LD_{50}≥200 mg/kg，粉尘、烟雾或蒸气吸入半数致死浓度 LC_{50}≥2 mg/L。

（2）二级毒害品。指经口摄取半数致死量 LD_{50} 固体：50～500 mg/kg；液体：50～2 000 mg/kg，经皮肤接触 24 h 半数致死量 LD_{50} 为 200～1 000 mg/kg，

粉尘、烟雾或蒸气吸入半数致死浓度 LC_{50} 为 2～10 mg/L。

3. 储存腐蚀性物品的分类

腐蚀性物品指能灼伤人体组织，并对金属等物品能造成损坏的固体或液体。与皮肤接触在 4 h 内可见坏死现象。有些腐蚀品挥发出的蒸气能刺激眼睛、黏膜，吸入后会中毒；有些腐蚀品受热或遇水会形成有毒烟雾；有些无机酸性腐蚀品具有较强氧化性，接触可燃物易引起燃烧；有的有机腐蚀品有易燃性。腐蚀品按其化学组成和腐蚀性强度分为三项两级。①酸性腐蚀品：又划分为一级酸性腐蚀品与二级酸性腐蚀品；②碱性腐蚀品：又划分为一级碱性腐蚀品与二级碱性腐蚀品；③其他腐蚀品：又划分为一级其他腐蚀品与二级其他腐蚀品。

一级腐蚀品是指能使动物皮肤在 3 min 内出现可见坏死现象，并能在 3～6 min 出现可见坏死现象的同时产生有毒蒸气的物品。

二级腐蚀品是指能使动物皮肤在 4 h 内出现可见坏死现象，并在 55℃时对钢或铝的表面年腐蚀率超过 6.25 mm 的物品。

二、危险化学品的储存审批

《危险化学品安全管理条例》在危险化学品储存安全管理方面作了规定，并明确规定对危险化学品的储存实行审批制度。即国家对危险化学品的生产和储存实行统一规划、合理布局和严格控制，并对危险化学品生产、储存实行审批制度；未经审批，任何单位和个人都不得生产、储存危险化学品。

1. 危险化学品储存的规划原则和要求

设区的市级人民政府根据当地经济发展的实际需要，在编制总体规划时，应当按照确保安全的原则规划适当区域专门用于危险化学品的生产、储存。

除运输工具、加油站、加气站外，危险化学品的生产装置和储存数量构成重大危险源的储存设施，与下列场所、区域的距离必须符合国家标准或者国家有关规定。

（1）居民区、商业中心、公园等人口密集区域。

（2）学校、医院、影剧院、体育场（馆）等公共设施。

（3）供水水源、水厂及水源保护区。

（4）车站、码头（按照国家规定，经批准，专门从事危险化学品装卸作业的除外）、机场以及公路、铁路、水路交通干线、地铁风亭及出入口。

（5）基本农田保护区、畜牧区、渔业水域和种子、种畜、水产苗种生产基地。

（6）河流、湖泊、风景名胜区和自然保护区。

（7）军事禁区、军事管理区。

（8）法律、行政法规规定予以保护的其他区域。

已建危险化学品的生产装置和储存数量构成重大危险源的储存设施不符合上述规定的，由所在地设区的市级人民政府负责危险化学品安全监督管理综合工作的部门监督其在规定期限内进行整顿；需要转产、停产、搬迁、关闭的，报本级人民政府批准后实施。

2. 危险化学品储存的审批条件

危险化学品生产、储存企业，必须具备下列条件。

（1）有符合国家标准的生产工艺、设备或者储存方式、设施。

（2）工厂、仓库的周边防护距离符合国家标准或者国家有关规定。

（3）有符合生产或者储存需要的管理人员和技术人员。

（4）有健全的安全管理制度。

（5）符合法律、法规规定和国家标准要求的其他条件。

危险化学品储存企业必须具备的基本条件具体描述如下。

（1）有符合国家标准的生产工艺、设备或者储存方式、设施。

1）建筑物。储存危险化学品的建筑物不能有地下室或其他地下建筑物，其耐火等级、层数、占地面积、安全疏散和防火间距应符合《建筑设计防火规范》（GB 50016—2006）。

危险化学品仓库的建筑物架应根据所储存危险化学品的类别和危险等级采用木结构、钢结构或装配式钢筋混凝土结构，砌砖墙、石墙、混凝土墙及钢筋混凝土墙。

仓库房门应为铁门或木质外包铁皮，采用外开式。设置高侧窗（剧毒品仓库的侧窗应加设铁护栏）。

毒害性、腐蚀性危险化学品库房的耐火等级不得低于二级。易燃易爆危险化学品库房的耐火等级不得低于三级。爆炸品应储存于一级耐火建筑的库房内。低闪点液体、中闪点液体、一级易燃固体、自燃物品、压缩气体和液化气体宜储藏于一级耐火建筑的库房内。

汽车加油加气站的建筑物还要符合《汽车加油加气站设计与施工规范》（GB 50156—2002）的要求。

2）储存地点及建筑结构的设置。除了符合国家有关规定外，还应考虑对周围环境和居民的影响。

3）储存场所的电气安装。要符合《建筑设计防火规范》（GB 50016—2006）的要求。危险化学品储存建筑物、场所消防用电设备应能够充分满足消防用电的需要。

危险化学品储存区域或建筑物内输配电线路、灯具、火灾事故照明和疏散指示标志，都应符合要求。

储存易燃易爆危险化学品的建筑物，必须安装避雷设备（避雷设备要实现有效覆盖）。

4）储存场所通风或温、湿度调节。

储存危险化学品的建筑物必须安装通风设备，并注意防护措施。

储存危险化学品的建筑物的通风排风系统应设有导出静电的接地装置。

通风管道不宜穿过防火墙等防火分隔物，如必须穿过时应用非燃烧材料分隔。

储存危险化学品的建筑物采暖的热媒温度不应过高，热水采暖不应超过80℃，不得使用蒸汽采暖和机械采暖。

采暖管道和设备的保温材料必须采用非燃烧材料。

5）禁配要求。根据危险化学品的性能分区、分类、分库储存。

各类危险化学品不得与化学性质相抵触或灭火方法不同的禁忌物料混合储存。

6）储存方式。危险化学品的储存必须采取适合的储存方式。危险化学品主要有三种储存方式。

①隔离储存：在同一房间或同一区域内，不同的物料之间分开一定的距离，非禁忌物料间用通道保持空间的储存方式。

②隔开储存：在同一建筑或同一区域内，用隔板或墙，将其与禁忌物料分离开的储存方式。

③分离储存：不同的建筑物或远离所有建筑的外部区域内的储存方式。

7）安全设施、设备。应根据危险化学品的种类、特性，在车间、库房等作业场所安装检测、通风、防晒、调温、防火、灭火、防爆、泄压、防毒、消毒、中和、防潮、防雷、防静电、防腐、防渗漏、防护围堤或隔离操作等安全设施。

8）报警装置。危险化学品的生产、储存、使用单位应在场所设置通信、报警装置，并保证可用。

（2）仓库的周边防护距离。

《危险化学品经营企业开业条件和技术要求》（GB 18265—2000）明确了仓储地点设置的标准，具体如下。

1）危险化学品仓库按使用面积和规模分：大型仓库（总面积大于9 000 m^2）、中型仓库（总面积在550～9 000 m^2 之间）、小型仓库（总面积小于550 m^2）。

2）大中型仓库选址应在远离市区和居民区的当地主导风向的下风向和河流

的下游。

3）大中型仓库与周围公共建筑物、交通干线、工矿企业要保持至少 1 000 m。

4）大中型仓库内应设库区和生活区，两区之间应有 2 m 以上的实体围墙，围墙与库区内建筑距离不小于 5 m，并应满足两侧建筑物之间的防火间距要求。

（3）符合储存需要的管理人员和技术人员。危险化学品的储存与一般日用工业品的储存不同，有相当大的危险性和专业性，不具备一定的基础知识就无法保证安全运营。

《安全生产法》（2002 年施行）中规定：生产经营单位的主要负责人和安全管理人员必须具备与本单位所从事的生产经营活动相应的安全生产知识和管理能力。

危险物品的生产、经营、储存单位的主要负责人和安全管理人员，应当由有关主管部门对其安全生产知识和管理能力考核合格后方可任职。

生产经营单位应当对从业人员进行安全生产教育和培训，保证从业人员具备必要的安全生产知识，熟悉有关的安全生产规章制度和安全操作规程，掌握本岗位的安全操作技能。未经培训的从业人员，不得上岗作业。

《危险化学品安全管理条例》中也规定：储存危险化学品的单位，其主要负责人必须保证本单位危险化学品的安全管理符合有关法律、法规、规章的规定和国家标准的要求，并对本单位危险化学品的安全负责。

危险化学品储存单位中从事危险化学品活动的人员，必须接受有关法律、法规、规章和安全知识、专业技术、职业卫生防护和紧急救援知识的培训，并经过考核合格，才能上岗作业。

《危险化学品经营企业开业条件和技术要求》（GB 18256—2000）规定：从事危险化学品储存的企业法定代表人或经理应经过国家授权部门的专业培训，取得合格证书，方能从事经营活动。

危险化学品仓库应设有专职或兼职的危险化学品养护员，负责危险化学品的技术养护、管理和检测工作。

《常用危险化学品储存通则》（GB 15603—1995）要求：危险化学品仓库工作人员应进行培训，经考核合格后方能持证上岗。

（4）健全的安全管理制度。健全的安全管理制度对危险化学品储存企业非常重要。安全管理制度要结合储存单位储存物品的类别、数量，仓库的规模、设施等具体情况而定。一般要有出入库管理制度、物品养护管理制度、安全防火责任制度、动态火源管理制度、剧毒品管理制度、设施安全检查制度等。

（5）其他要求。危险化学品的储存安全，要求认真按照国家的法律、法规规定和国家标准要求执行。

《安全生产法》中规定：生产经营单位应当具备安全生产条件所必需的资金投入，有生产经营单位的决策机构、主要负责人或者个人经营的投资人予以保证，并对由于安全生产所必需的资金投入不足导致的后果承担责任。

3. 危险化学品储存的申请和审批程序

（1）申请。《危险化学品安全管理条例》中规定：设立剧毒化学品生产、储存企业和其他危险化学品生产、储存企业，应当分别向省、自治区、直辖市人民政府经济贸易管理部门和设区的市级人民政府负责危险化学品安全监督管理综合工作的部门提出申请，并提交下列文件。

1）可行性研究报告。

2）原料、中间产品、最终产品或者储存的危险化学品的燃点、自燃点、闪点、爆炸极限、毒性等理化性能指标。

3）包装、储存、运输的技术要求。

4）安全评价报告。

5）事故应急救援措施。

6）符合本条例第八条规定条件的证明文件。

申请人凭批准书于工商行政管理部门办理登记注册手续。

（2）审批程序。省、自治区、直辖市人民政府经济贸易管理部门或者设区的市级人民政府负责危险化学品安全监督管理综合工作的部门收到申请和提交的文件后，按如下程序进行审批。

1）组织有关专家进行审查，提出审查意见。

2）将有关专家的审查结果报本级人民政府作出批准或者不予批准的决定。

3）依据本级人民政府的决定，予以批准的，由省、自治区、直辖市人民政府经济贸易管理部门或者设区的市级人民政府负责危险化学品安全监督管理综合工作的部门颁发批准书；不予批准的，书面通知申请人。

4）申请人凭批准书于工商行政管理部门办理登记注册手续。

三、危险化学品储存的安全要求

危险化学品储存的安全要求主要包括以下 8 项内容。

1. 储存危险化学品的基本要求

《危险化学品安全管理条例》及相关法律、法规中对危险化学品储存的一般安全要求规定如下。

（1）危险化学品必须储存在经省、自治区、直辖市人民政府经济贸易管理部门或者设区的市级人民政府负责危险化学品安全监督管理综合工作的部门审查批准的危险化学品仓库中。未经批准不得随意设置危险化学品储存仓库。

新建、改建、扩建的仓库建筑设计，要符合国家建筑设计防火规范的有关规定，并经过公安、消防、监督机构审核。仓库竣工时，其主管部门应当会同公安、消防、监督等有关部门进行验收，验收不合格的，不得交付使用。

仓库应当确定一名主要领导人为防火负责人，全面负责仓库的消防安全管理工作。

(2) 危险化学品必须储存在专用仓库、专用场地或者专用储存室（以下统称专用仓库）内，储存方式、方法与储存数量必须符合国家标准，并由专人管理。

危险化学品出入库，必须进行核查登记。库存危险化学品应当定期检查。

剧毒化学品以及储存数量构成重大危险源的其他危险化学品必须在专用仓库内单独存放，实行“双人收发、双人保管”制度。储存单位应当将储存剧毒化学品以及构成重大危险源的其他危险化学品的数量、地点以及管理人员的情况，报当地公安部门和负责危险化学品安全监督管理综合工作的部门备案。

(3) 危险化学品专用仓库，应当符合国家标准对安全、消防的要求，设置明显标志。危险化学品专用仓库的储存设备和安全设施应当定期检测。《常用危险化学品储存通则》(GB 15603—1995) 要求储存的危险化学品应有明显标志，标志符合《危险货物包装标志》(GB 190—2009) 的规定。同一区域储存两种或两种以上的不同级别的危险化学品时，应按最高级别危险化学品的性能标志。

(4) 危险化学品储存企业应当向国务院经济贸易综合管理办公室负责危险化学品登记的机构办理危险化学品登记。

(5) 危险化学品的生产、储存、使用单位转产、停产、停业或者解散的，应当采取有效措施，处置危险化学品的生产或者储存设备、库存产品及生产原料，不得留有事故隐患。处置方案应当报所在地设区的市级人民政府负责危险化学品安全监督管理综合工作的部门和同级环境保护部门、公安部门备案。负责危险化学品安全监督管理综合工作的部门应当对处置情况进行监督检查。

(6)《常用危险化学品储存通则》(GB 15603—1995) 要求储存危险化学品的仓库必须配备有专业知识的技术人员，其仓库及场所应设专人管理，管理人员必须配备可靠的个人安全防护用品。

(7) 危险化学品露天堆放，应符合防火、防爆的安全要求，爆炸物品、一级易燃物品、遇湿燃烧物品、剧毒物品不得露天堆放。

露天存放物品应当分类、分堆、分组和分垛，并留出必要的防火间距。堆场的总储量以及与建筑物等之间的防火距离，必须符合《建筑设计防火规范》(GB 50016—2006) 的规定。甲、乙类桶装液体，不宜露天存放，必须露天存放时，在炎热季节必须采取降温措施。

库存危险化学品应当分类、分垛储存，每垛占地面积不宜大于100 m^2，垛与垛的间距不小于1 m，垛与墙的间距不小于0.5 m，垛与梁、柱的间距不小于0.3 m，主要通道宽度不小于2 m。

甲、乙类危险化学品和一般危险化学品以及容易互相发生化学反应或者灭火方法不同的危险化学品，必须分间分库储存，并在醒目处标明储存危险化学品的名称、性质和灭火方法。易自燃或者遇水易分解的危险化学品，必须在温度较低、通风良好和空气干燥的场所储存，并安装专用仪器对其进行定时检测，严格控制湿度和温度。

(8) 各类危险化学品不得与禁忌物料混合储存。灭火方法不同的危险化学品不能同库储存。

(9) 储存危险化学品的建筑物、区域内严禁吸烟和使用明火。

(10) 危险化学品单位应当制定本单位事故应急救援预案，配备应急救援人员和必要的应急救援器材、设备，并定期组织演练。危险化学品事故应急救援预案应当报设区的市级人民政府负责危险化学品安全监督管理综合工作的部门备案。

(11) 储存的危险化学品必须有化学品安全技术说明书和化学品安全标签。储存企业应根据安全技术说明书的信息实施分类储存，确定养护措施，制定并实施安全防护措施，制定消防措施。

2. 储存场所的要求

(1) 储存危险化学品的建筑物不得有地下室或其他地下建筑，其耐火等级、层数、占地面积、安全疏散和防火间距，应符合国家有关规定。

(2) 储存地点及建筑结构的设置，除了应符合国家的有关规定外，还应考虑对周围环境和居民的影响。

(3) 储存场所的电气安装。

1) 危险化学品储存建筑物、场所消防用电设备应能充分满足消防用电的需要；并符合《建筑设计防火规范》(GB J16—2006) 的有关规定。

2) 危险化学品储存区域或建筑物内输配电线路、灯具、火灾事故照明和疏散指示标志，都应符合安全要求。

3) 储存易燃、易爆危险化学品的建筑，必须安装避雷设备。

(4) 储存场所通风或温度调节。

1) 储存危险化学品的建筑物必须安装通风设备，并注意设备的防护措施。

2) 储存危险化学品的建筑物通风排风系统应设有导除静电的接地装置。

3）通风管道不宜穿过防火墙等防火分隔物，如必须穿过时应用非燃烧材料分隔。

4）储存危险化学品建筑物采暖的热媒温度不应过高，热水采暖不应超过80℃，不得使用蒸汽采暖和机械采暖。

5）采暖管道和设备的保温材料，必须采用非燃烧材料。

3. 储存安排及储存量限制

（1）危险化学品储存安排取决于危险化学品的分类、分项、容器类型、储存方式和消防的要求。

（2）储存量及储存安排见表5—1。

表5—1　　储存量及储存安排

储存要求＼储存类别	露天储存	隔离储存	隔开储存	分离储存
平均单位面积储存量（t/m^2）	1.0～1.5	0.5	0.7	0.7
单一储存区最大储量（t）	2 000～2 400	200～300	200～300	400～600
垛距限制（m）	2	0.3～0.5	0.3～0.5	0.3～0.5
通道宽度（m）	4～6	1～2	1～2	5
墙距宽度（m）	2	0.3～0.5	0.3～0.5	0.3～0.5
与禁忌品距离（m）	10	不得同库储存	不得同库储存	7～10

（3）遇火、遇热、遇潮能引起燃烧、爆炸或发生化学反应、产生有毒气体的危险化学品不得在露天或在潮湿、积水的建筑物中储存。

（4）受日光照射能发生化学反应引起燃烧、爆炸、分解、化合或能产生有毒气体的危险化学品应储存在一级建筑物中。其包装应采取避光措施。

（5）爆炸物品不准和其他类物品同储，必须单独隔离限量储存，仓库不准建在城镇，还应与周围建筑、交通干道、输电线路保持一定的安全距离。

（6）压缩气体和液化气体必须与爆炸物品、氧化剂、易燃物品、自燃物品、腐蚀性物品隔离储存。易燃气体不得与助燃气体、剧毒气体同储；氧气不得与油脂混合储存；盛装液化气体的容器属压力容器的，必须有压力表、安全阀、紧急切断装置，并定期检查，不得超装。

（7）易燃液体、遇湿易燃物品、易燃固体不得与氧化剂混合储存，具有还原性的氧化剂应单独存放。

(8) 有毒物品应储存在阴凉、通风、干燥的场所，不要露天存放，不要接近酸类物质。

(9) 腐蚀性物品，其包装必须严密，不允许泄漏，严禁与液化气体和其他物品共存。

4. 危险化学品的养护

(1) 危险化学品入库时，应严格检验物品质量、数量、包装情况、有无泄漏。

(2) 危险化学品入库后应采取适当的养护措施，在储存期内，定期检查，发现其品质变化、包装破损、渗漏、稳定剂短缺等，应及时处理。

(3) 库房温度、湿度应严格控制、经常检查，发现变化应及时调整。

5. 危险化学品出入库管理

(1) 储存危险化学品的仓库，必须建立严格的出入库管理制度。《危险化学品安全管理条例》第 22 条明确规定，危险化学品出入库，必须进行核查登记。库存危险化学品应当定期检查。《危险化学品安全管理条例》第 19 条又规定，剧毒化学品的生产、储存、使用单位，应当对剧毒化学品的产量、流向、储存量和用途如实记录，并采取必要的保安措施，防止剧毒化学品被盗、丢失或者误售、误用；发现剧毒化学品被盗、丢失或者误售、误用时，必须立即向当地公安部门报告。

(2) 危险化学品出入库前均应按合同进行检查验收、登记。验收内容包括：危险化学品的数量、包装、包装标志。入库前应当由专人进行检查，确定无火种等隐患后，方准入库，当物品性质未弄清时不得入库。甲、乙类物品的包装容器应当牢固、密封，发现有破损、残缺、变形和物品变质、分解等情况，应当及时进行安全处理，严防跑、冒、漏、滴。

(3) 进入危险化学品储存区域的人员、机动车辆和作业车辆，必须采取防火措施。进入危险化学品储存库区的机动车辆应安装防火罩。机动车辆装卸货物后，不准在库区、库房、货场内停放和修理。汽车、拖拉机不准进入甲、乙类物品库房。进入甲、乙类库房的电瓶车、铲车应是防爆型的；进入丙类物品库房的电瓶车、铲车应装有防止火花溅出的安全装置。

(4) 装卸、搬运危险化学品时应按有关规定进行，做到轻装、轻卸。严禁摔、碰、撞、击、拖拉、倾倒和滚动。

(5) 装卸对人体有毒害及腐蚀性的物品时，操作人员应根据其危险性，穿戴相应的防护用品。装卸毒害品的人员应具有操作毒害性物品的一般知识。作业人员应佩戴手套和相应的防毒口罩或面具，穿防护服。作业中不得饮食，不得用手擦嘴、脸、眼睛。装卸腐蚀性物品的人员应穿工作服、胶皮围裙，戴护目镜、胶皮手套等必需的防护用具。操作时，应轻拿轻放，严禁背负肩扛，防止摩擦、振动和撞击。使用过的油棉纱、油手套等沾油纤维物品以及可燃包装，应当储存在安全地点，定期处理。

(6) 不得用同一车辆运输互为禁忌的物料，包括库内搬倒。

(7) 修补、换装、清扫、装卸易燃易爆物料时，应使用不产生火花的铜制、合金制或其他工具。

(8) 装卸易燃易爆物料时，装卸人员应穿工作服，戴手套、口罩等必需的防护工具。禁止穿带钉鞋。大桶不得在水泥地面上滚动。桶装各种氧化剂不得在水泥地面上滚动。各项操作不得使用沾染异物和能产生火花的机具，作业现场需远离热源和火源。

(9) 各类危险化学品的分类、改装、开箱（桶）检查应在库房外安全地点进行。

6. 消防措施

(1) 根据危险化学品的特性和仓库条件，必须配置相应的消防设备、设施和灭火药剂。并配备经过培训的兼职和专职的消防人员。

危险化学品仓库应根据经营规模的大小设置、配备足够的消防设施和器材，应有消防水池、消防管网和消火栓等消防水源设施。大型危险物品仓库应设有专职消防队，并配有消防车。

消防器材应当设置在明显和便于取用的地点，周围不准堆放其他物品和杂物。仓库的消防设施、器材应有专人管理，负责检查、保养、更新和添置，确保完好有效。

对于各种消防设施、器材严禁圈占、埋压、挪用。

(2) 储存危险化学品的建筑物内，应根据仓库条件安装自动监测和火灾报警系统。

(3) 储存危险化学品的建筑物内，如条件允许，应安装灭火喷淋系统（遇水燃烧危险化学品，不可用水扑救的火灾除外），并设置其喷淋强度为 15 L/（min·m^2）、供水持续时间为 90 min。

(4) 危险化学品储存企业应设有安全保卫组织。危险化学品仓库应有专职或义务消防、警卫队伍。无论是专职或义务消防队、警卫队伍，都应制定灭火预案，并经过消防演练。

7. 废弃物处理

(1) 禁止在危险化学品的储存区域内堆积可燃废弃物品。

（2）泄漏或渗漏危险化学品的包装容器应迅速移至安全区域。

（3）按危险化学品的特性，用化学的或物理的方法处理废弃物品，不得任意抛弃，以防污染环境。

8. 人员培训

（1）对仓库工作人员应进行培训，经考核合格后持证上岗。

（2）对危险化学品的装卸人员进行必要的教育，使其按照有关规定进行操作。

（3）仓库的消防人员除了具有一般消防知识之外，还应对其进行在危险化学品仓库工作的专门培训，以熟悉各区域储存的危险化学品种类、特性、储存地点、事故的处理程序及方法。

第二节　易燃易爆品的安全储存

一、相关法律法规

在危险化学品的分类储存中，易燃易爆危险化学品中主要包括爆炸品、压缩气体和液化气体、易燃液体、易燃固体、自燃物品和遇湿易燃物品、氧化剂和有机过氧化物六类。

国家对于易燃易爆危险化学品储存安全管理的相关法律法规主要有 1999 年出台的《易燃易爆性商品储藏养护技术条件》（GB 17914—1999）、《中华人民共和国民用爆炸物品管理条例》（2006 年执行）等。这里只将《易燃易爆性商品储藏养护技术条件》（GB 17914—1999）的主要内容作一介绍。该标准对易燃易爆性商品的储藏条件、养护技术和储藏期限等提出了技术要求。

1. 储藏条件

储藏易燃易爆品的库房，其耐火等级不得低于三级。且应冬暖夏凉、干燥、易于通风、密封和避光。

根据各类易燃易爆品的不同性质、库房条件、灭火方法等进行严格的分区分类，分库存放。

（1）爆炸品宜储藏于一级轻顶耐火建筑的库房内。

（2）低闪点液体、中闪点液体、一级易燃固体、自燃物品、压缩气体和液化气体类宜储藏于一级耐火库房内。

（3）遇湿易燃物品、氧化剂和有机过氧化物可储藏于一、二级耐火建筑的库房内。

（4）二级易燃固体、高闪点液体可储藏于耐火等级不低于三级的库房内。

2. 安全条件

储藏易燃易爆品应避免阳光直射，远离火源、热源、电源，无产生火花的条件。除按表5—2的规定分类储存外，以下品种应专库储藏。

（1）爆炸品。黑色火药类、爆炸性化合物分别专库储藏。

（2）压缩气体和液化气体。易燃气体、不燃气体和有毒气体分别专库储藏。

（3）易燃液体均可同库储藏。但甲醇、乙醇、丙酮等应专库储存。

（4）易燃固体可同库储藏。但发孔剂H与酸或酸性物品分别储藏；硝酸纤维素酯、安全火柴、红磷及硫化磷、铝粉等金属粉类应分别储藏。

（5）自燃物品。黄磷，烃基金属化合物，含动、植物油制品须分别专库储藏。

（6）遇湿易燃物品专库储藏。

（7）氧化剂和有机过氧化物。一、二级无机氧化剂与一、二级有机氧化剂必须分别储藏，但硝酸铵、氯酸盐类、高锰酸盐、亚硝酸盐、过氧化钠、过氧化氢等必须分别专库储藏。

表5—2　　危险化学品混存性能互抵表

危险化学品分类		爆炸性物品				氧化剂				压缩气体和液化气体				自燃物品		遇水燃烧物品		易燃液体		易燃固体		毒害性物品				腐蚀性物品				放射性物品
																										酸性		碱性		
		点火器材	起爆器材	爆炸及爆炸性药品	其他爆炸品	一级无机	一级有机	二级无机	二级有机	剧毒	易燃	助燃	不燃	一级	二级	一级	二级	一级	二级	一级	二级	剧毒无机	剧毒有机	有毒无机	有毒有机	无机	有机	无机	有机	
爆炸性物品	点火器材	○																												
	起爆器材	○	○																											
	爆炸及爆炸性药品	○	×																											
	其他爆炸品	○	×	○	○																									
氧化剂	一级无机	×	×	×	×	①																								
	一级有机	×	×	×	×	×	○																							
	二级无机	×	×	×	×	○	×	②																						
	二级有机	×	×	×	×	×	○	×	○																					

续表

危险化学品分类		爆炸性物品				氧化剂				压缩气体和液化气体				自燃物品		遇水燃烧物品		易燃液体		易燃固体		毒害性物品				腐蚀性物品				放射性物品
																										酸性		碱性		
		点火器材	起爆器材	爆炸及爆炸性药品	其他爆炸品	一级无机	一级有机	二级无机	二级有机	剧毒	易燃	助燃	不燃	一级	二级	一级	二级	一级	二级	一级	二级	剧毒无机	剧毒有机	有毒无机	有毒有机	无机	有机	无机	有机	
压缩气体和液化气体	剧毒（液氨和液氯有抵触）	×	×	×	×	×	×	×	×	○																				
	易燃	×	×	×	×	×	×	×	×	×	○																			
	助燃	×	×	×	×	×	×	分	×	○	×	○																		
	不燃	×	×	×	×	分	消	分	分	○	○	○	○																	
自燃物品	一级	×	×	×	×	×	×	×	×	×	×	×	×	○																
	二级	×	×	×	×	×	×	×	×	×	×	×	×	×	○															
遇水燃烧物品	一级	×	×	×	×	×	×	×	×	×	×	×	×	×	×	○														
	二级	×	×	×	×	×	×	×	×	消	×	×	消	×	消	×	○													
易燃液体	一级	×	×	×	×	×	×	×	×	×	×	×	×	×	×	×	×	○												
	二级	×	×	×	×	×	×	×	×	×	×	×	×	×	×	×	×	○	○											
易燃固体	一级	×	×	×	×	×	×	×	×	×	×	×	×	×	×	×	×	消	消	○										
	二级	×	×	×	×	×	×	×	×	×	×	×	×	×	×	×	×	消	消	○	○									
毒害性物品	剧毒无机	×	×	×	×	分	×	分	消	分	分	分	分	×	分	消	消	消	消	分	分	○								
	剧毒有机	×	×	×	×	×	×	×	×	×	×	×	×	×	×	×	×	×	×	×	×	○	○							
	有毒无机	×	×	×	×	分	×	分	分	分	分	分	分	×	分	消	消	消	消	分	分	○	○	○						
	有毒有机	×	×	×	×	×	×	×	×	×	×	×	×	×	×	×	×	分	分	消	消	○	○	○	○					

续表

危险化学品分类			爆炸性物品				氧化剂				压缩气体和液化气体				自燃物品		遇水燃烧物品		易燃液体		易燃固体		毒害性物品				腐蚀性物品				放射性物品
																											酸性		碱性		
			点火器材	起爆器材	爆炸及爆炸性药品	其他爆炸品	一级无机	一级有机	二级无机	二级有机	剧毒	易燃	助燃	不燃	一级	二级	一级	二级	一级	二级	一级	二级	剧毒无机	剧毒有机	有毒无机	有毒有机	无机	有机	无机	有机	
腐蚀性物品	酸性	无机	×	×	×	×	×	×	×	×	×	×	×	×	×	×	×	×	×	×	×	×	×	×	×	×	○				
		有机	×	×	×	×	×	×	×	×	×	×	×	×	×	×	×	×	消	消	×	×	×	×	×	×	×	○			
	碱性	无机	×	×	×	×	分	消	分	消	分	分	分	分	分	分	消	消	消	消	分	分	×	×	×	×	×	×	○		
		有机	×	×	×	×	×	×	×	×	×	×	×	×	×	×	×	×	消	消	消	消	×	×	×	×	×	×	○	○	
放射性物品			×	×	×	×	×	×	×	×	×	×	×	×	×	×	×	×	×	×	×	×	×	×	×	×	×	×	×	×	○

注：1. “○”符号表示可以混存。

2. “×”符号表示不可以混存。

3. “分”指应按危险化学品的分类进行分区、分类储存。如果物品不多或仓位不够时，因其性能并不互相抵触，也可以混存。

4. “消”指两种物品性能并不互相抵触，但消防施救方法不同，条件许可时最好分存。

5. “①”说明过氧化钠等过敏化物不宜和无机氧化剂混存。

6. “②”说明具有还原性的亚硝酸钠等亚硝酸盐类，不宜和其他无机氧化剂混存。

凡混存物品，货垛与货垛之间必须留有 1 m 以上的距离，并要求包装容器完整，不使两种物品接触。

3. 环境卫生条件

库房周围无杂草和易燃物。

库房内经常打扫，地面无漏撒易燃易爆品，保持地面与货垛的清洁卫生。

各类易燃易爆品适宜储藏的温、湿度见表 5—3。

表 5—3　　温、湿度条件表

类别	品名	温度（℃）	相对湿度（%）	备注
爆炸品	黑火药、化合物	≤32	≤80	
	水作稳定剂的	≥1	<80	
压缩气体和液化气体	易燃、不燃、有毒	≤30		

续表

类别	品名	温度（℃）	相对湿度（%）	备注
易燃液体	低闪点	≤29		
	中、高闪点	≤37		
易燃固体	易燃固体	≤35		
	硝酸纤维素酯	≤25	≤80	
	安全火柴	≤35	≤80	
	红磷、硫化磷、铝粉	≤35	＜80	
自燃物品	黄磷	＞1		
	烃基金属化合物	≤30	≤80	
	含油制品	≤32	≤80	
遇湿易燃物品	遇湿易燃物品	≤32	≤75	
氧化剂和有机过氧化物	氧化剂和有机过氧化物	≤30	≤80	
	过氧化钠、过氧化镁、过氧化钙等	≤30	≤75	
	硝酸锌、硝酸钙、硝酸镁等	≤28	≤75	袋装
	硝酸铵、亚硝酸钠	≤30	≤75	袋装
	盐的水溶液	＞1		
	结晶硝酸锰	＜25		
	过氧化苯甲酰	2～25		含稳定剂
	过氧化丁酮等有机氧化剂	≤25		

4. 入库验收

（1）验收原则。

1）入库易燃易爆品必须符合产品标准，并附有生产许可证和产品检验合格证。进口产品还应有中文安全技术说明书或其他说明。

2）保管方应验收易燃易爆品的内外标志、容器、包装、衬垫等，验后做出验收记录。

3）验收应在库房外安全地点或验收室进行。

4）每种商品拆箱验收 2～5 箱（免检商品除外），发现问题，扩大验收比例。验后将易燃易爆品包装复原，并做上标记。

（2）验收项目。

1）验收内外标志。包括品名、规格、等级、数（重）量、生产日期（批号）、生产工厂、危险化学品标志符合《危险货物包装标志》（GB 190—2009）和《包装储运图示标志》（GB 191—2008）的规定。

2）验收包装。各类商品的容器和包装均应符合《危险货物运输包装通用技术条件》（GB 12463—2009）的规定，应封闭严密，完整无损，容器和外包装不沾有内装商品和其他物品，无受潮和水湿等现象。各类易燃易爆品的内外包装及衬垫见表5—4。

表5—4　　各类易燃易爆品的内外包装及衬垫

类别	品名	内包装	外包装	衬垫	备注
爆炸品	黑火药	塑料袋、铁皮里	木箱		三层包装
	爆竹、烟花	包好裹严	木箱	松软材料	
	化合物	玻璃瓶	木箱	不燃材料	
	三硝基苯酚等	玻璃瓶	塑料套桶	不燃材料	稳定剂
压缩气体和液化气体	压缩气体和液化气体	钢瓶（带帽）	安全胶圈		
易燃液体	易燃液体	金属铜、玻璃瓶（气密封）	木箱	松软材料	
易燃固体	易燃固体	衬纸、玻璃瓶	金属桶、木桶、木箱	松软材料	
	赛璐珞板材及其制品	纸	木箱		
	安全火柴	盒（柴头无外露）	包、纸板箱		
自燃物品	黄磷	瓶、金属桶	木箱	不燃材料	稳定剂
	烃基金属氧化物	瓶	钢桶		
	含油制品		透笼木箱		不紧压
遇湿易燃物品	碱金属及氧化物	瓶、桶	木箱、木桶	不燃材料	稳定剂
氧化剂和有机氧化物	氧化剂	瓶、桶、袋	木箱	松软材料	
	过氧化钠（钾）、高锰酸锌、氯酸钾（钠）	瓶、桶	木箱	不燃材料	
	过氧化苯甲酰	瓶、桶	木箱	不燃材料	稳定剂

3）验收易燃易爆品质量（感官）包括：固体无潮解，无熔（溶）化，无变色和风化。液体颜色正常，无封口不严，无挥发和渗漏。气体钢瓶螺旋口严密，无漏气现象。

4）验收结果处理。凡外标志不全，包装不符合验收项目规定的不得签收入库或暂存观察室。如包装破漏需整好后再行入库。验收完毕，合格的做好入库单及验收记录，并转存货方。

5. 堆垛

(1) 堆垛方法。根据库房条件、易燃易爆品性质和包装形态，采取适当的堆码和垫底方法。

各种商品不允许直接落地存放。根据库房地势高低，一般应垫 15 cm 以上。遇湿易燃物品、易吸潮溶化和吸潮分解的易燃易爆品应根据情况加大下垫高度。各种易燃易爆品应码行列式压缝货垛，做到牢固、整齐、美观，出入库方便，一般垛高不超过 3 m。

(2) 堆垛间距。堆垛间距如下。

1）主通道≥180 cm。

2）支通道≥80 cm。

3）墙距≥30 cm。

4）柱距≥10 cm。

5）垛距≥10 cm。

6）顶距≥50 cm。

6. 养护技术

(1) 温湿度管理。库房内设温、湿度表（重点库可设自记温、湿度计），按规定时间观测和记录。

根据易燃易爆品的不同性质，采取密封、通风和库内吸潮相结合的温、湿度管理办法，严格控制并保持库房内的温、湿度。

(2) 在库检查。

1）安全检查。每天对库房内外进行安全检查，检查易燃物是否清理货垛牢固程度和异常现象等。

2）质量检查。根据易燃易爆品性质，定期进行以感官为主的在库质量检查，每种物品抽查 1～2 件，主要检查易燃易爆品自身变化，及商品容器、封口、包装和衬垫等在储藏期间的变化。

①爆炸品：一般不宜拆包检查，主要检查外包装。爆炸性化合物可拆箱检查。

②压缩气体和液化气体：用称量法检查其重量。检查钢瓶是否漏气，可用气球将瓶嘴扎紧，也可用棉球蘸稀盐酸液（用于氨）、稀氨水（用于氯）涂在瓶口处。如果漏气会立即产生大量烟雾。

③易燃液体：主要查封口是否严密，有无挥发或渗漏，有无变色、变质和沉淀现象。

④易燃固体：查有无溶（熔）化、升华和变色、变质现象。

⑤自燃物品、遇湿易燃物品：查有无挥发、渗漏、吸潮溶化，含稳定剂的稳定剂要足量，否则立即添足补满。

⑥氧化剂和有机过氧化物：主要是检查包装封口是否严密，有无吸潮溶化，变色变质；有机过氧化物、含稳定剂的稳定剂要足量，封口严密有效。

按重量计的商品应抽检重量，以控制商品保管损耗。

每次质量检查后，外包装上均应做出明显的标记，并做好记录。

3）检查结果问题处理。检查结果要逐项记录，并在易燃易爆品外包装上做出标记。

检查中若发现问题，应及时填写有问题商品通知单通知存货方。如问题严重或危及安全时立即汇报和通知存货方，采取应急措施。

有效期易燃易爆品应在有效期前1个月通知存货方。

超过储藏期限或长期不出库的商品应填写在库商品催调单，转存货方。

7. 安全操作

(1) 作业人员应穿工作服，戴手套、口罩等必要的防护用具，操作中轻搬轻放，防止摩擦和撞击。

(2) 各项操作不得使用能产生火花的工具，作业现场应远离热源与火源。

(3) 操作易燃液体需穿防静电工作服，禁止穿带钉鞋。大桶不得直接在水泥地面上滚动。出入库汽车要戴好防护罩，排气管不得直接对准库房门。

(4) 桶装各种氧化剂不得在水泥地面上滚动。

(5) 库房内不准分、改装，开箱、开桶、验收和质量检查等须在库房外进行。

8. 储藏期限

储藏期限根据各种易燃易爆品的生产日期和有效期而定。

9. 出库

按生产日期和批号顺序先进先出。

10. 应急情况处理

易燃易爆品的灭火方法见表5—5。

表 5—5　　易燃易爆品的灭火方法

类别	品名	灭火方法	备注
爆炸品	黑火药	雾状水	
	化合物	雾状水、水	
压缩气体和液化气体	压缩气体和液化气体	大量水	冷却钢瓶
易燃液体	中、低、高闪点	泡沫、干粉	
	甲醇、乙醇、丙酮	抗溶泡沫	
易燃固体	易燃固体	水、泡沫	
	发孔剂	水、干粉	禁用酸碱泡沫
	硫化磷	干粉	禁用水
自燃物品	自燃物品	水、泡沫	
	烃基金属化合物	干粉	禁用水
遇湿易燃物品	遇水易燃物品	干粉	禁用水
	钾、钠	干粉	禁用水、二氧化碳、四氯化碳
氧化剂和有机过氧化物	氧化剂和有机过氧化物	雾状水	
	过氧化钠、过氧化钾、过氧化镁、过氧化钙等	干粉	禁用水

各种易燃易爆品在燃烧过程中会产生不同程度的毒性气体和毒害性烟雾。在灭火和抢救时，应站在上风处，佩戴防毒面具或自救式呼吸器。

如发现头晕、呕吐、呼吸困难、面色发青等中毒症状，立即离开现场，移至空气新鲜处或做人工呼吸，重者送往医院诊治。

二、爆炸品储存的安全管理

1. 爆炸品储存管理的一般要求

由于爆炸品在爆炸的瞬间能释放出巨大的能量，使周围的人、畜及建筑物受到极大的伤害和破坏，因此对爆炸品的储存和运输必须高度重视，严格要求，加强管理。保管人员必须掌握安全保管的基本知识，熟悉所保管爆炸品的性能、危险特性以及不同爆炸品的特殊要求。

（1）爆炸品仓库必须选择在人烟稀少的空旷地带。库房要阴凉通风，远离火种、热源，防止阳光直接照射，一般库房温度控制在 15～30℃为宜（硝酸甘油库房最低温度不得低于 15℃，以防止硝酸甘油凝固），相对湿度一般控制在

65%～75%，易吸湿的黑火药、硝铵炸药、导火索等相对湿度不得超过65%。库房内部照明应采用防爆型灯具，开关应设置在库房外面。储存期限应遵循先进先出的原则，防止变质失效。

(2) 堆放各种爆炸品时，要求做到牢固、稳妥、整齐，防止倒垛，便于搬运。为有利于通风、防潮、降温，爆炸品的包装箱不宜直接放置在地面上，最好铺垫20 cm左右厚的方木或垫板，绝对不能用受撞击、摩擦容易产生火花的石块、水泥块或钢块等铺垫。炸药箱的堆垛高度、宽度、长度，垛与垛的间距、墙距、柱距等需慎重考虑。每间库房不得超量储存。

(3) 为确保爆炸品储存和运输的安全，必须根据各种爆炸品的性能或敏感程度严格分类，专库储存、专人保管、专车运输。

(4) 一切爆炸品严禁与氧化剂、自燃物品、酸、碱、盐类、易燃可燃物、金属粉末和钢铁材料器具等混储混运。

(5) 点火器材、起爆器材不得与炸药、爆炸性药品以及发射药、烟火等其他爆炸品混储混运。

(6) 加强仓库检查，每天至少两次，查看温、湿度是否正常，包装是否完整，库内有无异味、烟雾，发现异常立即处理。严防猫、鼠等小动物进入库房。

(7) 装卸和搬运爆炸品时，必须轻装轻卸，严禁摔、滚、翻、抛以及拖、拉、摩擦、撞击，以防引起爆炸。对散落的粉状或粒状爆炸品，应先用水润湿后，再用锯末或棉絮等柔软的材料轻轻收集，转到安全地带处置且勿使其残留。操作人员不准穿带铁钉的鞋和携带火柴、打火机等进入装卸现场；禁止吸烟。

(8) 严格管理，贯彻“五双”管理制度。

2. 爆炸品储存过程中的具体要求

(1) 装卸和搬运的管理。装卸和搬运是危险化学品在储存过程中不可缺少的环节。在装卸、搬运爆炸品的过程中，由于爆炸品受到摩擦、撞击、振动的机会较多，最容易发生爆炸事故，所以必须严格遵守安全操作规程，慎重进行操作。

装卸、搬运设备分为两种基本类型：动力和非动力装卸、搬运设备。另外还有储存辅助设备，一般有叉车、仓库牵引车、跨车、仓库吊车、窄通道电动码垛叉车、叉车平板车、手推车、滚轮车、传输带等。

储存辅助设备有托盘辅助设备、接长货叉、移动式平台、油桶搬运吊具、油桶搬运工具、油桶垛码机、跳板、液压装卸跳板、货斗、底卸料斗、串杆、夹包器、提升吊臂、推出器、拐角标志、物资倒转器、旋转器等。

在选择物质装卸、搬运的设备时，应预先考虑被搬运物质的尺寸、形状、重量及其容器的强度等。

为了安全装卸、搬运爆炸危险化学品，应选择工作认真和熟悉爆炸危险化学品性质的人员担任这项工作。在承运前，经管人员应将待运的爆炸危险化学品的性能向有关人员介绍清楚。

在装卸前，要仔细检查运输工具是否符合要求，车厢内、船舱内有无残留与待运爆炸危险化学品性质相抵触的物品，如果发现易燃物品、酸、碱、油污等残迹时，一定要清扫干净，必要时用水冲洗，车厢内、船舱内如果有金属突出部分，应采用木板遮隔起来，以防与爆炸危险化学品撞击发生危险。

装卸、搬运爆炸危险化学品应有专人指导，以保证操作安全。在装卸现场应设有“禁止烟火”的明显标志，周围远离火种，禁止无关人员进入现场，有关人员不得穿带铁钉的鞋，禁止携带火柴、打火机、手机等进入现场。

装卸人员应配备相应的防护用具，防止吸入蒸气、粉尘或使皮肤受到刺激。爆炸危险化学品作业宜在白天进行，如果必须在夜间作业，严格做到轻拿轻放，最好用双手搬，重量较大的要由两个人抬，或者用胶轮小车搬运，禁止背负，可以肩扛，但必须有专人接肩，以防振摔引起危险。尤其是雷管、发令纸等由于振动极易引起爆炸。

装卸车、船时，不要在爆炸品包装上踩踏，车辆停放要与库门保持一定的距离，且保持道路畅通平坦。在雨后或冬季下雪后，地面较滑时，可用沙土、草席、炉灰铺垫，防止人倒车翻引起爆炸。如果用机械操作，必须使用无发火装置的器具，操作人员要求技术熟练。

(2) 加强在库养护管理。

1) 分区分类储存。储存爆炸品，必须按照其性质严格分区分类管理，分别专库管理。

如点火和起爆器材、炸药以及其他爆炸品，虽然同属爆炸危险化学品，但又有性质相抵触的特点，均不得同库混存。

如雷管是极其敏感的起爆器材，若与各种炸药混存，势必增加危险性，给安全保管带来困难。

此外，易爆炸化学品中的高氯酸（含量72%以上）和双氧水（含量40%以上），有极强的氧化性，也要和其他炸药分别储存。

一切爆炸性物品严禁与氧化剂、酸类、碱类、盐类以及易燃物、金属粉末等物质同库混存，更不能堆放在办公室、宿舍、俱乐部、商店的货架等处。在小城镇，储存爆炸品时不宜分散，应在县或乡镇以上的专门业务部门集中保管，如果确实由于业务需要，需要分散保管、储存时，必须严格按照规定程序经过有关部门的批准，并按照有关要求慎重选择储存地点，配备专人妥善保管。

2）入库验收。爆炸危险化学品入库时，除了核对品名外，还应仔细核对其规格、数量是否与入库证相符，对新品种和无入库证的危险化学品，必须向存货方或者有关单位了解情况，并将联系情况作出记录后方能允许入库，以免发生错收或者造成事故。

验收时，要逐件按照有关规定检查包装有无异状，如破损、残漏、水湿、油污以及混有性质相抵触的杂质等。

对破漏的不符合安全要求的包装，应该将其转移到专门用于整修的包装室或者适当地点，整修完好经检验合格后方能入库。发现水湿受潮足以影响质量变化的情况应该拒绝入库。

如果是自管自用的爆炸品，也必须采取摊晾措施，但是绝对不可以用烈日曝晒或者用火烘烤。

在验收中，如果发现已经在炸药柱（块）中装有雷管时，应拒绝入库。验收炸药一般不宜开箱（桶）检查，如果必须开箱验明细数或者质量的变化情况，均应分别移送到验收室或者安全地点进行。

开启包装要严格遵守安全操作规程，要用铜制工具，拆箱时用力不要过猛，严禁撞击、振动。

储存爆炸危险化学品的库房，一般应垫有高度 0.1 m 以上的方形枕木，仓板垫架要平稳牢靠，堆垛要整齐，不宜过高过宽，要便于出库、入库和安全检查。堆垛高度不宜高于 1.5 m，宜推行列式，墙距、柱距不应小于 0.5 m，垛与垛的间距不应小于 1 m。小型库房内也要按安全、方便的要求，留有适当的间距，以利于通风、检查和出入库时的安全操作。

3）加强温湿度管理与安全检查。爆炸危险化学品中的大多数品种都具有吸湿性，吸湿后容易降低或失去爆炸效能。受较高温度的影响又容易发生分解，可能引起爆炸。

因此，必须加强库房的温湿度控制与调节。应在库房内设置干湿计，每日定时（2～3 次）观测并记录清楚，根据需要做好通风或密封工作。夏季库房温度应保持在不高于 30℃。

如果库房建筑条件差，不能达到温度控制的要求时，可采取库房门窗挂棉门帘、库门设避风阁、库顶设隔热层以及库外墙壁刷白等措施。库外温度低于库内温度时，可利用自然通风降低库内温度。

库房相对湿度最好能保持在 75％以下，最高也不宜超过 80％。如果库房内相对湿度过高，可选择库外湿度低于库内湿度时，利用自然通风降低库内湿度。

如果无法利用自然通风，可密封库房的门窗，利用吸潮剂吸潮的方法（禁止用生石灰)。有条件的地方可用吸湿机吸潮，使库内湿度符合爆炸危险化学品储存安全要求，保持质量完好。冬季储存胶质炸药的库房，库内温度不得低于−10℃，以防药质变脆，发生危险。

储存爆炸危险化学品的仓库必须严格执行安全检查制度，除每日定时检查库内温湿度是否适宜外，还要注意检查包装有无异状，堆放是否安全，有无受潮和日光曝晒，门窗是否严密，消防器材和电源控制是否安全有效。在风雨较多的季节里要加强雨中和雨后检查，发现问题及时处理。

爆炸品在保管期间一般不开启包装检查，必要时应严格遵守各项安全操作规程，以防发生意外事故。

要经常保持库房内、外的环境卫生，对垃圾、杂草、废旧包装应及时清除。对检查发现的失效变质、失去使用价值的爆炸危险化学品，经有关部门鉴定后，按公安机关规定，慎重进行处理。

(3) 出库和销售操作应注意的事项。爆炸危险化学品出库要仔细检查其品名、数量是否与出库证明相符，包装不牢固的物品必须经过整修加固完善后才能出库，以免运输过程中发生危险。

凡经过有关部门批准经营爆炸危险化学品的基层业务单位，零售炸药和拆箱工作均应严格按照各项安全操作要求，盛放或携带零星爆炸危险化学品要用竹、木、藤制的筐、箱，绝对不能使用金属容器，防止摩擦发生危险。

零星爆炸危险化学品计量工具要采用非金属固定容器，不要用木杆秤，防止秤砣坠入炸药中发生危险。零星出售时，禁止用铁制工具挖取药粉，撒落地面的爆炸危险化学品要及时清扫干净。出售、携带和改装炸药的人员绝对不可以吸烟，不能使用手机通话。

(4) 消防方法。

1) 迅速判断和查明再次发生爆炸的可能性和危险性，紧紧抓住爆炸后和再次发生爆炸之前的有利时机，采取一切可能的措施，全力制止再次爆炸的发生。

2) 不能用沙土盖压，以免增强爆炸物品爆炸时的威力。

3) 如果有疏散可能，人身安全上确有可靠保障，应迅即组织力量及时疏散着火区域周围的爆炸物品，使着火区周围形成一个隔离带。

4) 扑救爆炸物品堆垛时，水流应采用吊射，避免强力水流直接冲击堆垛，以免堆垛倒塌引起再次爆炸。

5) 灭火人员应积极采取自我保护措施，尽量利用现场的地形、地物作为掩蔽体或尽量采用卧姿等低姿射水；消防车辆不要停靠在离爆炸物品太近的水源处。

6）灭火人员发现有发生再次爆炸的危险时，应立即向现场指挥报告，现场指挥应迅即作出准确判断，确有发生再次爆炸征兆或危险时，应立即下达撤退命令。灭火人员看到或听到撤退信号后，应迅速撤至安全地带，来不及撤退时，应就地卧倒。

三、压缩气体和液化气体储存的安全管理

1. 压缩气体和液化气体储存管理的一般要求

（1）仓库阴凉通风，远离火种、热源，防止阳光直接照射，严禁受热。库房内部照明应采用防爆型灯具。库房周围不得堆放任何可燃材料。

（2）钢瓶入库验收要注意：包装外形无明显外伤，附件齐全，封闭严密，无漏气现象，包装使用期应在试压规定期内，逾期不准延期使用，必须重新试压。

（3）内容物互为禁忌物的钢瓶应分车运输。例如，氢气钢瓶与液氯钢瓶、氢气钢瓶与氧气钢瓶、液氯钢瓶与液氨钢瓶等，均不得同车混放。易燃气体不得与其他种类危险化学品共同储存。储存时钢瓶应直立放置整齐，最好用框架和栅栏围护固定，并留有通道。

2. 压缩气体和液化气体储存管理的具体要求

（1）储存条件。压缩气体和液化气体应该专库专存。库房建筑宜采用耐火材料或半耐火材料，库房墙壁坚固并有隔绝热源的能力。库顶应使用质轻不燃烧的材料。

库内高度应不低于 3.23 m，门窗应向外开，万一发生爆炸时以减小波及面。如果条件不具备，也可在普通砖木结构的库房内存放，但须注意通风良好，使库房保持干燥，仓库应使用磨砂玻璃或涂成白色。

地坪应光滑而不易在摩擦时发生火花。库内照明严禁使用明火灯具，应采用防爆灯具照明或干电池灯。

储存易燃易爆气体的库房，应有避雷装置。库房与库房之间的距离不应少于 20 m，库房与生活区的距离不应少于 50 m，在储存气体的库房周围不能堆放任何易燃材料。

压缩气体和液化气体必须与爆炸品、氧化剂和有机过氧化物、易燃物品、自燃物品和腐蚀品隔离。

各类气体应根据性质分别储存。比如氢气、氯乙烷、乙炔、环氧乙烷等应与助燃气体氧气、一氧化氮、压缩空气等分别储存；剧毒气体液氯、氰化氢、溴甲烷、液氨等不可与易燃气体混存，其中液氯与液氨必须分开储存，以防止接触后发生爆炸。

不燃气体可以与其他气体储存在同一库房内。

（2）入库验收。入库验收时，首先应检查气瓶的涂色、品名是否与入库单相符合，安全帽是否完整，瓶壁腐蚀程度、有无凹陷及损坏现象，然后脱去安全帽，用下列方法检查是否漏气。

1）感官检查有无漏气和有无异味，注意有毒气体不能用鼻子闻，可以在瓶口接缝处涂抹肥皂水，如果有气泡产生，则说明有漏气的现象，但必须注意，对于氧气瓶严禁使用肥皂水检查是否漏气，以防因肥皂水含油脂而发生爆炸。

2）用软胶管套在气瓶的出气口嘴上，另一端连接气球，如果气球膨胀，则说明有漏气现象。

3）检查液氯气瓶，可用棉花蘸氨水接近气瓶出气口，如果产生氯化铵白色烟雾，则证明气瓶有漏气的现象。

4）检查液氨，可以将用水湿润后的红色石蕊试纸接近气瓶的出气口，如果试纸由红色变成蓝色，则说明气瓶有漏气现象。

5）用压力表测量气瓶内气压，如果在一定的时期内，压力有下降的现象，则可以说明有漏气的可能，应再做其他方面的检查加以验证。

（3）装卸、搬运。仓库内搬运气瓶应备有橡胶车轮的专用小车，并将钢瓶用槽木架固定在小车上。搬运时，拧紧安全帽，安全帽要向上。

每个气瓶要有两个橡胶圈套在瓶上，以防止搬运时相互碰撞。如果没有专用车，必须用两个人抬，但不得用手持安全帽，更不得用肩扛、背负、滚动、拖拉，注意轻拿轻放。

（4）堆码苫垫。堆码气瓶应有专用的木架，木架可根据气瓶设计，必须保持气瓶放置平稳牢固。气瓶要直放，切勿倒置。如果没有木架，也可平放，但必须将瓶口朝向一个方向，每个气瓶外有两个胶圈，并用三角木卡牢，防止滚动。无瓶座的小型气瓶，可平放在木架上，木架可设三层，但不宜过高，瓶口向一个方向排列。气瓶堆码放置好后，应使用与物品性质相适应的苫垫物料。

（5）温湿度管理。库内设干湿计，定时观察，作出记录，库内温度最高不宜超过 32℃，相对湿度控制在 80％以下，以防止气瓶生锈。夏季库内温度过高时，可于早晨或夜间通风降温。通风后气瓶出现水露时，应及时擦干。

（6）保管检查。保管气瓶除每天必须有一次检查外，应随时查看其有无漏气或堆垛不稳等情况。人进入毒气库房前，应事先将库房通风，并应佩戴相应的防毒用具。如果发现钢瓶漏气时，一般采取以下措施。

1）气瓶漏气，首先要了解是什么气体，并根据气体的性质做好相应的人身防护，人站在上风口向气瓶倾泼冷水，使之降低温度，然后再将阀门旋紧。

2）发现气瓶漏气时，将其浸入冷水池中或石灰水池中，使之吸收，以避免作业环境受到污染，然后旋紧阀门。

如果气阀失控，最好浸入石灰水池中，不仅可以冷却降温，而且可以使大量毒气溶解在石灰水中，如氰化氢、氟化氢、二氧化硫等都是酸性物质，和碱性的石灰水起中和反应。反应式如下：

$$2HCN + Ca(OH)_2 \longrightarrow Ca(CN)_2 + 2H_2O$$

$$2HF + Ca(OH)_2 \longrightarrow CaF_2 + 2H_2O$$

$$SO_2 + Ca(OH)_2 \longrightarrow CaSO_3 + H_2O$$

3）氨气钢瓶漏气时，不要浸在石灰水中，最好浸在清水中，因为熟石灰水是碱性物质，氨气也是碱性物质，虽然也能起到冷却作用，但不能使氨气充分溶解于石灰水中。而在清水中，通常一个体积的水能溶解 700 个体积的氨气、25 个体积的氯气、20 个体积的二氧化硫。氨气溶解在清水中的反应方程式如下：

$$NH_3 + H_2O \rightarrow NH_4OH$$

这样既可以减少损失，又可以保障人身安全。

（7）消防方法。储存压缩气体和液化气体的仓库，根据所存气体的性质和消防方法不同，设置相应的消防器材和用具。最主要的消防方法为雾状水。

1）扑救气体火灾切忌盲目灭火，即使在扑救周围火势以及冷却过程中不小心把泄漏处的火焰扑灭了，在没有采取堵漏措施的情况下，也必须立即用长点火棒将火点燃，使其恢复稳定燃烧。否则，大量可燃气体泄漏出来与空气混合，遇着火源就会发生爆炸，后果将不堪设想。

2）首先应扑灭外围被火源引燃的可燃物火势，切断火势蔓延途径，控制燃烧范围，并积极抢救受伤和被困人员。

3）如果火势中有压力容器或有受到火焰辐射热威胁的压力容器，能疏散的应尽量在水枪的掩护下疏散到安全地带，不能疏散的应部署足够的水枪进行冷却保护。为防止容器爆裂伤人，进行冷却的人员应尽量采用低姿射水或利用现场坚实的掩蔽体防护。对卧式储罐，冷却人员应选择储罐四侧角作为射水阵地。

4）如果是输气管道泄漏着火，应首先设法找到气源阀门。阀门完好时，只要关闭气体阀门，火势就会自动熄灭。

5）储罐或管道泄漏关阀无效时，应根据火势大小判断气体压力和泄漏口的大小及其形状，准备好相应的堵漏材料（如软木塞、橡皮塞、气囊塞、黏合剂、弯管工具等）。

6）堵漏工作准备就绪后，即可用水扑救火势，也可用干粉、二氧化碳灭火，但仍需用水冷却烧烫的罐或管壁。火扑灭后，应立即用堵漏材料堵漏，同时用雾状水稀释和驱散泄漏出来的气体。

7）一般情况下完成了堵漏也就完成了灭火工作，但有时一次堵漏不一定能成功，如果一次堵漏失败，再次堵漏需一定时间，应立即用长点火棒将泄漏处点燃，使其恢复稳定燃烧，以防止较长时间泄漏出来的大量可燃气体与空气混合后形成爆炸性混合物，从而潜伏发生爆炸的危险，并准备再次灭火堵漏。

8）如果确认泄漏口很大，根本无法堵漏，只需冷却着火容器及其周围容器和可燃物品，控制着火范围，直到燃气燃尽，火势自动熄灭。

9）现场指挥应密切注意各种危险征兆，遇有火势熄灭后较长时间未能恢复稳定燃烧或受热辐射的容器安全阀火焰变亮耀眼、尖叫、晃动等爆裂征兆时，指挥员必须适时作出准确判断，及时下达撤退命令。现场人员看到或听到事先规定的撤退信号后，应迅速撤退至安全地带。

10）气体储罐或管道阀门处泄漏着火时，在特殊情况下，只要判断阀门还有效，也可违反常规，先扑灭火势，再关闭阀门。一旦发现关闭已无效，一时又无法堵漏时，应迅即点燃，恢复稳定燃烧。

11）消防人员应穿戴防护用具，以防中毒，并且注意不要在气瓶头部前站立，防止爆炸伤害人体。如果发现有人中毒，立即移至新鲜空气流通处，严重者应立即送往医院救治。

四、易燃液体储存的安全管理

1. 易燃液体储存管理的一般要求

（1）易燃液体应储存在阴凉通风的仓库内，远离火种、热源、氧化剂及氧化性酸类。仓库应为一、二级耐火建筑，要求通风良好，防止日晒，夏季要有防热降温的措施。闪点低于23℃的极易燃烧的乙醚、二硫化碳、石油醚、汽油等易燃液体，其仓库的温度一般不得超过30℃，且低沸点的品种须采取降温式冷藏措施。大量储存（如苯、醇、汽油等）一般可用储罐存放，机械设备必须防爆，并有导出静电的接地装置。储罐可以露天，但气温在30℃以上时应采取降温措施。

（2）专库专存，一般不得与其他危险化学品混合存放。

（3）储存易燃液体的场所，应根据有关标准来选择防爆电器。周围严禁烟火。禁止使用能打出火花的铁制工具。

（4）一切储存运输的设备和输油管道、槽车、船等都应有良好的防静电措施，如接地线、限制流量和流速、禁止不同品号的易燃液体混装等。

（5）在确定易燃和可燃液体的危险程度、储存条件、使用设备、照明、保温或房间温度时，都要考虑到该液体的闪点。对于低闪点的液体储存时宜采用地下式或半地下式库房，必要时在储存的非液体部分充满氮气，以隔绝与空气的接触；使用时在密封的器械中进行。

2. 易燃液体储存管理的具体要求

(1) 引起易燃液体燃烧的因素。易燃物质的燃烧，首先是由于物质本身具有可燃性，且在燃烧时，都是燃烧该物质的蒸气，所以，蒸气压越大的物质，挥发出来的蒸气越多，越容易燃烧。易燃液体都有固定的沸点。一般来说，沸点越低越容易挥发，闪点越低越容易燃烧，火灾危险性越大。

但是，这类液体在储存、搬运过程中发生的燃烧事故，都必然是在一定的外界因素影响下引起的。其外因主要有以下几种。

1) 由火、热、电引起。在搬运易燃液体时，用明火照明、吸烟或用电动工具操作，都有可能引起燃烧。储存场所距离生活区近，甚至储存在生活区内，以及受日光曝晒等也可能引起燃烧。

例如，2002 年 7 月，山西省某工厂运入两大桶汽油，准备用来清洗机器和工具，由于搬运过程中温度很高，造成桶内具有很高的蒸气压，搬运人员没有向车间人员及时交代，让车间工作人员等到汽油桶的温度降下来后再使用，结果车间操作人员在打开汽油桶盖子时，由于桶内蒸气压很大，使盖子冲上天花板，掉落到水泥地面上产生火花，而导致燃烧事故。结果造成了车间火灾和人员伤亡。

2004 年 12 月 10 日湖南省长沙市铁路储运仓库的燃烧就是由于城市的发展，原来在郊区的危险化学品仓库被现代的建筑所包围，距离生活区太近而造成了很大的损失。

2) 由摩擦、撞击引起。在装卸、堆码、包装、整理等各项操作中，使用能产生火花的铁制工具或铁桶包装在水泥地面上滚动，都可产生火花，接触易燃液体蒸气而引起燃烧。

3) 由包装不良引起。如包装封口不严、衬垫不牢或容器质量差，经过运输、装卸、堆码以及温湿度的影响造成破损，使物品渗漏，也是引起燃烧事故的原因。

所以，易燃液体的包装必须牢固，并且按照原国家经贸委颁布的《危险化学品包装物、容器定点生产管理办法》(2002 年施行) 的有关规定购买合格的包装物、容器，按照规定的要求严格对危险化学品进行包装。

(2) 加强入库验收管理。易燃液体的验收应该在验收室或者安全地点进行，验收场所应保持清洁卫生，验收场所不能有氧化剂、酸类等与易燃液体能发生强烈反应的物品，并应配备好适当的消防器材；验收人员和库房人员应掌握基本的消防操作和安全知识，并定期进行培训和演练。

1) 验收方法。以感官验收为主，配合以仪器验收，必要时做一些闪点、沸点和受热膨胀等试验，以搞清储存物品的物理化学性质，便于保管和养护。

2）验收范围。主要验收包装质量和易燃物品的质量。桶装易燃液体在夏季要特别注意有无膨胀、破裂、渗漏等情况，并注意保留有安全空隙。

瓶装的易燃液体的内外包装要求牢固，内外封口严密有效。发现渗漏或者气味太大时，应及时采取修补、串倒或封口等措施，只有这样才能减少挥发、渗漏损失，降低易燃液体损耗，保证仓库的安全。

3）检验易燃液体的质量。由于这类物品多属于澄清透明（各种油漆、涂料除外）液体，必须检验其颜色有无变化。桶装易燃液体如各种稀释剂等，可以用1 m长的玻璃管（下口为尖嘴，上口套有一胶制吸球），将液体吸出察看沉淀杂质情况。

玻璃瓶装的易燃液体，可轻轻取出一瓶，将瓶在手中轻旋数圈，使瓶内液体向同一个方向旋转，如有少量杂质，即可看到由瓶底旋转上升。发现问题，及时采取有效的措施，并做好记录，以备在保管养护中参考。

(3) 严格操作堆码。

1）安全操作。由于这类物品极易燃烧，所以验收、拆箱、整理、串倒等各项操作，均不得在库内进行，必须在远离库房的安全地点进行，并不得使用能产生火花的铁制工具（如铁锤、扳子等），应采用铜制工具，一般电动工具不能进库，但可以采用本身不带电源的和不产生火花的机器操作。

2）堆码苫垫。易燃液体可根据库房的大小和高低，结合物品的危险性和包装牢固程度确定堆、码、垛形，堆垛一般不宜太高。垛高一般以2.5 m为宜，并使用与物品性质相适应的苫垫物料。

如果存放在地势较高、地面干燥的库房中，可以适当垫底；如果地势低而潮湿，垫木要适当加高。

一般应码成行列式垛形货垛，货垛之间要留有一定的间距和墙距，以便操作和检查。各种铁桶包装，人力操作时，可码两个人高，使用机器时，可码三个人高。为防止摩擦和保持货垛牢靠，注意瓶（桶）口向上，不得倒置，以确保安全。

(4) 加强保管和养护的管理。

1）保管。易燃液体的沸点都比较低，容易挥发，宜储存在阴凉、通风条件好的库房内。极易燃烧的乙醚、二硫化碳、石油醚（馏程30～60℃）等，宜存于低温仓库内。

如果没有低温仓库，可以用窑洞或地窖储存，但要防止金属容器生锈。其他如苯、乙醇、喷漆和各种漆类稀释剂等，可在一般库房内储存，不能在铁顶库房中或露天储存。储存乙醚、二硫化碳等极易燃烧液体的库房，可用防爆灯在库外通过玻璃窗照射库内，或者用干电池电筒照明，不能使用明火或电瓶照明。

库外墙壁也不宜安装电气设备和开关、电闸等。库房周围一定距离内不准使用明火，以防库内散发出来的蒸气引起燃烧。储存时，不能与氧化剂和强酸类等性质不同并能互相起反应或者消防方法不同的物质同库存放。

经营这类物质的批发部、门市部的仓库，虽库存量不大，但仍应分类存放，防止事故发生。

2）养护。

① 加强库房的温湿度管理。库房内温度过高，是造成易燃液体挥发损耗的主要原因之一，也往往是造成火灾事故的原因。

特别是在炎热的夏季，存放沸点在 50℃以下的易燃液体的库房，应在早晨或夜间气温较低时作业。还必须千方百计降低库内温度。根据各地经验有以下几种比较有效的降温方法。

a. 密封库降温。库房门窗挂棉门帘，库门加一层避风阁，做成双道门。这样，在库外温度高时，可密封门窗，以减缓库外高温对库内的影响。另外，在早晨和夜间，库外温度低于库内温度时，可开启门窗，进行通风降温。

b. 库房涂白降温。把库房内外墙壁喷刷成白色，利用白色的反射作用，减少墙壁吸收阳光的辐射热。一般能降低库温 1～3℃，这种方法费用低廉、简单易行。

c. 埋藏降温。如果储存量不大时，可在密封库房内用沙土埋藏的方法降温。这样，不但增加了外部压力，对于防止高温容器爆破也有作用。这种办法比较经济，效果也好。

d. 用泡沫塑料保持低温。在原有库房的墙壁四周，粘贴一层不燃性聚苯乙烯泡沫塑料板，厚约 5～10 cm。

库房顶上再加一层石棉瓦顶（中间留有约 50 cm 厚的空隙），用以做成低温库，其隔热效果很好，一般可降低库温 3～4℃。这主要是根据《房屋建筑学》中屋顶的通风降温措施，利用空气的对流，降低屋顶的温度，从而避免热量进入屋内。

各种降温措施要结合库房条件和物品的性质加以综合利用，才能收到较好的效果。可采用上述方法，把库内温度控制在适宜的温度范围内。

如一般沸点在 50℃以下、闪点在 0℃以下的易燃液体，库内温度宜控制在 25℃或 26℃以下。沸点在 51℃以上、闪点在 1℃以上的易燃液体，库内温度宜控制在 30℃以下。二级易燃液体的库房，库内温度宜控制在 30℃上下，最好不超过 35℃。

有的易燃液体受冻后，容易变质或者使容器爆破，因此此类液体冬季应注意防冻。如乳化漆类受冻后，有水珠析出，失去乳化状态。熔点低的液体如环已烷、二氧六环等，如果用大玻璃瓶盛装，气温低时容易凝结成块，可能引起包装胀破。叔丁烷即使用小玻璃瓶盛装，也容易造成容器破裂。

湿度一般对大多数易燃液体影响不大，但是如果湿度过大，会使金属包装生锈。氯硅烷或氟硅烷类物质吸潮后，能分解并产生有腐蚀刺激性的气体，所以仓库内必须注意防潮。

② 对物品的质量检查。保管人员除认真做好每日班前班后和风雨雪中、风雨雪后的日常检查及温湿度记录外，还必须根据物品性质和不同季节，制定出一套完整的定期质量检查办法，定期对库存物品进行感官质量检查。具体的检查范围和方法，参照验收的各项操作进行。

检查时，要特别注意沸点低和难以封口的脂肪胺类，并要注意氯化物、溴化物、碘化物的分解变色以及卤硅烷易吸收空气中的水分而迅速分解等情况。

发现问题，及时采取各种有效的封口、修补或者串倒措施。并做好记录，以便考察物品在储存过程中所发生的包装和质量变化，逐步摸索出变化规律，不断提高保管质量和养护技术水平，不断降低物品保管损耗，保证仓库安全。

（5）消防方法。易燃液体的火灾发展迅速而猛烈，有时甚至发生爆炸，且不易扑救。所以在消防工作中，要认真执行“预防为主”的方针，根据不同物品的特性、易燃程度和消防方法，配备足够的和相应的消防器材，同时加强库房人员的消防知识教育。

这类物品的消防方法，主要是根据它们的密度大小、能否溶于水以及哪一种消防方法对扑救灭火有利来确定。具体的扑救方法如下。

1）首先应切断火势蔓延的途径，冷却和疏散受火势威胁的密闭容器和可燃物，控制燃烧范围，并积极抢救受伤和被困人员，如有液体流淌时，应筑堤（或用围油栏）拦截漂散流淌的易燃液体或挖沟导流。

2）及时了解和掌握着火液体的品名、相对密度、水溶性以及有无毒害、腐蚀、沸溢、喷溅等危险性，以便采取相应的灭火和防护措施。

3）对较大的储罐或流淌火灾，应准确判断着火面积。小面积（一般 50 m^2 以内）液体火灾，一般可用雾状水扑灭。用泡沫、干粉、二氧化碳灭火一般更有效。

大面积液体火灾则必须根据其相对密度、水溶性和燃烧面积大小，选择正确的灭火剂扑救。

比水轻又不溶于水的液体（如汽油、苯、乙醇、石油醚等烃基化合物）火灾，用直流水、雾状水灭火往往无效。可用普通蛋白泡沫或轻水泡沫扑灭。用干粉扑救时，灭火效果要视燃烧面积大小和燃烧条件而定，最好用水冷却罐壁。当火势初燃、面积不大或者着火物不多时，可用二氧化碳扑救。

比水重又不溶于水的液体（如二硫化碳等）起火时可用水扑救，因为水能覆盖在液面上灭火，但水层必须有一定的厚度，方能压住火势。用泡沫也有效。用干粉扑救，灭火效果要视燃烧面积大小和燃烧条件而定。最好用水冷却罐壁，降低燃烧强度。

具有水溶性的液体（如醇类、酮类、酯类等）火灾，虽然从理论上讲能用水稀释扑救，但用此法要使液体闪点消失，水必须在溶液中占很大的比例，这不仅需要大量的水，也容易使液体溢出流淌，而普通泡沫又会受到水溶性液体的破坏（如果普通泡沫强度加大，可以减弱火势），因此，最好用抗溶性泡沫扑救。用干粉扑救时，灭火效果要视燃烧面积大小和燃烧条件而定，也需用水冷却罐壁，降低燃烧强度。

4）扑救毒害性、腐蚀性或燃烧产物毒害性较强的易燃液体火灾，扑救人员必须佩戴防护面具，采取防护措施，灭火时站在上风口。

5）扑救原油和重油等具有沸溢和喷溅危险的液体火灾，必须注意计算可能发生沸溢、喷溅的时间和观察是否有沸溢、喷溅的征兆。指挥员发现危险征兆时应迅即作出准确判断，及时下达撤退命令，避免造成人员伤亡和装备损失。扑救人员看到或听到统一撤退信号后，应立即撤至安全地带。

6）遇易燃液体管道或储罐泄漏着火，在切断蔓延方向，把火势限制在一定范围内的同时，对输送管道应设法找到并关闭进、出阀门，如果管道阀门已损坏或是储罐泄漏，应迅速准备好堵漏材料，然后先用泡沫、干粉、二氧化碳或雾状水等扑灭地上的流淌火焰，为堵漏扫清障碍，其次再扑灭泄漏口的火焰，并迅速采取堵漏措施。与气体堵漏不同的是，液体一次堵漏失败，可连续堵几次，只要用泡沫覆盖地面，并堵住液体流淌和控制好周围着火源，不致点燃泄漏口的液体。

7）如果火势太大，不能扑救时，应立即采取隔离火源的方法，保护周围的其他物品和建筑物，以防火势扩大。灭火人员如果有头晕、恶心、发冷等症状，应立即离开现场，安静休息，严重者，速送往医院诊治。

五、易燃固体、自燃物品、遇湿易燃物品储存的安全管理

1. 易燃固体储存管理的一般要求

易燃固体须储存于阴凉通风的库房中，且远离火种、热源、氧化剂及酸类

（特别是氧化性酸类）物质。不可与其他危险化学品混合放置。

搬运时轻装轻卸，防止拖、拉、摔、撞，保持包装完好。

有些品种如硝化棉制品等，平时应注意通风散热，防止受潮发霉，并应注意储存期限。储存期较长时（如一年），应拆箱检查有无发热发霉变质现象，如有则应及时处理。

对含有水分或乙醇作稳定剂的硝化棉等，应经常检查包装是否完好，发现损坏要及时修理，要经常检查稳定剂的存在情况，必要时添加稳定剂，润湿必须均匀。

2. 易燃固体储存管理的具体要求

（1）易燃固体发生燃烧的主要外因。

表 5—6 所列是几种易燃固体的危险性。

表 5—6　几种易燃固体的危险性

物品名称	燃烧点（℃）	自燃点（℃）	分解温度（℃）
硝化棉	180（爆发点）		40（开始分解）
赛璐珞	100	150～180	
赤磷	160 左右	200～250	
发孔剂 H			198～200（遇酸分解）
三硫化四磷		100	遇水分解
五硫化二磷	300		遇水分解
氨基化钠			遇水分解
重氮氨基苯	150（爆发点）		
1—重氮—2—萘酚—4—磺酸			100
对亚硝基苯酚			140
硫黄	207～255		
三聚甲醛	45（闪点）		
偶氮二异丁腈			103～104（放氮）
苯磺酰肼（发孔剂 BCH）			70～100（放氮）
萘	80（闪点）		
樟脑	70	466	
对二氯苯	67（闪点）		
2，4—二亚硝基均间苯二酚		11	
氨基化锂			遇水分解
氨基化钙			遇水分解

易燃固体虽然很容易发生燃烧，但是如果没有火种、热源等外因的作用，没有助燃物质（空气中的氧或氧化剂）的存在，也不易发生燃烧。在储存和装卸的过程中，易燃固体发生燃烧事故，多是由于接触明火、火花、强氧化剂、受热、摩擦、撞击等原因所引起的。所以，只要在储存和装卸过程中严格防止上述外因的作用，并严格按照安全操作规程进行操作，就可以做到保证储存过程的安全。

（2）加强易燃固体的安全储存、装卸管理。易燃固体应储存在用非燃烧材料建成的仓库内。仓库应阴凉、通风、干燥、隔热，并与酸类、氧化剂等隔开储存。库房内及其周围要严禁烟火。易燃固体宜包装在金属密封容器中，少量的可以装入玻璃瓶中。开启包装时要用不发火的金属材料，如铜制工具。

1）加强入库验收的管理。易燃固体因燃点低、性质不稳定，易受外界因素的影响而引起燃烧。所以入库时，必须认真检查验收包装以及物品的质量，防止把隐患带入库房内。

① 认真检查包装。检查包装是否完整无破损，或者是否沾染与物品性质互相抵触的其他杂物，还应检查有无受潮、水湿等现象。对于外包装不符合要求的物品，需经过加工整理或者更换包装后才能入库。对于标志不清、性质不明的物品，须检查清楚后再分类入库或加工改装。

② 认真检查物品。以感官检查为主，观察有无溶解、结块、风化、变色、异味等现象。

对于硝酸纤维素（硝化棉、火棉胶）还要注意检查其稳定剂酒精是否充足。检查方法为：取小团硝化棉，用两手指捏紧，如果在手指上有湿点，则说明酒精充足（因为酒精挥发性大，观察湿点要迅速）。另外，开启容器的盖子时，会挥发出一股较浓的酒精味，或者用手摸棉体时，有润湿和清凉的感觉，都可以说明稳定剂不缺乏，不需添加。此时可将每铁桶硝化棉连同容器过磅，将毛重记录在铁桶上，以便入库后进行在库检查。在库检查时，只需重复过磅，察看其质量是否减小以及减小的程度，便可以确定稳定剂是否挥发（硝化棉含 30％酒精作稳定剂）。

检查时如果发现硝化棉棉体干燥，用手触动有粉末飞扬，则说明稳定剂已挥发殆尽，在这种情况下很不安全，应立即添加充足的酒精（化学试剂品硝化棉需加化学试剂酒精）。

对于赛璐珞及其制品，在检查时，要认真仔细观察，如果发现有异变（物体上有形状不规则的“疮斑”点，点上物质脆化），则说明物质分解，有酸性物质产生，应拒绝入库。

其他物品如发孔剂 H 和几种磷的化合物等，都要认真检查，发现问题，经过处理后才能入库堆码。检查操作必须在库外指定地点进行，以防止发生不安全事故，影响库内其他物品。

2）严格控制储存条件。储存一级易燃固体物品的库房，要阴凉、干燥，有隔热、防热措施，门窗应便于通风和密封，窗玻璃要涂成白色。夏季挂门帘、窗帘，防阳光和辐射热。库房照明应使用防爆式密闭式的电灯，严禁使用明火照明。

硝化棉、赛璐珞和赤磷的储存量如过大，在条件允许的情况下，应设专门的库房储存。

二级易燃固体物品需储存在阴凉、干燥，便于通风、密封的库房，并有一定的防热措施。

一些容易挥发的易燃固体如樟脑、赛璐珞制品等物品，虽然属于二级易燃固体物品，但挥发出来的蒸气和空气形成爆炸性的混合气体，遇火星或明火容易引起燃烧或爆炸，如果挥发过多，还会造成物品的损耗，所以，储存条件的要求比较高。

3）加强保管和养护管理。

① 堆码苫垫。易燃固体的堆码，须根据该物品的性质而定，如容易挥发的樟脑、萘等应堆密封垛，垛上宜用聚氯乙烯塑料薄膜之类的物料密封，以防物品挥发。聚氯乙烯薄膜在短期内虽然对密封降耗起一定的作用，但聚氯乙烯薄膜能吸收挥发的蒸气，并发生溶胀现象。

硝化棉、赛璐珞堆垛时，不宜过于高大（一般不宜高于 2.5 m），并须整齐稳牢，防止倾斜倒垛现象的发生而引发意外事故。

多数易燃固体受潮后容易变质，不但影响使用价值，而且还有可能发生燃烧事故。所以，必须根据物品的性质和包装情况，注意下垫方法。一般可用枕木垫板，如果是要求防潮严格的火柴、赛璐珞、硫黄及各种磷的化合物等，可在垫板上加一层油毡，再铺一层芦席（不适宜垫铁桶装的物品，因油毡和芦席容易破损），有防潮地坪更好（根据《房屋建筑学》，三层油毡上面是水泥地坪）。

② 严格温湿度管理。温度过高或者湿度过大，都会直接影响易燃固体的安全储存。所以，物品在库存期间，加强温湿度管理是很重要的养护措施。

一般而言，储存一级易燃固体中的樟脑、赛璐珞制品、火柴、精萘等怕热物品，库房温度宜保持在 30℃以下，相对湿度宜在 80％以下。

二级易燃固体，库房温度不要超过 35℃，相对湿度宜在 80％以下。在我国南方的梅雨季节，应加强库房湿度管理，根据库房外温湿度的变化情况，做好通风或密封工作。特别是夏季气温高，必须加强物品防热工作和库房的防热措施，利用早晨和夜间抓紧通风降温。

③ 加强在库检查。易燃固体在储存期间，会受各种因素的影响而发生变化，特别是对硝化棉、赛璐珞、各种磷的化合物和火柴等，需要加强检查，对查出的问题及时研究，迅速采取防护措施，以防止发生事故。

检查方法和物品发生问题的现象鉴别，可参考入库验收。储存火柴时还应检查堆垛是否倾斜，有无鼠咬，如果发现鼠咬或老鼠在做窝时，应做好防鼠灭鼠工作，以防因鼠咬发生的燃烧事故。特别是冬季库外温度低，野外的老鼠喜欢跑入库内居住，更需加强防鼠工作。

4）严格遵守装卸、搬运和加工的安全操作。易燃固体严禁和氧化剂、强酸、强碱、爆炸性物品同车混装运输。

在装卸、搬运、加工等操作过程中，要轻拿轻放，防止摩擦、撞击和滚动。特别是赤磷、火柴等对机械作用敏感性强的物品，更应该特别注意。开启包装的工具不宜采用容易产生火花的铁制品，宜采用包铜或铜制工具。

严禁在库内加工，以免发生问题时迅速波及其他物品，造成重大损失。应在规定的安全地点作业。

加工人员应事先熟悉物品的性质。现场应该有专人负责安全指导工作，工作人员应佩戴必要的个人防护用品，并配备相应的消防用品。

5）消防方法。易燃固体燃烧时迅速、猛烈，在储存期间失火时不容易扑救。所以，一个仓库的储存量不宜过大，最好选择面积较小的库房，与邻近库房还应有一定的安全距离，并且不宜和酸性物质库房接近，以防止酸性物质气体或者酸性蒸气影响，更不能和酸、碱、氧化剂等性质相抵触的物品混存。

易燃固体发生火灾时，可以用水、沙土、石棉毡、泡沫、二氧化碳、干粉等消防用品扑救。但是，金属粉末着火时，必须先用沙土、石棉毡覆盖，再用水扑救。

磷的化合物和硝基化合物（包括硝化棉、赛璐珞）、硫黄等物品，燃烧时会产生有毒和刺激性气体，消防人员必须注意戴好防毒口罩或防毒面具，一旦发生中毒现象，必须离开现场，到空气流通的地方，呼吸新鲜空气，并服用浓茶、食糖水、水果、汽水之类的解毒食品，以增加抵抗力。

严重者必须送往医院，并向医生讲明燃烧物品的名称，便于医生选用合适的药物解毒。

2，4-二硝基苯甲醚、二硝基萘、萘等是能升华的易燃固体，受热会发出易燃蒸气。此类物品发生火灾时可用雾状水、泡沫扑救并切断火势蔓延途径，但应注意，不能以为明火焰扑灭即已完成灭火工作，因为受热以后升华的易燃蒸气能在不知不觉中飘逸，在上层与空气能形成爆炸性混合物，尤其是在室内，易发生爆燃。因此，扑救这类物品火灾千万不能被假象所迷惑。在扑救过程中应不时向燃烧区域上空及周围喷射雾状水，并用水浇灭燃烧区域及其周围的一切火源。

3. 自燃物品储存管理的一般要求

（1）入库验收时，应特别注意包装必须完整密封。

（2）储存处应通风、阴凉、干燥，远离火种、热源，防止阳光照射。

（3）应根据不同物品的性质和要求，分别选择适当地点，专库储存，严禁与其他危险化学品混合储存；即使是少量物品也应与酸类、氧化剂、金属粉末、易燃易爆物品等隔离储存。

（4）搬运时应轻装轻卸，不得撞击、翻滚、倾倒，防止包装容器损坏。

（5）应结合自燃物品的不同特性和季节气候，经常检查库内及垛间有无异状及异味，包装有无渗漏、破损。

4. 自燃物品储存管理的具体要求

（1）影响自燃物品自燃的主要因素。

1）温湿度影响。温度对化学反应的速率影响较大。温度越高，化学反应速率会越快，如不及时散热，便会发生自燃事故。

潮湿常会加快自燃物品的氧化过程，自燃物品在储存过程中，受潮湿的原因很多，主要有以下几个方面。

①太阳曝晒。

②库房无隔热防热措施。

③温湿度管理不严，未根据库房内外湿度或湿度的变化情况做好通风或密封工作。

④库房地势低洼，阴暗潮湿。

⑤ 物品入库前受潮（如运输途中经雨淋或出厂时产品水分大）。

2）助燃物影响。空气中的氧能加速自燃物品的氧化反应和自燃速度。但是有的自燃物品如桐油配料制品，在空气不足、氧气缺乏的情况下也能发生自燃。

3）强氧化剂和酸及铁粉等杂物的影响。这些杂物，有的氧化性很强，如氧化剂和某些酸类（硝酸等），有的又有还原性，如铁粉。它们都能加速自燃物品的化学反应。

其他如堆垛不当，通风不良，热量得不到散发或包装破损，物品接触空气被氧化等，均能促使物品发生自燃事故。

（2）自燃物品的安全储存管理。

1）加强入库验收管理。自燃物品本身质量和包装质量不符合安全要求时，就容易发生自燃。所以在入库时，要按照有关规定认真仔细地检查，防止将不安全因素带入库内。

① 认真检查外包装有无异状。黄磷包装破损，稳定剂就会渗漏损失；三乙基铝和铝铁熔剂的包装必须坚固严密，不能破损；硝酸纤维素废胶片和桐油配料制品的外包装水湿，有可能使里面的物品受潮；桐油配料制品的包装应是花格木箱，以便散发内部的热量。

② 仔细检查物品的情况。查看自燃物品，主要是检查安全隐患。在检查时，应根据物品的性质和包装条件等不同情况，采取不同的检查方法。如黄磷，应着重检查是否露出水面，检查方法如下。

如果是瓶装容器，不需开盖，在瓶外观察便能知道稳定剂的多少。对于不透明的容器，如果开启包装后能恢复原状的，可以打开检查；如果开启后不能恢复原状的，不能随便打开。

如果未发现包装有破损的，可将包装轻轻摇动，内部有液体响声，说明还有水。

检查三乙基铝和铝铁熔剂时，不宜开启包装，即使包装有破损也不宜开启检查物品。破损处，必须用不带水分的糊补剂修补，并通知存货单位提前提货。硝酸纤维素废胶片和桐油配料制品，受潮或发热对安全影响都很大，特别是在梅雨季节和炎热天气进入仓库的物品，必须严格检查是否受潮或发热。

检查时，可以用温度计插入物品中检测，如物品温度比当时气温高，则说明发热，也可以用电子测温仪检测物品的温度。

③严格控制检查比例。一级自燃物品，必须逐件检查。二级自燃物品，需结合当时气温特点和包装好坏，适当抽查。

④选择适宜的检查地点。一级自燃物品，须在库外适当地点检查。二级自燃物品，原则要求在库外寻找适当地点检查。但如果库外条件差（比如有太阳曝晒等）或者进仓库数量大，可进库抽查。

⑤问题处理。发现问题需及时采取措施，抓紧时间处理，不能拖延，更不能允许有问题的物品入库堆码。

如果发现有包装破损，须立即更换包装；稳定剂减少，应立即添加（化学试剂级的黄磷需加干净的蒸馏水）。

在炎热的夏天运输，受烈日曝晒后的桐油配料制品，如未经摊晾，入库堆码后很容易发生自燃，必须加以注意。

2）严格控制储存条件。一级自燃物品（不包括黄磷）和桐油配料制品，温湿度要求都比较严格，必须储存在阴凉、干燥、通风的库房中，库房条件要求有防热隔热措施，如双层墙壁、双层屋顶或者库内墙壁屋顶加隔热层。

有些地方条件不够，但必须选择结构好、便于通风或密封的阴凉干燥库房，不宜存放在平顶单层或石棉屋顶的库房，更不宜存放在铁皮屋顶的库房。

存放黄磷的库房结构要求冬天能防冻。

这些自燃物品都必须在专门的库房中存放，库房都不宜过大，与邻近库房须有一定的安全距离。

3）加强保管和养护工作。

① 堆码苫垫。自燃物品堆码苫垫应根据不同的要求，采取隔绝地潮措施和不同的堆码形式。

比如硝酸纤维素废胶片和桐油配料制品，垛底既要防地潮又要利于通风散热。其方法是：在三油两毡的防潮水泥地面（沥青油上贴一层油毡，油毡上再涂一层沥青油，反复进行，最后在上面加一层水泥地坪，隔潮能力很强）上再垫一层木垫架，以利于垛底散热，也可在枕木、垫板上铺一层油毛毡，再铺上一层芦席，隔潮效果也比较好。

特别是桐油配料制品的堆垛方法，须堆成通风垛形，垛形也不能过大，有条件可用货架排列存放，更有利于散热。其他自燃物品宜堆成行列式垛形，以便于检查。

② 严格温湿度管理。加强库房的温湿度管理，是确保自燃物品不发生自燃事故的重要养护措施之一。

一级自燃物品（不包括黄磷），特别是硝酸纤维素废胶片，库温不宜超过28℃，相对湿度不宜超过80%。二级自燃物品，库温不宜超过32℃，相对湿度不宜超过85%。黄磷库房温度，冬天不低于3℃。

要达到上述温湿度要求，并不是轻而易举的，应采取相应的措施。如梅雨季节，应严格加强库房湿度管理，随时掌握库内外的湿度变化情况，抓紧库房通风降潮工作。在阴雨天和雾天，库内湿度过大时，可用电动空气去湿机或用氯化钙、硅胶等吸潮。

在炎热的夏天，对怕热的自燃物品要加强防热降温工作，库房窗户玻璃可以涂上白漆或白胶浆粉，加挂竹帘或布帘，防止日光曝晒。库房外墙可以刷成白色，以反射阳光，减少热辐射。随时注意掌握库内外温度变化情况，及时做好密封、通风工作。夏天白天气温比较高，通风降温的机会比较少，要利用早晨和夜间库外温度低的时机抓紧进行通风工作，这对硝酸纤维素废胶片和桐油配料制品极为有利。

如果库内温度过高，用通风等办法不足以降低库内温度时，可临时采用屋顶喷水的办法，并将货垛减小，降低堆码高度。

秋冬季节气温虽然比较低，空气也干燥，自燃物品储存比较安全，但也不能麻痹大意，还应经常进行通风、散潮、散热。

③ 加强在库检查。根据自燃物品的性质，结合气候特点、库房条件好坏、库存时间长短、包装情况以及出厂质量等，有重点地开展检查工作。

如黄磷、三乙基铝、铝铁熔剂，如果出厂时间不长，入库验收检查包装完好而稳定剂又充足的，可以每周抽查一次，每季全查一次。如果包装质量差，应加强检查。

出厂不久即进库的桐油配料制品，性质较不稳定，入库初期应加强检查。

储存时间较久的，在空气中经过缓慢的氧化过程，性质变得稍微稳定的桐油配料制品，在温湿度较高的情况下，仍然会加剧氧化发热，也应注意检查。硝酸纤维素废胶片，尤其是吸取药膜的胶片，存放时间越长越容易分解变质，必须勤检查，特别是接近变质的，如果出现起泡、发黏、发霉等变化，应特别注意防止发热自燃。

在库检查的方法、步骤和注意事项可参照入库验收。

对于硝酸纤维素废胶片和桐油配料制品，必须及时、准确地掌握它们的温湿度变化情况，有条件的可在物品入库堆码时，将插钎或电子测温湿两用的传感器，定点埋藏在堆垛的上、中、下各层不同的部位，以便随时掌握货垛不同部位的温湿度变化，检查时既方便又准确。

自燃物品发生问题后，变化较快，所以对检查发现的各种问题要及时认真研究，迅速采取有效处理措施。

如果发现硝酸纤维素发热时，应立即将其撤出库外散热摊晾，不要在库内拆包。如果桐油配料制品堆垛发热时，应及时翻垛排风散热（不要在库内拆包），且勿惊慌失措，更不必立即采取消防措施，因为这些物品必须经过发热到聚热的过程，才能达到自燃，有发热而没有聚热现象，一般情况下是不会自燃的。

4）严格控制装卸、搬运和加工的安全操作。

装运自燃物品的车辆，须有篷布遮阴，防止日光曝晒。夏天，不宜在中午或下午运输，不能和爆炸品、氧化剂、腐蚀品等易燃性的物品混装混运。

装卸、加工操作时，一定要严格遵守安全操作规程，不能用力过猛，要轻拿轻放，防止碰撞、滚动。

开箱、装箱工具不宜采用能产生火花的铁制品，宜用铜制或铜包工具。加工地点不宜在库内，必须在库外指定的安全地点作业，并备有和加工物品性质相适应的消防器材，加工现场主管保管员应该始终在场指挥工作，工作人员应佩戴相应的个人防护用具。

5）消防方法。自燃物品起火时，除三乙基铝和铝铁熔剂不能用水扑救外，其他物品均可以用大量的水灭火，也可以用沙土和二氧化碳、干粉等器材灭火。

三乙基铝、铝铁熔剂与水能发生作用，产生易燃气体，会加大燃烧的火力和速度（三乙基铝与水反应能产生乙烷，铝铁熔剂燃烧时温度极高，能使水分解产生氢气）。所以，当它们燃烧时，不能用水灭火，可以用沙土、干粉等物料。

5. 遇湿易燃物品储存管理的一般要求

（1）此类物品严禁露天存放，库房必须干燥，严防漏水或雨雪浸入。注意下水道通畅，暴雨和潮汛期间必须保证不进水。

（2）库房必须远离火种、热源。附近不得存放盐酸、硝酸等散发酸雾的物品。

（3）包装必须严密，不得破损，如有破损，应立即采取措施。钾、钠等活泼金属绝对不允许露置空气中，必须浸没在煤油中保存，容器不得渗漏。

（4）不得与其他类危险化学品，特别是酸类、氧化剂、含水物质、潮解物质混合储存。也不得与消防方法相抵触的物质同库储存。

（5）装卸、搬运时应轻装轻卸，不得翻滚、摩擦、撞击、倾倒。雨雪天气如无防雨措施不准作业。运输车、船必须干燥，并有良好的防雨设备。

（6）电石桶入库时，要检查容器设备是否完好，对未充氮的铁桶应放气，发现发热或温度较高则更应放气。

6. 遇湿易燃物品储存管理的具体要求

（1）加强入库验收管理。入库验收工作严禁在库内进行，应在验收室或库外的安全地点进行。

验收人员必须佩戴相应的个人防护用具，验收场所应保持清洁卫生，备有相应的消防安全设施。

验收方法以感官验收为主，有条件的应使用仪器检验。

验收范围，应根据这类物品危险性大小的特点验收，最好逐件验收，以确保入库前心中有数。

检查内外包装时，要特别注意检查在运输途中有无雨淋水湿的情况，有无和性质相抵触的物品同时运输的情况，要求外包装牢固，内包装严密，能保证物品安全储存。对不同的遇湿易燃物品，验收方法也不尽相同。

1）活泼金属类。活泼金属除少数使用安瓿熔封外，绝大多数是用玻璃瓶或铁桶盛装。

为了防止与潮湿空气或水接触，活泼金属一般都用不含水分的液体石蜡或煤油作为稳定剂。金属锂的密度小于石蜡和煤油，所以多采用固体石蜡瓶内熔封的方法。

金属氢化物一般不加稳定剂，但包装封口要求密封，不洒不漏。如果包装破损，应及时修补或串倒。铁桶包装可用摇动听声的方法检查，发现稳定剂不足，及时添加补充。

2）碳化物类。如电石等，注意检查包装密封程度，如受潮湿，则放出具有恶臭的乙炔气体，这时就需要在远离库房的安全地点打开包装桶放气，以防包装爆破。放气后再用溶化的沥青和浓硅酸钠糊毛头纸封闭，防止吸水变质。

3）其他。如保险粉，是白色粉末，吸潮后容易结块，同时，放出有毒和有剧烈刺激性的二氧化硫气体，如果包装破损，应及时用修补剂修补。

在各项检查验收中，如果发现问题，应及时处理，并做好详细的验收记录，以备在保管养护中参考。

(2) 严格控制堆码操作。在装卸、堆码、钉箱、包装、整理等各项操作中，严格按照各自的安全操作规程进行操作，必须轻拿轻放，禁止撞击和振动，以防包装破损引起物品损失。

堆垛时，必须选用干燥的枕木或垫板，不能使用带有酸、碱、氧化剂以及其他性质相抵触的物品作为垫料。

这类物品必须选用地势高、夏季绝对不会进水的库房。为了防止受潮、遇湿，必须垫一层或两层枕木，码成行列式垛，堆垛不宜过高过大，以便于操作和检查。

(3) 加强保管和养护。这类物品应储存在地势高、干燥、便于控制温度的库房内，严禁露天储存。

金属钾、钠及其氢化物可同库储存。电石受潮后，产生大量乙炔气体，其包装容易发生爆破，应专库储存。

其他物品可同库储存，但不能和含水物、氧化剂、酸、易燃物以及灭火方法不同的物品同库储存。雨雪天气不能出入库和运输。

库房的温湿度管理可以根据这类物品的特性，采取封闭门窗和库房的措施，如在干燥季节，利用自然气候进行长时间的通风散潮，在潮湿天气利用门窗密闭防潮或库内用氯化钙、吸潮机吸潮等方法。库内相对湿度一般应保持在75%以下，最高不宜超过80%。

在仓库管理方面，保管人员除进行日常的班前班后安全检查外，还应根据储存物品的特点，制定出一套比较完整的质量检查方法，定期按比例对储存物品进行感官质量检查。

具体的检查方法和检查范围，可以参照该物品的验收方法进行。发生问题，应及时采取有效的保养措施，并做好记录，通过观察物品在库内储存过程中所发生的质量以及包装的变化情况，总结出该物品的变化规律，提高保管养护技术水平。

(4) 消防方法。由于这类物品遇水能发生燃烧或者爆炸，所以在灭火时严禁用水，也不能使用酸碱灭火剂和泡沫灭火剂，只能用干沙、干粉扑救。

在存放这类物品的库房或者适当地点备有干沙，并在库房外做出明显的灭火方法标志："严禁用水"，以防止扑救人员在扑救时，采取错误的扑救方法，扩大灾害。

但是，如果只有极少量（一般 50 g 以内）遇湿易燃物品，则不管是否与其他物品混存，仍可用大量的水或泡沫扑救。水或泡沫刚接触着火点时，短时间内可能会使火势增大，但少量遇湿易燃物品燃尽后，火势很快就会熄灭或减小。

如果遇湿易燃物品数量较多，且未与其他物品混存，则绝对禁止用水或泡沫等湿性灭火剂扑救。遇湿易燃物品应用干粉、二氧化碳扑救，只有金属钾、钠、铝、镁等个别物品用二氧化碳无效。固体遇湿易燃物品应用水泥、干沙、干粉、硅藻土和蛭石等覆盖。水泥是扑救固体遇湿易燃物品火灾比较容易得到的灭火剂。对遇湿易燃物品中的粉尘如铝粉、铅粉等，切忌喷射有压力的灭火剂，以防止将粉尘吹扬起来，与空气接触形成爆炸性混合物而导致爆炸。

化学干粉综合了泡沫、二氧化碳和四氯化碳灭火剂的特性，具有不导电，无毒性和腐蚀性，容易长期储存，灭火效率高等优点，适用于扑灭易燃液体、遇水燃烧物品、油类、油漆和电气设备的火灾。缺点是灭火后留有残渣，因而不能用于扑救精密设备、精密仪器、旋转电机等的火灾。

如果其他物品火灾威胁到相邻的遇湿易燃物品，应将遇湿易燃物品迅速疏散，转移至安全地点。如因遇湿易燃物品较多，一时难以转移，应先用油布或塑料膜等其他防水布将遇湿易燃物品遮盖好，然后再在上面盖上棉被并淋上水。如果遇湿易燃物品堆放处地势不太高，可在其周围用土筑一道防水堤。在用水或泡沫扑救火灾时，对相邻的遇湿易燃物品应留有一定的力量监护。

此外，碳化物、磷化物、保险粉等燃烧时能释放出大量剧毒气体，扑救时消防人员应站立在上风口，并佩戴相应的防护工具，以防中毒。

在各项操作中，如果发现中毒现象，轻者如有感觉头晕不适的现象，应立即停止作业，并到有新鲜空气的地方休息；严重者有剧烈头疼和呕吐现象，有关人员应立即安排车辆送中毒者到附近医院进行检查、治疗。

六、氧化剂和有机过氧化物储存的安全管理

氧化剂如氧和一些容易释放氧的含氧化合物等，与其他物质反应时会氧化其他物质，而自己被还原，反应同时释放出大量热量，因而，有时会引起燃烧或爆炸。

通过对氧化剂特性的了解，我们知道了氧化剂在储存过程中具有一定的危险性。如果遇到还原剂或者易燃物质就有可能引起燃烧，在受热、撞击、摩擦等的引发下可能发生爆炸。有的氧化剂遇明火会燃烧；有些氧化剂不仅本身有毒，而且在反应中能产生有毒气体；有的氧化剂（如活泼金属的过氧化物与含氧酸等）具有较强的腐蚀性；有的氧化剂遇水受潮或者遇酸很容易分解，因而也就更加危险。所以氧化剂在整个储存过程的各个环节中，都必须严格管理，加强养护，以保证其安全储存。

1. 氧化剂和有机过氧化物储存管理的一般要求

(1) 氧化剂应储存在清洁、阴凉、通风、干燥的库房内。远离火种、热源，防止日光曝晒，照明设备要防爆。

(2) 仓库不得漏水，并应防止酸雾的侵入。严禁与酸类、易燃物、有机物、还原剂、自燃物品、遇湿易燃物品等混合储存。

(3) 不同品种的氧化剂应根据其性质及消防方法的不同，选择适当的库房分类储存以及分类运输。如有机氧化剂不得与有机氧化剂混合储存，亚硝酸盐类、亚氯酸盐类、次亚氯酸盐类不得与其他氧化剂混合储存。过氧化物则应专库存放。

(4) 装卸和搬运要轻拿轻放，不得摔掷、滚动，力求避免摩擦、撞击，防止引起爆炸。

(5) 仓库储存前后及运输车辆装卸前后，均应彻底清扫、清洗。严防混入其他有机物、易燃物等杂质。

2. 氧化剂和有机过氧化物储存管理的具体要求

(1) 加强入库验收管理。入库验收工作应该在验收室或者库外适当的安全地点进行，验收人员必须佩戴相应的个体防护用品，同时应保证现场的清洁卫生，并配备有与验收物品相适应的消防器材。

这类物品一般以感官验收为主，或者做一些熔点、吸湿性、受热膨胀等有关试验，以摸清该物品的物理和化学性质。同时，应有该物品的一些相应性质的资料供有关人员在检查时参考。

根据不同物品的具体特性，按比例或者全部验收，根据有关验收规范或者技术资料，主要验收物品包装的密封程度，包装和衬垫物料是否适合该物品的性质

（如物品的形态、结晶形状、颜色、气味、杂质沉淀等）。

有稳定剂的物品在入库验收时要特别注意稳定剂的含量，如果发现问题，应及时采取有效的措施处理，并做好详细的验收记录，以备参考。

（2）严格控制操作堆码。

1）安全操作。在操作过程中，严格按照具体的安全操作规程进行操作，严禁使用能产生火花的铁制工具（如锤子、旋具等），而应使用淬铜或铜制工具。在装卸、堆码、搬运等操作过程中，一定要防止摩擦、振动。

使用机器操作时，要特别防止摔、撞。桶装物品严禁在地面上滚动，应该使用专用车辆或者机器搬运。

开启检查、串倒、整理时，严禁在库内进行，应该在库外适当的安全地点并由有关人员在场进行，并明确规定其数量。对于有毒和有腐蚀性的氧化剂，操作人员应佩戴相应的防护用具，如防护眼镜、防毒口罩、防毒面具等，以保证操作现场所有人员的人身安全。并配备有与该物质相适应的灭火工具。

2）堆码苫垫。这类物品无论是箱装、桶装或者是袋装，都应码成行列式货垛。桶装应该每层垫木板或者垫橡皮胶垫，以防止摩擦。

堆垛不宜过高过大，要符合相关规定。堆垛要安全牢固，便于操作和检查，同时要留有足够的通行空间，以便于机器操作。

各种苫垫物料最好专用，如果条件不允许，也必须保持所用苫垫物料清洁干净，严禁苫垫物料上沾有有机物、易燃物品、酸类和还原剂等物品。

（3）加强保管和养护管理。应根据被储存物品的具体性质和与之相应的消防扑救方法的不同，选择适当的库房分门别类地存放。

如有机氧化剂不能和无机氧化剂混存，氯酸盐、硝酸盐、高锰酸盐和亚硝酸盐都不能混存，过氧化物则应该设置专门库房存放。库房不宜过大，并和爆炸性物品、易燃物品、可燃物品、酸类、还原剂、火种、热源以及生活区、生产区等隔离。

储存遇潮易溶化物品的库房一定要密封或设置双层门，以便掌握和控制温湿度。

为了确保储存物品的安全，物品在库储存期间，库房管理人员一定要做好以下工作。

1）加强库房的温湿度管理。存放氧化剂的库房必须设置温湿度计或者温湿度监视系统，要按有关规定定时观察和记录温湿度的变化情况，以便及时调节温湿度，防止储存物品发生变化。

同时要查阅关于储存物品储存条件的所有资料，并逐步摸清和掌握该物品在不同温湿度情况下在库内的变化情况和规律，并采取整库密封、货垛密封或者密封与自然通风相结合的方法控制库房的温湿度。

有机过氧化物，如过氧化叔丁酯，受热后不仅易于挥发和膨胀，而且还能起到加速分解的作用，因此，库房内的温度不宜超过 28℃。一些含有结晶水的硝酸盐类，如硝酸镝、硝酸铟、硝酸锰等低熔点物品，受热后能溶解于本身的结晶水中，如果不封闭严密，又极易吸潮溶化，所以库房温度必须保持在 28℃以下。其他各种氧化剂，库房温度也不宜超过 35℃。

有些氧化剂极易吸潮溶化，如硝酸铵、硝酸钙、硝酸镁、硝酸铁等。还有的易吸潮变质，如过氧化钠、三氧化铬等。储存这些物品的库房应保持干燥，相对湿度不宜超过 75％。而其他一般氧化剂的库内相对湿度也应保持在 80％以下，最高不超过 85％。

2）加强在库物品的质量检查。保管人员除进行温湿度记录和每日班前班后检查外，还应根据储存物品的具体特性制定出固定的商品质量检查日期和检查内容，按规定的时间间隔和检查内容进行质量检查，并准确地做好记录，以便掌握该物品自入库时起到出库时止的全部储存保管过程中的质量变化情况。

如果发现潮解、变质等问题，库房管理人员应及时采取相应的养护管理措施，确保被储存物品的质量。

（4）消防方法。在储存过程中，对各种氧化剂都要坚持“预防为主”的方针，通过思想教育和岗位培训，使库房管理人员具有高度的责任感，对工作认真负责，具有严格的科学态度。

万一不慎发生火灾时，库房管理人员应具备基本的和专业的消防知识，对过氧化物和不溶于水的有机过氧化物等，不能用水和泡沫进行灭火，只能用干沙、干粉、二氧化碳灭火剂进行灭火扑救；其余大部分氧化剂都可以用水扑救。

用水泥、干沙覆盖应先从着火区域四周尤其是下风等火势主要蔓延方向覆盖起，形成孤立火势的隔离带，然后逐步向着火点进逼。

能用水或泡沫扑救时，应尽一切可能切断火势蔓延，使着火区孤立，限制燃烧范围，同时应积极抢救受伤和被困人员。

由于大多数氧化剂和有机过氧化物遇酸会发生剧烈反应甚至爆炸，如过氧化钠、过氧化钾、氯酸钾、高锰酸钾、过氧化二苯甲酰等。因此，专门生产、经营、储存、运输、使用这类物品的单位和场合对泡沫和二氧化碳也应慎用。

水是来源最丰富、使用最方便、最广泛的灭火剂。它对人体无毒、无害。水的热容量大，为 4.18 kJ（kg·℃），蒸发潜热为 2 255 kJ/kg，比其他液体都大。因此，水在与炽热的燃烧物接触时，在被加热和汽化的过程中，可以吸收大量的热量，迅速降低燃烧物的温度，有显著的冷却作用。

如 1 L 10℃的水达到沸点时需吸收 376 kJ 的热量，变成水蒸气时又需吸收 2 253 kJ 的热量，所以 1 L 水总共吸收 2 629 kJ 的热量。水与燃烧物接触时会汽化产生大量水蒸气，形成“蒸汽幕”，从而可以防止空气进入燃烧区，并能冲淡燃烧区中可燃气体和氧气的浓度。1 kg 水汽化后能产生 1 000 多升水蒸气。当空气中水蒸气的含量达到 30%～35%（体积分数）以上时，火焰就会熄灭。此外，水还可以用于抑制着火区的扩大。

不能用水来进行灭火的物质有：碱金属钾、钠、锂和轻金属铝粉、镁粉，电石，密度比水小的易燃液体，温度极高的熔化钢水、铁水及灼热的矿渣，高压电气设备。

消防用水主要有三种方式。

1）密集的高压水。经过消防水泵加压后输送到水枪射出的水流压力可以达到几十万帕或者几兆帕，具有很大的动能和冲击力。

它可以喷射到很高很远的地方，也可以以强烈水流冲击燃烧物和火焰，可以冲散燃烧物，使燃烧强度明显减弱。高压水通过直流水枪喷出的柱状水流称为直流水，由开花水枪喷出的滴状水称为开花水，开花水的水滴直径一般在 100 μm 以上。

直流水和开花水可用于扑救多种燃烧物品的火灾，如煤炭、木制物品、粮食、草类、棉麻、橡胶、纸张等，也可以用来扑救闪点在 120℃以上，常温下呈半凝固状的重油火灾，还可以用来冷却和保护相邻的燃烧物品及建筑物。

2）雾状水。用喷雾枪或者喷雾装置可以把水喷成雾状，其水滴直径小于 100 μm。雾状水喷射面积广，比直流水或者开花水有大得多的表面积，这样可以大大提高水与燃烧物或火焰的接触面积，能够吸收大量的热量，迅速降低燃烧区的温度，灭火效率高。把水喷成水幕或者水雾还可以用来保护还未着火的物品，起到把火焰隔开的作用。雾状水还可以用于扑灭液体火灾。

3）水蒸气。水蒸气用于扑救密闭的厂房、船舱、容器及空气不能流通的地方和燃烧面积不大的火灾。向着火区喷入水蒸气可以降低燃烧区的氧含量，水蒸气含量在燃烧区超过 30%～35%（体积分数）以上时，火焰就会熄灭。

粉状物品应用雾状水来扑救。在扑救时，要配备适当的防毒工具，以防中毒。

在没有防毒面具或者防毒面具不够时，可将一般口罩用 5%的小苏打水浸泡后使用，但有效时间短，必须随时更换。

第三节　毒害品的安全储存

一、相关法律法规

关于毒害品储存安全管理的法律法规主要有国家标准《毒害性商品储藏养护技术条件》（GB 17916—1999）及《国务院关于修改〈农药管理条例〉的决定》等，这里仅对《毒害性商品储藏养护技术条件》（GB 17916—1999）的主要内容作一介绍。它在毒害性商品的储藏条件、储藏技术、储藏期限等方面提出了技术要求。

1. 储藏条件

（1）库房条件。库房结构完整、干燥、通风良好。机械通风排毒要有必要的安全防护措施。库房耐火等级不低于二级。

（2）安全条件。仓库应远离居民区和水源。

毒害性商品避免阳光直射、曝晒，远离热源、电源、火源，库内在固定方便的地方配备与毒害品性质相适应的消防器材、报警装置和急救药箱。

不同种类毒害品要分开存放，危险程度和灭火方法不同的要分开存放，性质相抵的禁止同库混存。

剧毒品应专库储存或存放在彼此间隔的单间内，需安装防盗报警器，库门装双锁。

（3）环境卫生条件。库区和库房内要经常保持整洁。对散落的毒害品、易燃可燃物品和库区的杂草及时清除。用过的工作服、手套等用品必须放在库外安全地点，妥善保管或及时处理。更换储藏毒害品品种时，要将库房清扫干净。

（4）温湿度条件。库区温度不超过35℃为宜，易挥发的毒害品应控制在32℃以下，相对湿度应在85%以下，对于易潮解的毒害品应控制在80%以下。

2. 入库验收

（1）验收原则。入库商品必须附有生产许可证和产品检验合格证，进口商品必须附有中文安全技术说明书和质量鉴定书。

毒害品内在质量应符合产品标准，由存货方负责检验。

保管方对毒害品外观、内外标志、容器包装、衬垫等进行感官检验。

每种毒害品拆箱验收2～5箱（免检毒害品除外），发现问题扩大验收比例，验后将毒害品包装复原，并做标记。

验收在库外安全地点或验收室进行。

（2）验收项目。

1）包装。应符合《危险货物运输包装通用技术条件》（GB 12463—2009）的规定。内外包装应有如下标志。

①品名。

②规格。

③等级。

④数（质）量。

⑤生产日期或批号。

⑥生产厂名。

⑦储运图示：应符合《包装储运图示标志》（GB 191—2008）的规定。

⑧毒性标志：应符合《危险货物包装标志》（GB 190—2009）的规定。

包装完整无损，无水湿、污染，包装材料、容器衬垫等应符合《危险货物运输包装通用技术条件》（GB 12463—2009）的要求。

2）质量。

毒害品性状、颜色等应符合产品标准。

液体毒害品颜色无变化，无沉淀，无杂质。

固体毒害品无变色，无结块，无潮解，无溶化现象。

3）验收结果处理。

验收不符合的，不得入库，暂存观察室，通知存货方，另行处理。

验收完毕，合格的签收入库，填写验收记录，转存货方。

包装破漏时，必须更换包装方可入库，整修包装须在专门场所进行。撒在地上的毒害品要清扫干净，集中存放，统一处理。

3. 堆垛

毒害品堆垛要符合安全、方便的原则，便于堆码、检查和消防扑救，苫垫物料要专用。

（1）堆垛方法。商品不得就地堆码，货垛下应有隔潮设施，垛底一般不低于15 cm。

一般可堆成大垛，挥发性液体毒害品不宜堆成大垛，可堆成行列式。要求货垛牢固、整齐、美观，垛高不超过3 m。

（2）堆垛间距。

1）主通道≥180 cm。

2）支通道≥80 cm。

3）墙距≥30 cm。

4）柱距≥10 cm。

5）垛距≥10 cm。

6）顶距≥50 cm。

4. 养护技术

（1）温湿度管理。

1）库房内设置温湿度表，按时观测、记录。

2）严格控制库内温湿度，保持在适宜范围之内。

3）易挥发液体毒害品仓库要经常通风排毒，若采用机械通风要有必要的安全防护措施。

（2）在库检查。

1）安全检查。每天对库区进行检查，检查易燃物等是否清理，货垛是否牢固，有无异常。遇特殊天气及时检查毒害品有无受损。定期检查库内设施、消防器材、防护用具是否安全有效。

2）毒害品质量检查。根据毒害品性质，定期进行质量检查，每种毒害品抽查1～2件，发现问题扩大检查比例。

检查毒害品包装、封口、衬垫有无破损，毒害品外观和质量有无变化。

3）检查结果问题处理。检查结果逐项记录，在毒害品外包装上做出标记。对发现的问题做好记录，并通知存货方，同时采取措施进行防治。对有问题毒害品和冷背残次毒害品应填写催调单，报存货方，并督促解决。

5. 安全操作

（1）装卸人员应具有操作毒害品的一般知识，操作时轻拿轻放，不得碰撞、倒置，防止包装破损，毒害品外溢。

（2）作业人员要佩戴手套和相应的防毒口罩或面具，穿防护服。

（3）作业中不得饮食，不得用手擦嘴、脸、眼睛。每天作业完毕，必须及时用肥皂（或专用洗涤剂）洗净面部、手部，用清水漱口，防护用具应及时清洗，集中存放。

6. 储藏期限

储藏期限根据各种毒害品的生产日期和有效期而定。

7. 出库

（1）严格按生产日期先后出库。

（2）严格执行双锁、双人复核制。

8. 应急情况处理

（1）部分毒害品消防方法见表5—7。

（2）个人防护参照《劳动防护用品选用规则》（GB 11651—89）和《农药储运、销售和使用的防毒规程》（GB 12475—2006）。

表 5—7 部分毒害品消防方法

	品 名	灭火剂	禁用灭火剂	备注
无机剧毒品	砷酸、砷酸钠	水		
	砷酸盐、砷及其化合物、亚砷酸、亚砷酸盐	水、沙土		
	亚硒酸盐、亚硒酸酐、硒及其化合物	水、沙土		
	硒粉	沙土、干粉	水	
	氯化汞	水、沙土		
	氰化物、氰熔体、淬火盐	水、沙土	酸碱泡沫	
	氢氰酸溶液	二氧化碳、干粉、泡沫		
有机剧毒品	敌死通、氯化苦、氟磷酸异丙酯、1240 乳剂、3911、1440	水、沙土		
	四乙基铅	干沙、泡沫		
	马钱子碱	水		
	硫酸二甲酯	干沙、泡沫、二氧化碳、雾状水		
	1605 乳剂、1059 乳剂	水、沙土	酸碱泡沫	
无机有毒品	氟化钠、氟化物、氟硅酸盐、氧化铅、氯化钡、氧化汞、汞及其化合物、碲及其化合物、碳酸铍、铍及其化合物	水、沙土		
有机有毒品	氰化二氯甲烷、其他含氰的化合物	二氧化碳、雾状水、沙土		
	苯的氯代物（多氯代物）	沙土、泡沫、二氧化碳、雾状水		
	氯酸酯类	泡沫、水、二氧化碳		
	烷烃（烯烃）的溴代物，其他醛、醇、酮、酯、苯等的溴化物	泡沫、沙土		
	各种有机物的钡盐、对硝基苯氯（溴）甲烷	沙土、泡沫、雾状水		
	砷的有机化合物、草酸、草酸盐类	沙土、水、泡沫、二氧化碳		
	草酸酯类、硫酸酯类、磷酸酯类	泡沫、水、二氧化碳		
	胺的化合物、苯胺的各种化合物、盐酸苯二胺（邻、间、对）	沙土、泡沫、雾状水		
	二氨基甲苯、乙萘胺、二硝基二苯胺、苯肼及其化合物、苯酚的有机化合物、硝基的苯酚钠盐、硝基苯酚、苯的氯化物	沙土、泡沫、雾状水、二氧化碳		
	糠醛、硝基萘	泡沫、二氧化碳、雾状水、沙土		

续表

	品名	灭火剂	禁用灭火剂	备注
有机有毒品	滴滴涕原粉、毒杀酚原粉、666 原粉	泡沫、沙土		
	氯丹、敌百虫、马拉松、烟雾剂、安妥、苯巴比妥钠盐、阿米妥尔及其钠盐、赛力散原粉、1-萘甲腈、炭疽芽胞苗、鸟来因、粗蒽、依米丁及其盐类、苦杏仁酸、戊巴比妥及其钠盐	水、沙土、泡沫		

(3) 中毒急救。

1) 呼吸道中毒。有毒的蒸气、烟雾、粉尘被人吸入呼吸道各部，发生中毒现象，多为喉痒、咳嗽、流涕、气闷、头晕、头疼等。发现上述情况后，中毒者应立即离开现场，到空气新鲜处静卧。对呼吸困难者，可使其吸氧或进行人工呼吸。在进行人工呼吸前，应解开其上衣，但勿使其受凉，人工呼吸至恢复正常呼吸后方可停止，并立即予以治疗。无警觉性毒物的危险性更大，如溴甲烷，在操作前应测定空气中的气体浓度，以保证人身安全。

2) 消化道中毒。经消化道中毒时，中毒者可用手指刺激咽部，或注射 1% 阿扑吗啡 0.5 mL 以催吐或用当归三两、大黄一两、生甘草五钱，用水煮服以催泻，如是一〇五九、一六〇五等油溶性毒品中毒，禁用蓖麻油、液体石蜡等油质催泻剂。中毒者呕吐后应卧床休息，注意保持体温，可饮热茶水。

3) 皮肤中毒或被腐蚀品灼伤时，立即用大量清水冲洗，然后用肥皂水洗净，再涂一层氧化锌药膏或硼酸软膏以保护皮肤，重者应送往医院治疗。

4) 毒物进入眼睛时，应立即用大量清水或低浓度医用氯化钠（食盐）水冲洗 10～15 min，然后去医院治疗。

二、毒害品储存的安全管理

1. 毒害品储存管理的基本要求

(1) 储存有毒品，应先检查其包装容器是否完整、密封。凡包装破损的不予进仓储存。

(2) 严禁将有毒品与食品或食品添加剂同库储存。

(3) 搬运有毒品应轻装轻卸，严禁碰撞、翻滚，防止包装容器破损，并禁止肩扛背负。作业人员应穿戴防护服、口罩、手套（禁止徒手接触有毒品），必要时穿戴防毒面具。操作中严禁饮食、吸烟。作业后应洗澡、更衣。装卸机械工具应按规定负载量适当降低。

(4) 剧毒品应严格按"五双"管理制度执行。

(5) 装运过有毒害品的车、船必须彻底清洗、消毒，否则不得装运其他物品。

(6) 应注意根据有毒害品的性质采取不同的消防方法。例如氰化钠、氰化钾等氰化物失火时，绝对不可使用酸碱、泡沫、二氧化碳等灭火剂。

2. 毒害品储存管理的具体要求

(1) 加强入库验收管理。入库前，首先检查是否与性质相抵触的物品混装混运，途中有无雨淋、水湿、污染，包装是否完整并符合规定要求，同时注意验收数量。

验收采取感官检验其形态、颜色、异杂物、沉淀、溶解物等现象，必要时可进行理化检验，如含水量、酸碱度、熔点、沸点等测定。验收人员必须佩戴好必需的防护工具，在验收室或库外安全地点验收，操作完毕后应更换工作服，必须在洗净手脸和漱口后，才能饮食、吸烟，以防中毒。

(2) 加强保管和养护管理。这类物品虽然没有严格的温湿度要求，但是一些有机易挥发液体剧毒品，在库房温度过高时会加速挥发，不仅使库内有毒气体浓度增大，影响库房管理人员的健康，而且加大了物品的损耗。因此，库内温度以不超过 32℃为宜，相对湿度控制在 80%以下。

有些毒害品受潮后易结块，甚至降低质量。如氰化钙等，受潮后分解，释放出剧毒气体，不仅降低了有效成分，而且不利于安全。所以库内应经常保持干燥。

剧毒品可以按其性质专库储存，包装必须严密，如氰化钾、氰化钠等要与酸类及酸性物质隔离存放。

在储存过程中，除经常性检查外，还应按照物品性质、季节变化制定定期检查制度。对受温湿度影响易发生变化的物品，可采用抽查的办法。

对有挥发性毒害品的仓库，根据不同季节，应对空气内所含气体浓度进行测定。还要经常检查操作人员的防毒设备是否齐全有效，以保证库房管理人员的人身安全。

(3) 严格控制储存条件和堆码苫垫。这类物品应选择干燥、通风条件良好的库房。有条件的库房可安装机械通风排毒设备，以保证库内空气清洁。门窗玻璃宜涂成白色，以防阳光直接照射。库房建筑可采用一般的砖混结构，但应有通风降温设施，以保持低温。

这类物品的苫垫物料应该专用，不能和其他物品特别是不能和食品所用的苫垫物料混合使用。垫垛方法应根据具体情况而定，如果是干水泥地面，则可垫上一层枕木或者一层木板，如果地面潮湿，则可根据需要适当加高，并加垫一层油毡。

这类物品一般可堆成大垛。挥发性液体毒害品则不易堆成大垛，可堆成行列式垛。大铁桶一般不宜超过两人高，箱装和袋装堆码高度不宜超过 3 m。

(4) 加强装卸、搬运操作的安全管理。装卸、搬运毒害品的工作人员，应根据物品的特性做好个人防护，如戴口罩、护目镜或防毒面具和手套，对外露皮肤涂保护药膏等。

装卸、搬运有挥发蒸气或粉尘的毒害物时，工作 1～2 h 应休息 20 min，夏季还可以适当延长休息时间。工作完毕后，更换工作服，用肥皂洗净手脸和外露皮肤，漱口，然后才能进食或吸烟等。

(5) 包装整理。毒害品的包装应保持完整密封，有破漏时，必须修好或者串倒、改装后才能出库。无论整修还是串倒、改装、分装，都必须在包装室中，在专业人员指导下进行，操作时认真执行操作规程和个体防护措施。用木箱或铁桶装固体毒害品时，可以用水玻璃涂抹后，再粘牛皮纸条等。

如果是液体，可以参考有关“糊补剂配方”修补包装，撒落在地面上的毒害物，可以用潮湿的锯末清扫干净，必要时可以用水冲刷。

对于替换下来的仍然有使用价值的废旧包装，必须洗净后才能使用，不能修补的应集中存放，统一处理或销毁。

(6) 消防方法。大部分有机毒害品都能燃烧，且在燃烧时产生有毒气体。有机毒物中的氰化物，磷、砷或硒的化合物，遇水或酸后能产生易燃气体，如氰化氢、磷化氢、砷化氢、硒化氢等。

为了防止消防人员中毒，必须根据毒物的具体特性采取不同的消防方法。如氰化物、硒化物、磷化物等着火时，就不能用酸碱灭火剂，只能用雾状水、二氧化碳等灭火，消防人员必须戴防毒面具，站在上风口处。一般毒害品着火时，可以采用水灭火。

二氧化碳不能燃烧，不助燃，用它笼罩在燃烧物的周围，将燃烧物与周围空气隔绝开，使火焰窒息熄灭，并可稀释空气中的氧气，从而达到灭火的目的。

二氧化碳在通常情况下为无色无味的气体，密度为 1.977 g/L，比空气重，所以它容易盖在液体或固体的表面上，使其与空气隔绝。

二氧化碳灭火剂以液体的形式加压充装于灭火器中，液态二氧化碳挥发为气体后，体积扩大 760 倍，当从灭火器中喷出时，瞬时汽化吸收大量的热量，导致液体本身温度急剧下降，当其温度下降到－78.5℃时，液体就凝结成雪花状的小固体，称为干冰，干冰喷向着火处时，立即汽化，同时对燃烧物有冷却的作用。汽化的二氧化碳能够排除或稀释空气，使空气中的氧气含量降低，同时也起到隔绝空气与燃烧物的作用。当燃烧区域空气中氧气含量降到12%以下或二氧化碳含量达到30%～50%时，燃烧就停止了。

二氧化碳灭火剂的优点是：灭火后不留痕迹，不损坏物品，不导电，无腐蚀性，可用来扑救600 V以下带电设备的火灾、着火范围不大的油类火灾和某些忌水性物质的火灾以及图书、档案、精密仪器的火灾，尤其对室内初期的火灾扑救更为有效。其缺点是：冷却性不太好，火灾熄灭后，温度还在燃点以上，有发生复燃的可能。二氧化碳不能有效扑灭自分解能产生氧气的火灾，也不能扑灭钾、钠、铝及其合金的火灾，因为高温下二氧化碳与这些物质发生反应，会游离出碳离子和产生氧气，有爆炸的危险。

（7）个人防护用品。储存不同性质毒害品的仓库，应有包装室、验收室以及对人体防护的必要措施，以防工作人员中毒。并备有相应的中毒救护药械和药物，以便必要时救治中毒人员。此外，还应有更衣室和简单的淋浴设备。

不同性质的毒害品所需要的个人防护用品如下。

1）搬运腐蚀性、刺激性毒害品如苯胺、三氯乙酸甲酯、四乙基铅等，宜穿厚布工作服，系胶纸围裙，穿胶鞋，戴防护眼镜、胶布手套、口罩、布帽，外露皮肤涂防护膏药。

2）搬运容易引起呼吸中毒或者皮肤中毒的挥发性液体毒物，如一六〇五、硝基苯、有机汞化物等，宜穿紧袖口布质工作服，戴防毒面具、手套、布帽，颈部围毛巾，外露皮肤涂防护药膏，但严禁用油质膏。

3）搬运粉尘状毒物，如亚砒霜等，宜穿上下身相连、紧袖口的工作服，戴手套、帽子、风镜和防尘口罩，颈部围毛巾，外露皮肤涂防护药膏。

4）搬运一般毒害品应穿工作服，戴口罩、手套。

皮肤防护药膏通常有以下几种配方（质量分数）。

① 防止各种油溶性毒害品皮肤中毒的药膏配方。

配方一：滑石粉 33.7%，淀粉 22.6%，甘油 22.6%，植物油或矿物油 15.1%，明胶 3.0%，硼酸 3.0%。

配方二：明胶 2%～4%，淀粉 5%～6%，甘油 72%，水 18%，8%乙酸铝溶液 2%。

② 防止酸性、碱性、盐类和水溶性毒物的药膏配方。

配方一：氧化锌 3%，硬脂酸 12%，植物油或矿物油 85%。

配方二：无水羊毛脂 10%，白陶土 30%，药皂 10%，植物油或矿物油 50%。

③ 防止沥青等中毒的药膏配方。

配方一：白陶土25%，滑石粉25%，甘油25%，水25%。

配方二：滑石粉、甘油、水各为1/3。

第四节 腐蚀性物品的安全储存

一、相关法律法规

国家标准《腐蚀性商品储藏养护技术条件》(GB 17915—1999)，对腐蚀性商品的储藏条件、储藏技术、储藏期限等提出了技术要求。现对其主要内容阐述如下。

1. 储藏条件

(1) 库房条件。库房应是阴凉、干燥、通风、避光的防火建筑。建筑材料最好经过防腐蚀处理。储藏发烟硝酸、溴素、高氯酸的库房应是低温、干燥通风的一、二级耐火建筑。溴氢酸、碘氢酸要避光储藏。

(2) 货棚、露天货场条件。货棚应阴凉、通风、干燥，露天货场应地面高、干燥。

(3) 安全条件。腐蚀品应避免阳光直射、曝晒，远离热源、电源、火源，库房建筑及各种设备符合《建筑设计防火规范》(GB J16—2006) 的规定。

按不同类别、性质、危险程度、灭火方法等分区分类储藏，性质相抵的禁止同库储藏。

(4) 环境卫生条件。库房地面、门窗、货架应经常打扫，保持清洁。库区内的杂物、易燃物应及时清理，排水沟保持畅通。

(5) 温湿度条件。温湿度条件应符合表5—8规定。

表5—8 温湿度条件

类别	主要品种	适宜温度（℃）	适宜相对湿度（%）
酸性腐蚀品	发烟硫酸、亚硫酸	0～30	≤80
	硝酸、盐酸及氢卤酸、氟硅（硼）酸、氯化硫、磷酸等	≤30	≤80
	磺酰氯、氯化亚砜、氧氯化磷、氯磺酸、溴乙酰、三氯化磷等多卤化物	≤30	≤75
	发烟硝酸	≤25	≤80
	溴素、溴水	0～28	
	甲酸、乙酸、乙酸酐等有机酸类	≤32	≤80
碱性腐蚀品	氢氧化钾（钠）、硫化钾（钠）	≤30	≤80
其他腐蚀品	甲醛溶液	10～30	

2. 入库验收

（1）验收原则。

1）入库腐蚀品必须附有生产许可证和产品检验合格证，进口商品必须附有中文安全技术说明书。

2）腐蚀品性状、理化常数应符合产品标准，由存货方负责检验。

3）保管方对腐蚀品外观、内外标志、容器包装及衬垫进行感官检验。

4）验收在库外安全地点或验收室进行。

5）每种腐蚀品拆箱验收 2～5 箱（免检腐蚀品除外），发现问题扩大验收比例，验后将腐蚀品包装复原，并做标记。

（2）验收项目。

1）包装。包装应符合《危险货物运输包装通用技术条件》（GB 12463—2009）的规定。内外包装应有如下标志：品名、规格、等级、数（质）量、生产日期或批号、生产厂名；储运图示：应符合《包装储运图示标志》（GB 191—2008）的规定；腐蚀品标志：应符合《危险货物包装标志》（GB 190—2009）的规定。包装封闭严密，完好无损，无水湿，无污染。包装、容器衬垫适当，安全、牢固。

2）质量（感官）。腐蚀品性状、颜色、黏稠度、透明度均应符合产品标准。液体腐蚀品颜色无异状，无挥发，无沉淀，无杂质。固体腐蚀品无变色、潮解、溶化等现象。

3）验收结果处理。验收不符合相关规定的不得入库，暂存观察室，通知存货方另行处理。验收完毕，合格的签收入库，填写验收记录，转存货方。

3. 堆垛

腐蚀品堆垛要符合“安全、方便”的原则，便于堆码、检查和消防扑救。充分利用仓容，货垛整齐美观。

（1）堆垛方法。

1）库房、货棚或露天货场储存的腐蚀品，货垛下应有隔潮设施，库房一般不低于 15 cm，货场不低于 30 cm。

2）根据腐蚀品性质、包装规格采用适当的堆垛方法，要求货垛整齐，堆码牢固，数量准确，禁止倒置。

3）按出厂先后或批号分别堆垛。

（2）堆垛高度。

1）大铁桶液体立码，固体平放，一般不超过 3 m。

2）大箱（内装坛、桶）1.5 m。

3）化学试剂木箱 2～3 m。

4）袋装 3～3.5 m。

（3）堆垛间距。

1）主通道≥180 cm。

2）支通道≥80 cm。

3）墙距≥30 cm。

4）柱距≥10 cm。

5）垛距≥10 cm。

6）顶距≥50 cm。

4. 养护技术

（1）温湿度管理。

1）库内设置温湿度计，按时观测、记录。

2）根据库房条件、腐蚀品性质，采用机械（要有防护措施）、自控、自然等方法通风、去湿、保温。控制与调节库内温湿度在适宜范围之内。

（2）在库检查。

1）安全检查。每天对库房内外进行检查，检查易燃物是否清理，货垛是否牢固，有无异常，库内有无过浓刺激性气味。遇特殊天气及时检查腐蚀品有无水湿受损，货场货垛苫垫是否严密。

2）腐蚀品质量检查。根据腐蚀品性质，定期进行感官质量检查，每种腐蚀品抽查 1～2 件，发现问题，扩大检查比例。检查腐蚀品包装、封口、衬垫有无破损、渗漏，腐蚀品外观有无质量变化。入库检重的腐蚀品，抽检其质量以计算保管损耗。

3）检查结果问题处理。检查结果逐项记录，并在腐蚀品外包装上做出标记。发现问题积极采取措施进行防治，同时通知存货方及时处理。对接近有效期腐蚀品和冷背残次腐蚀品应填写催调单报存货方。

5. 安全操作

（1）操作人员必须穿工作服，戴护目镜、胶皮手套、胶皮围裙等必要的防护用具。

（2）操作时必须轻搬轻放，严禁背负肩扛，防止摩擦、振动和撞击。

（3）不能使用沾染有异物和能产生火花的机具，作业现场远离热源和火源。

（4）分装、改装、开箱质量检查等在库房外进行。

6. 储藏期限

储藏期限根据各种腐蚀品的生产日期和有效期而定。

7. 出库

按生产日期或批号顺序先后出库。

8. 应急情况处理

(1) 部分腐蚀品消防方法见表 5—9。

表 5—9　　部分腐蚀品消防方法

品　名	灭 火 剂	禁用灭火剂	备注
发烟硝酸 硝酸	雾状水、沙土、二氧化碳	高压水	
发烟硫酸 硫酸	干沙、二氧化碳	水	
盐酸	雾状水、沙土、干粉	高压水	
磷酸 氢氟酸 氢溴酸 溴素 氢碘酸 氟硅酸 氟硼酸	雾状水、沙土、二氧化碳	高压水	
高氯酸 氯磺酸	干沙、二氧化碳		
氯化硫	干沙、二氧化碳、雾状水	高压水	
磺酰氯 氯化亚砜	干沙、干粉	水	
氯化铬酰 三氯化磷 三溴化磷	干粉、干沙、二氧化碳	水	
五氯化磷 五溴化磷	干粉、干沙	水	
四氯化硅 三氯化铝 四氯化钛 五氯化锑 五氧化磷	干沙、二氧化碳	水	
甲酸	雾状水、二氧化碳	高压水	

续表

品　名	灭火剂	禁用灭火剂	备注
溴乙酰	干沙、干粉、泡沫	高压水	
苯磺酰氯	干沙、干粉、二氧化碳	水	
乙酸 乙酸酐	雾状水、沙土、二氧化碳、泡沫	高压水	
氯乙酸 三氯乙酸 丙烯酸	雾状水、沙土、泡沫、二氧化碳	高压水	
氢氧化钠 氢氧化钾 氢氧化锂	雾状水、沙土	高压水	
硫化钠 硫化钾 硫化钡	沙土、二氧化碳	水或酸、碱式灭火机	
水合肼	雾状水、泡沫、干粉、二氧化碳		
氨水	水、沙土		
次氯酸钙	水、沙土、泡沫		
甲醛	水、泡沫、二氧化碳		

(2) 消防人员灭火时应在上风口处并佩戴防毒面具。禁止用高压水（对强酸）灭火，以防爆溅伤人。

(3) 进入口内立即用大量水漱口，服大量冷开水催吐或用氧化镁乳剂洗胃。呼吸道受到刺激或呼吸中毒，立即移至新鲜空气处吸氧。接触眼睛或皮肤，用大量水或小苏打水冲洗后敷氧化锌软膏，然后送往医院诊治。

(4) 烧伤或中毒急救方法。

1) 强酸。皮肤沾染用大量水冲洗，或用小苏打水、肥皂水洗涤，必要时敷软膏；溅入眼睛用温水冲洗后，再用5%小苏打溶液或硼酸水洗；进入口内立即用大量水漱口，服大量冷开水催吐，或用氧化镁乳液洗胃；呼吸中毒立即移至空气新鲜处保持体温，必要时吸氧。

2) 强碱。接触皮肤用大量水冲洗，或用硼酸水、稀乙酸冲洗后涂氧化锌软膏；触及眼睛用温水冲洗；吸入中毒者（氢氧化氨）移至空气新鲜处；严重者送往医院治疗。

3）氢氟酸。接触眼睛或皮肤，立即用清水冲洗 20 min 以上，可用稀氨水敷浸后保暖，再送往医院医治。

4）高氯酸。皮肤沾染后用大量温水及肥皂水冲洗，溅入眼内用温水或稀硼酸水冲洗。

5）氯化铬酰。皮肤受伤用大量水冲洗后，用硫代硫酸钠敷伤处后送往医院诊治，误入口内用温水或 2%硫代硫酸钠洗胃。

6）氯磺酸。皮肤受伤用水冲洗后再用小苏打溶液洗涤，并以甘油和氧化镁润湿绷带包扎，再送往医院诊治。

7）溴（溴素）。皮肤灼伤以苯洗涤，再涂抹油膏；呼吸器官受伤可嗅氨。

8）甲醛溶液。接触皮肤先用大量水冲洗，再用酒精洗后涂甘油；呼吸中毒可移到新鲜空气处，用 2%碳酸氢钠溶液雾化吸入以解除呼吸道刺激，然后送往医院治疗。

二、腐蚀品储存的安全管理

1. 腐蚀品储存管理的基本要求

（1）有机腐蚀品储存要远离火种、热源及氧化剂、易燃物品、遇湿易燃物品。

（2）漂白粉、次氯酸钠溶液应避免阳光的照射。

（3）碱类与酸类应分开储存。

（4）氧化性酸应远离易燃物品。

（5）装卸、搬运中，操作人员应穿戴防护用品，作业时要轻拿轻放，禁止肩扛背负、翻滚、碰撞、拖拉，在装卸现场应备有救护物品和药水。

2. 腐蚀品储存管理的具体要求

（1）加强入库验收管理。

1）认真检查包装情况。腐蚀性物品的内包装，绝大多数是陶瓷或者玻璃容器，外包装为木箱或者花格木箱，内有衬垫物。入库验收时，必须认真检查外包装是否牢固，有无腐蚀、松脱，内包装容器有无破损渗漏现象，衬垫物是否符合相应规定的要求等。

硝酸、溴素等氧化性强的腐蚀品，其衬垫应该使用不燃材料。发烟硝酸和溴素的玻璃容器，还必须另加一层包装。

硫化碱等的包装应该采用不燃物作为包装材料。

2）仔细检查腐蚀品情况。玻璃瓶装的液体腐蚀品，可以轻轻摇动，看看有无沉淀和杂物，静置后再看颜色是否正常。固体腐蚀品可以开启包装或者在瓶外观察形态颜色是否正常，有无异味。

对坛装或者桶装的液体腐蚀品，可以采用玻璃管吸取底层液体，查看有无沉淀以及其他杂质，颜色是否正常。

对固体腐蚀品，查看外包装有无破损或吸潮、渗漏等现象。

冬天应特别注意检查冰醋酸是否结冰，甲醛是否有沉淀。

(2) 严格控制储存条件。根据不同危险特性的要求，选用合适的耐腐蚀包装容器，包装的衬垫、封口等也应与所盛装货物性质相适应。木质外包装必须坚固、不脱底，碱性固体腐蚀品可以使用一次性的金属包装。

1）库房建筑要求。库顶最好是水泥的平顶结构，里面涂耐酸漆，以防腐蚀。地坪可用一般的水泥地面。对于木结构的屋架、门窗和各个结构部位的铁附件，都应涂上耐酸漆或比较耐酸的油漆，以防酸性腐蚀品挥发出来的气体或蒸气腐蚀库房结构。因电灯容易受腐蚀，库内不宜安装电灯，所以，在建筑上必须考虑库房的采光，也可以采取在库外向库内照明的方法。

2）一般腐蚀品的储存条件要求。

① 对易燃、易挥发的甲酸、丙酰氯等，应储存在阴凉通风的库房。

② 受冻结冰的冰醋酸，受冻聚合沉淀的甲醛、三氯乙醛等以及低沸点的溴素、乙酰氯、四氯化硅等均应存于冬暖夏凉的库房。

③ 有机腐蚀品储存要远离火种、热源及氧化剂、易燃物品、遇湿易燃物品。

④ 遇水分解的发烟卤化物、五氧化二磷、三氯化铝的库房，必须干燥和通风良好。

⑤ 碱性腐蚀品，如氢氧化钠等，虽容易吸潮，但只要包装和封口严密，可以储存在地势较高的一般库房。

⑥ 工业用品可以存放在露天货场，但必须注意包装完整严密，不受雨淋水浸。

⑦ 氨水库房既要阴凉又要便于通风。

⑧ 氧化性酸要远离易燃物品。硝酸、硫酸、盐酸可储存在一般库房或货棚里，工业用坛装硫酸、盐酸可露天存放，但须在坛盖上加盖瓦钵，防止雨水浸入。但冬天过于寒冷、夏天过于炎热的地区，在冬夏两季，最好移入库房存放。用做化学试剂的硫酸、盐酸不宜露天存放，以防分解变色。

⑨ 酸性腐蚀品和碱性腐蚀品，性质相互抵触。特别是酸性的氯化物和碱性的氨类化合物分解出来的气体相接触以后，会生成氯化铵，成为雾状物停留在空中，以致在封口不严密的情况下，会使物品变质。所以，需注意分库存放。氧化性强的硝酸、高氯酸等也不宜和其他酸性物品混存。

3）酸类腐蚀品的储存。

① 下列防护及安全规定，适用于酸类腐蚀品的散装储存。

a. 酸类腐蚀品应在具有防火性能的单层库房（见图 5—1）内储存。库内应设置喷水灭火装置、地面排水沟或墙壁排水孔。

b. 库内应供暖，防止某些酸类腐蚀品冻结。在靠近地面及顶棚的库墙上，可设置百叶窗式通风口，以进行通风。

c. 电气设备符合一般要求即可。

d. 作业人员应配备防护服及呼吸用具。还应设置供作业人员使用的洗眼池、喷头。此外还需加强呼吸用具使用的训练及人员操作能力的检查，由仓库消防部门负责。

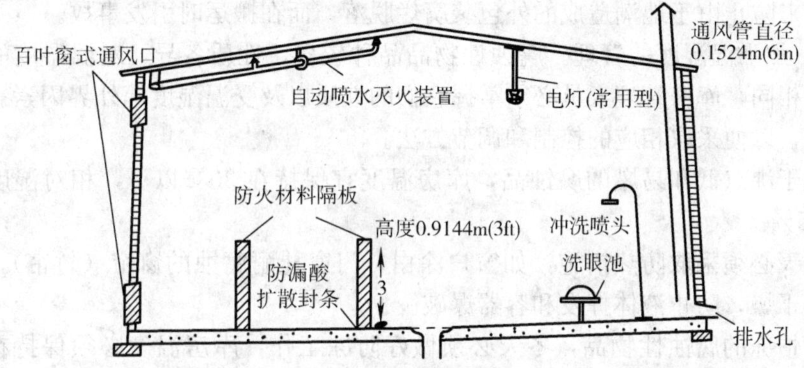

图 5—1　酸类腐蚀品储存库房

② 酸类腐蚀品储存仓库所储存的典型酸类是盐酸、硝酸、硫酸、磷酸。

③ 盐酸可用耐酸陶坛；硝酸应该用铝制容器；磷酸、冰醋酸、氢氟酸用塑料容器；浓硫酸、烧碱、液碱可用铁制容器，但不可用镀锌铁桶，因锌是两性金属，与酸、强碱均起化学反应生成易燃的氢气，并使铁桶爆炸。

④ 只要容器合适，硝酸、盐酸、硫酸、烧碱均可以储存在一般的库棚内。工业用坛装硫酸、盐酸可露天存放，但须在坛盖上加盖瓦钵，防止雨水浸入。

⑤ 不同的酸类腐蚀品应分别存放在指定的地区，中间用防火板隔开。隔板最低高度为 0.9144 m（3ft），底部要封严。采用隔板代替通道把各储存区隔开，可以增大储存面积。

⑥ 在储存中应特别注意不要将酸类、氧化剂、发孔剂 H、遇湿易燃物品、氧化剂等混存。

⑦ 库房内及周围地区禁止吸烟，并设有“禁止吸烟”标牌。

（3）加强保管和养护管理。

1）严格堆码苫垫操作。露天存放的坛装硫酸、盐酸，可除去外包装，平放成一人高，但库房内堆码宜带有外包装。为了便于搬运，宜堆成行列式两人高，中间留有 0.5 m 左右宽的走道。

用花格木箱或木箱套装的瓶装液体腐蚀品，宜堆成直列式垛，垛形的大小，可以根据仓库容量的大小具体掌握，但是垛高不宜超过 2 m。

桶装的腐蚀性物品可以堆成行列式垛，行列之间稍微留点距离，便于检查物品，垛高不宜超过 2.5 m。固体腐蚀品可堆至 3 m。

各种形式的容器包装的液体腐蚀品，严禁倒放，堆码时要严格按照具体的安全操作规程进行操作，注意轻拿轻放，严禁用力摔、放。

各种形式的外包装，在堆码时，垛底必须设有防潮设备，比如枕木、垫板等，用来防止由于地潮造成的外包装腐烂脱落，而在搬运时引发事故。

2）加强温湿度的管理。腐蚀性物品品种较多，性质各异，对温湿度的要求也不尽相同，库房管理人员必须掌握它们的性质以及受温湿度等外界因素影响的规律性，以便采取相应的控制和调节方法。

对于沸点低和易燃的腐蚀品，库房温度宜保持在 30℃以下，相对湿度不宜超过 85%。

夏天必须采取防热措施，如窗户涂白，门窗挂耐腐蚀的窗帘（竹帘），保持低温、干燥，防止液体挥发和容器爆破。

对怕冻的腐蚀性物品，冬天必须做好防冻工作，库房温度必须保持在10～15℃之间。

在寒冷地区，储存甲醛的库房，冬天必须采取提高温度的措施才能保暖，但严禁使用明火。

有些地方不具备提高温度的条件时，可采用谷糠围垛或装箱，也可以搬入窑洞、地窖存放。这些都是比较有效的保暖措施。

对稀释后分解、发热、发烟的腐蚀性物品，除必须经常保持包装完整、封口严密外，还必须尽力保持库房干燥，相对湿度不宜超过 70%。所以，在我国南方地区的梅雨季节，必须加强库房湿度管理，随时注意库房内外温湿度的变化情况，及时掌握通风、密封工作。必要时，还可以用不燃和耐酸的粉末将腐蚀品埋藏起来，以隔绝其与空气的接触，也可以用干沙（细沙）埋藏，或者用塑料袋套装，扎紧袋口。

3）加强在库检查。腐蚀性物品如氧化性较强的硝酸、硫酸、溴素和五氧化二磷等和遇水发热、发烟的卤化物以及氨水等，其化学性质都比较活泼，容易受外界因素的影响发生变化。所以，必须根据物品的具体性质，结合季节的特点，有重点地加强在库期间的检查工作，防止发生安全和质量事故。检查方法，可参考该腐蚀品的入库验收方法。

由于腐蚀性物品具有容易分解挥发出有腐蚀性的气体或蒸气的特性，所以对库房的建筑物和人身安全有较大的影响。因此，除检查物品外，库房管理人员还必须检查库内有毒害气体的浓度。比较简单的检查方法，可以将 pH 值范围为 1～14 的试纸用蒸馏水润湿，悬挂在空中，观察试纸颜色的变化，对照试纸盒里面的标准色样，来测定库房内空气中的酸度或碱度。当库房空气中的酸度或碱度较强时，都必须进行通风排毒。有条件的还可以使用排风机进行排毒。

（4）严格控制装卸、搬运和加工的安全操作。腐蚀性物品多数是液体，一般是用玻璃和陶瓷容器盛装，在搬运、装卸、加工时，必须轻拿轻放，防止容器破碎，发生人身伤害事故。严禁肩扛背负、摔掷、碰撞、拖拉；在装卸现场应备有救护物品和药水，如清水、苏打水和稀硼酸水，以备急需。

木箱、花格木箱等外包装的加固材料有铁钉、铁皮，容器容易被腐蚀破坏，因此装卸时，必须注意事先检查。垛底外包装受潮也容易被腐蚀，在搬运操作前，库房管理人员应进行详细的检查，以防止发生事故。

装卸、搬运，特别是加工、改装腐蚀性物品时，操作人员必须穿戴必要的防护用品，特别是装卸强腐蚀性物品时，必须佩戴耐酸手套、防护眼镜，穿长筒胶鞋、套袖、套裤，系橡胶围裙。搬运腐蚀性强、毒性大的易挥发物品，操作人员还必须戴防毒面具或口罩。

操作人员要站在上风处操作，或者用电风扇通风排毒。操作人员需随时注意休息，呼吸新鲜空气。作业现场根据腐蚀品的具体性质必须配备有相应的防腐蚀、防毒等防护用品。比如清水、低浓度的碱液、稀乙酸溶液或者稀硼酸溶液等，一旦有酸、碱性物品溅到皮肤上或者眼内，可以迅速清洗干净。

如果呼吸道受到酸性腐蚀品的气体或蒸气刺激时，可以采用 2%～5%的小苏打溶液漱洗，也可以采用清水漱洗后再用低浓度氨水漱洗，或者轻度嗅闻氨气，以中和酸性物质，减轻刺激。氢氟酸腐蚀力强，危害性大，人体接触后，应立即用清水或者稀碱水冲洗。

（5）消防方法。腐蚀性物品着火时，可用雾状水或者干沙、泡沫扑救，不宜采用高压水，否则会使酸液四溅，伤害扑救人员。

硫酸、卤化物、强碱等腐蚀品遇水发热，卤化物遇水产生酸性烟雾。所以不能用水扑救。可以用干沙、泡沫、干粉扑救。

凡是与水混溶，并可通过化学反应或机械方法产生灭火泡沫的灭火药剂称为泡沫灭火剂。根据泡沫灭火剂生产的机理，泡沫灭火剂可以分为化学泡沫和空气泡沫两大类，其中空气泡沫也称机械泡沫。

化学泡沫是用化学方法制得的，泡沫中的主要成分是二氧化碳；空气泡沫是利用水流的机械作用方法制得的，泡沫中的主要成分是空气。两者都是用水作为泡沫的液膜。泡沫灭火剂主要用于扑救非水溶性燃烧液体和一般固体火灾。特殊的抗溶性灭火剂可用于扑救水溶性燃烧液体的火灾。

泡沫灭火剂的发泡倍数比较大，在其形成的无数小泡沫中，含有大量的气体（二氧化碳或空气），所以泡沫的密度比较小，一般为 1～500 kg/m^3。由于泡沫的密度远小于一般燃烧液体的密度，它可以在液体表面形成一层由充气泡沫组成的气密性表面，覆盖在着火的液面上。

泡沫有很强的黏着力，可以阻止易燃或者可燃液体的蒸气穿过覆盖层浸入燃烧区，同时也阻止了空气与着火液体的接触。泡沫层密封了燃烧液体表面，可以阻断火焰向液面的辐射传热，也可以阻止热气流向液面的热传导。

泡沫中含有水分，可以夺取液体的热量，使液体温度降低，蒸发速度减慢。

消防人员必须注意防腐蚀、防蒸气。应戴防毒口罩、防护眼镜或者防毒面具，穿橡胶长筒胶鞋，戴防酸手套等。灭火时，消防人员应站立在上风处。

如果发现中毒者，应立即送往医院救治，并向医护人员详细说明中毒物品的名称，以便医生的抢救。

（6）化学灼伤、现场抢救及其预防措施。

1）化学灼伤及其特点。机体受热或者化学物质的作用，引起局部组织损伤，并进一步导致病理性和生理改变的过程称为灼伤。凡由于化学物质直接接触皮肤所造成的损伤，均属于化学灼伤。导致化学灼伤的物质形态有固体（如氢氧化钠、氢氧化钾、硫酸酐等）、液体（如硫酸、硝酸、高氯酸、过氧化氢等）和气体（如氟化氢、氮氧化合物等）。

化学物质与皮肤或黏膜接触后附着在组织表面上，并具有渗透性，对细胞组织产生吸水、溶解组织蛋白质和皂化脂肪组织的作用，从而破坏细胞组织的生理机能而使皮肤组织致伤。

化学灼伤的症状与病情和热力灼伤大致相同，但对化学灼伤的中毒反应特性应给予特别的重视。

在化工生产中，经常发生由于化学物料的泄漏、外喷、溅落引起的接触性外伤。主要原因有：由于管道、设备以及储存容器的腐蚀、开裂和泄漏引起的化学物质外喷或流泻，由于火灾爆炸事故而形成的次生伤害，没有安全操作规程或操作规程不完善，违章操作，没有穿戴必需的个人防护用具或者穿戴不全，操作人员误操作或疏忽大意。

2）化学灼伤的现场急救。发生化学灼伤时，由于化学物质的腐蚀作用，如不及时将其除掉，就会继续腐蚀下去，从而加剧灼伤的严重程度，某些化学物质如氢氟酸的灼伤初期并无明显的疼痛，往往不受重视而贻误处理时机，以致加剧了灼伤程度。

及时进行现场急救和处理，是减少伤害、避免严重后果的重要环节。

化学灼伤同化学物质的物理、化学性质有关。酸性物质引起的灼伤，其腐蚀作用只在当时发生，经过急救处理，伤势往往不再严重。碱性物质引起的灼伤会逐渐向机体周围和深部组织蔓延。因此，现场急救应首先判明化学灼伤的种类、侵害途径、致伤面积及深度，然后再采取有效的急救措施。

某些化学灼伤，可以从被伤皮肤的颜色加以判断。如苛性钠和石碳酸的致伤表现为白色；硝酸致伤表现为黄色；氯磺酸致伤表现为灰白色；硫酸致伤表现为黑色；磷致伤局部皮肤呈现特殊气味，有时在暗处可以看到磷光。

化学灼伤的程度也同化学物质与人体接触时间的长短有密切关系，接触时间越长所造成的灼伤就会越严重。因此，当化学物质接触人体组织时，受伤人员应迅速脱去衣服，立即用大量清水冲洗创面，不应延误，冲洗时间不得少于15 min，以利于将渗透到毛孔或者黏膜内的物质清洗出去。

清洗时，要遍及各受害部位，尤其要注意眼睛、耳朵、鼻子、口腔等处。对眼睛的冲洗一般用生理盐水或清洁的自来水，冲洗时水流不要正对眼角膜方向，不要揉搓眼睛，但可以将面部浸入在清洁的水盆中，用手把上下眼皮翻开，用力睁大眼睛，头部在水中左右晃动。其他部位的灼伤，先用大量清水冲洗，然后用中和剂洗涤或湿敷，注意用中和剂时间不宜过长，并且必须再用清水冲洗掉，然后再予以适当处理。

常见的化学灼伤急救处理方法见表5—10。

表5—10　　　　常见的化学灼伤急救处理方法

灼伤物质的名称	急救处理方法
碱类：氢氧化钠、氢氧化钾、碳酸钠、氨、碳酸钾、氧化钙	立即用大量清水冲洗，然后用2%乙酸溶液洗涤中和，也可用2%以上的硼酸水湿敷。氧化钙灼伤时，可用植物油洗涤
酸类：硫酸、盐酸、硝酸、高氯酸、磷酸、乙酸、甲酸、草酸、苦味酸	立即用大量清水冲洗，再用5%以上碳酸氢钠水溶液洗涤中和，然后用清水冲洗
碱金属、氰化物、氢氰酸	用大量清水冲洗后，再用0.1%高锰酸钾溶液冲洗，然后用5%硫化氨溶液冲洗
溴	用清水冲洗后，再用10%硫代硫酸钠溶液洗涤，然后涂碳酸氢钠糊剂

续表

灼伤物质的名称	急救处理方法
铬酸	用清水冲洗后，再用5%硫代硫酸钠溶液或1%硫酸钠溶液洗涤
氢氟酸	立即用大量清水冲洗，直至伤口发红，再用5%碳酸氢钠水溶液洗涤，涂以甘油和氧化镁（2∶1）的悬浮剂，或调上如意金黄散，然后用消毒纱布包扎
磷	如有磷颗粒附着在皮肤上，应将局部浸入清水中，用刷子清除，不可将创面暴露在空气中或用油脂涂抹，再用1%～2%硫酸铜溶液冲洗数分钟，然后以5%碳酸氢钠洗涤残留的硫酸铜，最后用生理盐水湿敷，用绷带扎好
苯酚	用大量清水冲洗，或用4体积乙醇（7%）与1体积氯化铁（1/3 mol/L）混合液洗涤，再用5%碳酸氢钠溶液湿敷
氯化锌、硝酸银	用清水冲洗，再用5%碳酸氢钠溶液洗涤，涂油膏即磺胺粉
三氯化砷	用大量清水冲洗，再用2.5%氯化铵溶液湿敷，然后涂上2%硫基丙醇软膏
焦油、沥青（热烫伤）	以棉花蘸乙醚或二甲苯，消除粘在皮肤上的焦油或沥青，然后涂羊毛脂

抢救时必须考虑现场的具体情况，在有严重危险的情况下，应首先使伤员脱离现场，送到空气新鲜和流通处，迅速脱去污染的衣物以及佩戴的防护用品等。

小面积化学灼伤创面经冲洗后，如确实致伤物已消除，可根据灼伤部位及灼伤深度采取包扎疗法或暴露疗法。中、大面积化学灼伤，经现场抢救处理后应送往医院处理。

3）化学灼伤的预防措施。化学灼伤常常是伴随生产中的事故或由于设备发生腐蚀、开裂、泄漏等造成的，与安全管理、操作、工艺和设备等因素有密切关系。因此，为避免发生化学灼伤，必须采取综合性管理和技术措施，防患于未然。

对生产中所使用的原料、中间体或成品的物理化学性质，它们与人体接触时可造成的伤害作用以及处理方法都应明确说明并作出规定，使所有操作人员了解和掌握，并严格执行。

设置可靠的预防措施，在使用危险化学品的作业场所，必须采取有效的技术措施和设备。这些技术措施和设备主要包括以下几个方面。

① 采取有效的防腐措施。在化工生产中，由于强腐蚀介质的作用及生产过程中的高温、高压、高流速等条件对机器设备会造成腐蚀，加强防腐，因此杜绝

“跑、冒、漏、滴”也就成为预防灼伤的重要措施。

② 改革工艺和设备结构。使用具有化学灼伤危险物质的作业场所，在设计时，就应预先考虑采取防止物料外喷或飞溅的合理工艺流程、设备布局、材质选择以及必要的控制、疏导和防护措施。改革工艺和设备结构主要包括以下几方面。

a. 物料输送实现机械化、管道化。

b. 储槽、储罐等容器采用安全溢流装置。

c. 改革危险场所物质的使用和处理方法，如用蒸汽溶解氢氧化钠代替机械粉碎，用片状物代替块状物。

d. 保持作业场所与通道有足够的活动余量。

e. 使用液面控制装置或仪表，实行自动控制。

f. 装设各种形式的安全联锁装置，如保证未泄压前不能打开设备的联锁装置等。

③ 加强安全性预测检查。使用超声波测厚仪、磁粉与超声探伤仪、X 射线仪等定期对设备进行检查，或采用将设备开启进行检查的方法，以便及时发现并正确判断设备的损伤部位与损坏程度，及时消除隐患。

④ 加强安全防护措施。

a. 所有储槽上部敞开部分应高于操作面 1 m 以上，如储槽与操作面等高时，其周围应设护栏并加盖，以防操作人员跌入槽内。

b. 为使腐蚀性液体不流洒在地面上，应修建地槽并加盖。

c. 所有酸储槽和酸泵下部应修筑耐酸基础。

d. 禁止将危险液体盛入非专用的和没有标志的桶内。

e. 搬运储槽时，一定要两个人抬，不得单人背负运送。

⑤ 加强个人防护。在处理有灼伤危险的物质时，必须穿戴工作服和防护用具，如眼镜、面罩、手套、毛巾、工作帽等。

第五节　放射性物品的安全储存

一、概述

有一些元素和它们的化合物，能够自原子核内部自行释放出穿透力很强，且可以穿透许多不透明物质，而人们的感觉器官不能觉察到的射线。具有这种放射性的物质，称为放射性物质。

这类物质包括放射性同位素、放射性化合物（化学试剂与化工产品）、放射性矿石以及涂有放射性发光剂的工业品等。

随着科学技术的发展，放射性同位素及其制品的生产、应用与储存的数量也不断增加。因此，接触放射性物品的人也必将越来越多。

为了确保人身安全，国际上和我国都先后提出和规定了最大允许剂量。所谓最大允许剂量，是现代科学技术水平认为这样多的电离辐射剂量，在人的一生中的任何时候都不应引起对人体的显著伤害。也就是每人每天（或者每周）受到射线辐射而没有受到危害的最大允许剂量。

最大允许剂量在不同环境条件下，对不同的人，实际上的影响是不同的。所以在实际工作中，即使在最大允许剂量以下，仍应争取将辐射剂量尽可能降低。最大允许剂量分为外部照射和内部照射两种。

外部照射的最大允许剂量见表 5—11 。

表 5—11　　外部照射的最大允许剂量

射线种类	每日最大允许剂量（R）	射线种类	每日最大允许剂量（R）
α、β、γ 射线	0.05	热中子	0.01
α 射线、快中子	0.005		

注：R，伦琴，$1\ R=2.58\times10^{-4}\ C/kg$。

上述所列每人每日最大允许剂量（0.05 R）是各种射线作用剂量的总和。手部照射最大允许剂量，可以放宽到上述剂量的 5 倍。

内部照射，是由于反射物质被吸收、吃进或从伤口处进入人体内而引起的。内部照射最大允许剂量的计算，除根据外部照射的最大允许剂量标准外，还应考虑其他因素，如进入人体的途径（从伤口进入的危险性最大，吸入的危险性次之，吞入的危险性最小）、在体内分布的均匀性（钠和氯分布全身，而碘则集中于甲状腺）、进入人体与排出的速度和溶解速度等。

一般来说，内部照射的危害性比外部照射的危害性大得多，因为外部照射比较容易防护。从防护的观点来看，不应使任何放射性物质通过任何途径进入人体。

二、几种常见的放射性物品对人体的危害和防护方法

1. 几种常见的放射性物品

（1）独居石。独居石是褐色而有脂肪状光泽的结晶矿砂，密度 4.7×10^{3}～$5.3\times10^{3}\ kg/m^{3}$，硬度 5～5.5，是制取硝酸钍、氧化钍的重要原材料，并可以提取铈、镧等稀有元素。

根据测定，每小时 γ 射线放射剂量为 1.18～13.9 mR。每人每日操作时间不得超过 3.5～8 h（指身体靠近包装）。包装用木箱、麻袋。

（2）夜光粉。夜光粉为白色发光粉末，含有镭及发光的混合物，用于制造夜光钟表。外用木箱包装，内衬铅罩，每箱 1 kg。每小时 γ 射线放射剂量为 20 mR，人靠近操作，每天不得超过 2.5 h。

（3）发光剂。发光剂属于黄色液体，用于浸制汽灯纱罩，外包装为木箱，内包装为大玻璃瓶，每箱 20 kg。每小时 γ 射线放射剂量为 0.183 mR，人能全天操作。

（4）硝酸钍。硝酸钍为白色块状结晶，由独居石提炼制成，含二氧化钍 24%～50%。外包装为木箱，内包装为玻璃瓶，每瓶 0.5 kg。每小时 γ 射线放射剂量不超过 6.25 mR，人能全天操作。

（5）铈钠复盐。铈钠复盐为黄色粉末，主要成分为氧化铈和氧化钍，一般规格含稀土氧化物 40%～50%，用于制晒图和制电影用弧光灯。本品是半成品，据以往测定，每小时 γ 射线放射剂量为 6.94 mR，人每天操作不能超过 7 h。

几种放射性物品的 γ 射线的放射剂量见表 5—12。

表 5—12　　几种放射性物品的 γ 射线的放射剂量

品名	距离放射源（cm）	γ 射线的放射剂量（mR/h）	包装
瑞士夜光粉	2	20	1 kg 木箱
朝鲜独居石	10	13.9	50 kg 木箱
广西独居石	2	1.18	35 kg 木箱
铈钠复盐	40	6.94	100 kg 木箱
硝酸镧	2	4.3	20 kg 木箱
发光剂	2	0.183	20 kg 木箱

注：表内所列铈钠复盐、硝酸镧都是独居石制硝酸钍的副产品，所以混有放射性元素。

2. 放射线对人体的危害与防护方法

（1）放射线对人体的危害。放射线对人体的影响是长期的和潜伏的，如果不注意，就会在不知不觉中受到危害。如果受到长期过量照射或者有过量放射性物质进入人的体内，就会引起放射病，初期有疲倦、体重减轻、嗜睡或者失眠、白细胞减少、食欲减退、恶心、呕吐、腹泻等症状。病情继续加重者，有脱发、皮肤发炎、便血等现象。

如果一次照射超过 500 R，人能在 3 星期左右死亡。但是如果采取积极的防护措施，使射线对人体照射的剂量每天不超过 50 mR，就不会产生有害的影响。

（2）放射线的防护方法。无论是内部照射还是外部照射，都能损伤人体，因此，必须进行适当的防护。

个人防护装备是指人们在生产和生活中为防御各种职业毒害和伤害，而在工作过程中穿戴和配备的各种用品的总称，也称为个人劳动保护用品或个体劳动保护用品。

个人防护装备是保证职工安全与健康所采取的必不可少的辅助措施。它区别于劳动保护的根本措施。在某种意义上讲，它是劳动者防止职业毒害和伤害的最后一道有效措施，必须引起企业领导和广大职工的高度重视和珍爱。

同时，它又与职工的福利待遇以及保护产品质量、产品卫生和生活卫生需要的非防护性的工作有着本质的区别。在劳动条件差、危害程度高或者防护措施起不到作用的情况下（如抢修或者检修设备、露天野外作业、整改事故隐患、生产工艺落后以及设备老化等），个人防护装置会成为劳动保护的主要措施。

个人防护装备在生产劳动过程中，是必不可少的生产性装备，用人单位或者业主必须按照《中华人民共和国劳动法》和《中华人民共和国安全生产法》等有关规定提供必需的防护用品，不得任意删减，劳动者要按照劳动保护用品使用规则和防护要求正确使用劳动保护用品。

α射线和β射线射程短，穿透力弱，在外部照射的情况下，穿厚布工作服、胶靴，系胶围裙，戴眼镜、手套，即能起到防护的作用。但是应注意内部照射，防止粉尘吸入人体内，要戴防尘面具。

γ射线穿透能力很强，任何厚度物质，只能将其减弱，而不能将其全部吸收。因此，作业人员在工作时间，不能超过所允许的照射剂量，同时要加强防护，穿戴紧密光滑织物的工作服，系铅质橡胶围裙，戴含有磷酸钨的玻璃眼镜、厚胶手套、加厚口罩，穿长筒胶靴。操作时，最好两个人抬，以防辐射物品接近身体。表 5—13 为外部照射 γ 射线不同剂量的工作时间限度表。

表 5—13　　外部照射 γ 射线不同剂量的工作时间限度

γ射线不同放射强度（mR/h）	相对允许时间（h）	γ射线不同放射强度（mR/h）	相对允许时间（h）
6.25	8	12.5	4
6.94	7	16.6	3
8.33	6	25	2
10	5		

注：每天工作时间接触 γ 射线，最大允许剂量为 50 mR。

为了防止吞入放射性物质，工作人员在工作场所严禁吸烟、饮食，严禁穿工作服进入食堂、餐厅。工作人员的皮肤如有损伤或者患有皮肤病，应停止对放射性物品的操作。同时，应定期检查身体，便于早期发现问题，采取必要的卫生保健和医疗预防措施。

三、放射性物品储存的安全管理

1. 放射性物品储存管理的基本要求

（1）仓库要干燥、通风、平坦，要画出警戒线，并采取一定的屏蔽措施。

（2）应远离其他危险物品或货物、人员、交通干线等，严格执行防护检查等管理制度。

（3）存放过放射性物品的地方，应在卫生部门指派的专业人员的监督指导下进行彻底的清洗，否则不能存放其他物品。

（4）操作人员必须做好个人防护，轻装轻卸，严禁肩扛、背负、摔掷、碰撞。工作完毕后必须洗澡更衣。防护服应单独清洗。

2. 放射性物品储存管理的具体要求

（1）加强入库验收管理。验收放射性物品，主要验收其包装，发现包装破漏时，应及时剔出整修。放射性较强的物品如夜光粉，箱内应该有适当厚度的铅皮防护罩。用木箱内加玻璃瓶包装的物品，应该有柔软材料衬垫妥实，瓶口必须密封。有条件的单位在检查放射性物品入库时，应该用放射性探测仪（β射线、γ射线）测试放射剂量，以便于安排储存和配备必要的人身防护装备。

（2）严格控制储存条件和储存设备。

1）储存条件。储存放射性物品，应建特型库，不应在一般的库房或简易货棚内储存。库房建筑宜用混凝土结构，墙壁厚度应不少于50 cm，内壁和天花板应用拌有重晶石粉的混凝土抹平，地面光滑无缝隙，便于清扫和冲洗。库内应有下水道和专用渗井，防止放射性物品的扩散。门窗应有铅板覆盖。库房应远离生活区。放射性物品应专库储存，并应根据放射剂量、成品、半成品、原料分别储存，以便于操作和防护。放射性物质储存处，应有“辐射—危险”标志，以免将放射性物质误认为一般物质处理，或有人随意接近。

2）储存设备。装有高比活度放射性物质溶液的玻璃容器，储存时必须放在塑料容器内，该容器的大小要能满足容纳需全部保存的液体，那么一旦玻璃容器因机械作用、辐射作用或其他原因破损时，溶液不会溢出而造成污染。气态或有可能产生气体或气溶胶的放射性物质，在储存时，必须用金属等的密封容器盛装，然后放在通风柜或工作箱内。容器在使用前必须经过充气法或负压法做泄漏检查。

储存放射性物质的地点，应选在不会有高温或水浸并且人员不经常接近的地方。所有存放放射性物质的容器，必须贴上明显的标签，并标明所盛装放射性物质的名称、元素状态、放射性活度、存放日期和存放负责人等，容器必须容易开启和关闭，保险柜应加锁。对于有外部照射危险的放射性物质，储存时不但要考虑存放地点附近，而且对左邻右舍、楼上楼下都要视放射剂量大小，采取相应的屏蔽措施。可移动性屏蔽设施，其结构一定要稳妥可靠，屏蔽效果能满足各类人员的辐射防护标准。

在存放放射源的场所，采取屏蔽的方法是减少或消除放射性危害的重要措施。屏蔽的材质和形式通常根据放射性的物质和强度确定。屏蔽γ射线常用铅、铁、水泥、砖、石等。屏蔽β射线常用有机玻璃、铝板等。各种射线常用的吸收屏蔽材料见表5—14。

表5—14　　各种射线常用的吸收屏蔽材料

射线种类	α射线	β射线	γ射线	中子流
材料名称	空气	铝板	铅层	水
	铝箔	铁片	铁层	石蜡
		有机玻璃	铅橡皮	硼酸
		塑料	铅玻璃	
		木材	混凝土	
			岩石	
			砖	
			土壤	
			水	

弱β放射性物质，如^{14}C、^{35}S、^{3}H，可不必屏蔽；强β放射性物质，如^{35}P，则要以1 cm厚塑胶或玻璃板遮蔽；当发生源发生相当数量的二次X射线时，需要用铅遮蔽。γ射线和X射线的放射源要在有铅或混凝土屏蔽的条件下储存，屏蔽的厚度应根据放射源的放射强度和需要减弱的程度而定。

水、石蜡或其他含大量氢分子的物质，对遮蔽中子放射线有效；若屏蔽量少时，也可以使用隔板遮蔽。中子可产生二次γ射线，在计算屏蔽厚度时，应予以考虑。

（3）严格控制装卸、搬运和堆码苫垫操作。运输放射性物品应有专用车船，严禁与其他物品混合运输。运输完毕后，应将车船用清水冲洗干净（污水不得流入河道）。装卸放射性物品的车厢和船舱严禁载人。工作人员应配备有必要的防护装备。

装卸、搬运放射性物品时，应该采用机械操作，要求技术成熟，操作迅速，以减少放射性物品与人体接触的机会。对采用玻璃瓶包装的放射性物品，一定要注意轻拿轻放。如果没有机械设备，则可以用手推车或者两个人抬，严禁一个人搬运。垛码人员应定期轮换，且工作时间应根据不同放射剂量而定，不宜过久过累。其堆码苫垫方法，可参照其他物品的堆码苫垫方法。

(4) 严格温湿度管理和保管检查。放射性物品的储存对库房内的温湿度没有特殊的要求，只要防止湿度过大破坏包装即可。物品在库期间，除必要的检查和收发业务外，工作人员应尽量减少进入库房的次数。库房内应经常保持干净、清洁、干燥。

(5) 消防和救护方法。放射性物品沾染人体时，应迅速用肥皂水洗刷，最好洗刷3次。

发生火灾时，首先派出精干人员携带放射性测试仪器，测试辐射（剂）量和范围。测试人员应尽可能地采取防护措施。

对辐射（剂）量超过0.0387 C/kg的区域，应设置写有“危及生命、禁止进入”文字说明的警告标志牌。

对辐射（剂）量小于0.0387 C/kg的区域，应设置写有“辐射危险、请勿接近”文字说明的警告标志牌。

测试人员还应进行不间断巡回监测。

对辐射（剂）量大于0.0387 C/kg的区域，灭火人员不能深入辐射源纵深灭火进攻。对辐射（剂）量小于0.0387 C/kg的区域，可快速用雾状水灭火或用泡沫、二氧化碳、干粉扑救，并积极抢救受伤人员。

对燃烧现场包装没有被破坏的放射性物品，灭火人员可在水枪的掩护下佩戴防护装备，设法疏散，无法疏散时，应就地冷却保护，防止造成新的破损，增加辐射（剂）量。

对已破损的容器，切忌搬动或用水流冲击，以防止放射性沾染范围扩大。

灭火时，消防人员必须穿戴防护装备，并站在上风处。注意不要使消防水流散面积过大，以免造成大面积的污染。

第六节　典型危险化学品储存场地的安全管理

储存危险化学品的化工库、试剂库等专用仓库，液化石油气储气站，易燃液体储罐区（含油库），丙类易燃固体露天或半露天堆场等场所均为危险化学品仓库，都必须设置在城市的边缘或相对独立的安全地带。城市的易燃易爆气体和液体、固体的充装站、供应站、调压站、加油站，也必须设置在合理的位置，并符合防火防爆要求。

一、甲类危险化学品化工库、试剂库的布置

1. 甲类仓库的布置原则

储存甲类危险化学品的化工库、试剂库在布置时，应综合考虑四周的防火间距。与重要的公共建筑物之间应保持不小于 50 m 的防火间距；与民用建筑、明火或火花散发地点、屋外变配电站以及其他建筑物的防火间距不应小于表 5—15 的要求。

表 5—15　　甲类仓库之间及与其他建筑、明火或散发火花地点、铁路等的防火间距

单位：m

名　　称		甲类仓库及其储量（t）			
		甲类储存物品第 3、4 项		甲类储存物品第 1、2、5、6 项	
		≤5	>5	≤10	>10
重要公共建筑		50.0			
甲类仓库		20.0			
民用建筑、明火或火花散发地点		30.0	40.0	25.0	30.0
其他建筑	一、二级耐火等级	15.0	20.0	12.0	15.0
	三级耐火等级	20.0	25.0	15.0	20.0
	四级耐火等级	25.0	30.0	20.0	25.0
电力系统电压为 35～500 kV 且每台变压器容量在 10 MV·A 以上的室外变、配电站，以及工业企业的变压器总油量大于 5 t 的室外降压变电站		30.0	40.0	25.0	30.0
厂外铁路线中心线		40.0			
厂内铁路线中心线		30.0			
厂外道路路边		20.0			
厂内道路路边	主要	10.0			
	次要	5.0			

注：甲类仓库之间的防火间距，当第 3、4 项物品储量≤2 t，第 1、2、5、6 项物品储量≥5 t 时，不应小于 12.0 m，甲类仓库与高层仓库之间的防火间距不应小于 13 m。

危险化学品化工库、试剂库的四周应当建造耐火、不燃的实体围墙，并与库区内的建筑物保持不小于 5 m 的防火间距。围墙两侧建筑物也应满足防火间距的要求。

2. 桶装易燃液体原料仓库实例

(1) 储运简介。各种桶装易燃液体原料（如丙酮、酒精、苯、氯化苯等）由火车运入，装卸储存在仓库，再由汽车转运到各农药车间，作为生产农药的原料。

（2）防爆措施。

1）排除发生爆炸事故根源的措施。根据建库所在地方夏季最热月平均气温低于28℃，储存闪点低于28℃，桶装易燃液体采取建造库房的方法，储存桶装可燃液体采取建造敞篷的方法。敞篷和库房室内连接在一起，敞篷靠近铁路，库房远离铁路，以避免机车火源引起爆炸。整座仓库室内地面高出室外地面1.15 m，并建造同一高度的装卸货站台，不仅便于装卸货物，还可以防止比空气重的可燃蒸气在室内积聚。库房外墙开百叶窗，使仓库内空气自然对流通风，以排除可燃蒸气在室内积聚。门窗采用木制，屋顶设避雷装置。

2）减轻爆炸事故危害的措施。选设单层仓库、分类仓库与敞篷储存，屋顶设自重小于100 kg/m^2 的轻型钢筋混凝土单肋板屋盖作为泄压装置，其泄压面积与仓库容积之比为0.05 m^2/m^3。库房地面四周设明沟，明沟与室外事故收集池采用管道连接，预防铁桶破裂泄漏时汇集回收，防止四处流散污染环境，以防引起火灾蔓延扩大。库房开设两个安全出口外门，合理分布便于安全疏散。

3. 电石库实例

根据储存物品的火灾和爆炸性分类，电石库属于甲类危险化学品库房。

（1）电石库的布置原则。

1）库房的地势要高且干燥，不得布置在易被水淹的低洼地方。

2）库房不宜布置在人员密集区域和主要交通要道处。

3）严禁把地下室和半地下室作为电石库。

4）企业设有乙炔站时，电石库宜布置在乙炔站的区域内。

5）电石库与其他建构筑物的防火间距，应符合电石库与建筑物、构筑物的防火间距要求。在乙炔站内的电石库，当与制气厂房相邻的较高一面的外墙为防火墙时，其防火间距可相对缩小，但不应小于6 m。

6）电石库与铁路和道路的防火间距不应小于下列规定：厂外铁路线（中心线），40 m；厂内铁路线（中心线），30 m；厂外道路（路边），20 m；厂内主要道路（路边），10 m；厂内次要道路（路边），5 m。

（2）电石库设置安全要求。

1）电石库应是单层的一、二层建筑。库房应设置泄压装置，其泄压面积与库间容积之比一般应达到0.4 m^2/m^3。如配制有困难时，可适当缩小，但不应低于0.1 m^2/m^3。泄压装置应靠近易爆炸部位，泄向安全的方向。作为泄压用的窗不应采用双层玻璃窗。

2）电石库的门窗均应向外开启，库房应有直通室外或通过带防火门的走道通向室外的出入口。出入口应位于事故发生时能迅速疏散的地方。

3）电石库内严禁铺设给水、排水、蒸气和凝结水等管道。

4）电石库应设置电石桶的装卸平台，平台应高出室外地面 0.4～1.1 m，宽度不宜小于 2 m。库房内电石桶应放置在比地面高 20 cm 的垫板上，可摆数层，但最多不超过四层，并且各层间应放置宽达 40～50 cm 的木板，严防电石桶滚散。

5）装设于库房的照明灯具、开关等电气装置，应采用防爆型；或将灯具和开关装在室外，用反射方法把灯光从玻璃窗射入室内。

6）库内严禁安装采暖设备。仓库内应通风良好，保持干燥，空气相对湿度不应超过 80%。

7）电石库的总面积不应超过 750 m^2，并应用防火墙隔成数间，每间面积不应超过 250 m^2。

8）电石库应备有干沙、二氧化碳灭火器或干粉灭火器等灭火器材。

9）库内放在地上的电石粉、块应及时销毁，销毁方法是将电石粉分批投入露天水池中，并搅拌，在一批分解完后再投入另一批，每批质量不得超过 1 kg，不得将电石粉直接投入污水坑或下水道内。

(3) 桶装电石库实例。

1）储运简介。本仓库专门供电石车间储存成品，从电石车间输送来的电石，由垂直运输机提升倒入料斗，然后分装入铁桶，经磅秤计量后铁盖封口，除一部分由窄轨铁路平板车装运出库外，其余部分由桥式吊车起吊运到库内各处堆存。仓库端部设汽车装货台，汽车倒开进库，桶装电石由桥式吊车起吊运到汽车上，装满后开车出库。

2）防爆措施。

①排除发生爆炸事故根源的措施。屋顶组织排水，并铺设油毡沥青防水层。库房地面高出外地面 0.6 m，以防雨水浸入，并设防潮地坪，防止地下水上升潮湿。外墙开中悬窗和百叶窗，屋顶设排风帽，使库内通风良好，以排除乙炔气体积聚形成爆炸性混合物。门窗采用木制，屋顶设避雷装置。

②减轻爆炸事故危害的措施。选设单层仓库，采用钢筋混凝土排架结构。屋顶局部设泄压轻质屋盖，外墙开窗泄压，其泄压面积与仓库体积之比为 0.4 m^2/m^3。开设五个安全出口，并合理分布，以便于安全疏散。

二、乙、丙、丁、戊类仓库的布置

乙、丙、丁、戊类仓库应设置在天然水源充足的地方，并宜布置在本单位或本地区全年最小频率方向的上风侧。乙、丙、丁、戊类仓库之间及其与民用建筑之间的防火间距，不应小于表 5—16 的规定。

表 5—16　乙、丙、丁、戊类仓库之间及其与民用建筑之间的防火间距　单位：m

<table>
<tr><th colspan="2" rowspan="2">建筑类型</th><th colspan="6">单层、多层乙、丙、丁、戊类仓库</th><th rowspan="2">高层仓库</th><th rowspan="2">甲类厂房</th></tr>
<tr><th colspan="3">单层、多层乙、丙、丁类仓库</th><th colspan="3">单层、多层戊类仓库</th></tr>
<tr><td></td><td>耐火等级</td><td>一、二级</td><td>三级</td><td>四级</td><td>一、二级</td><td>三级</td><td>四级</td><td>一、二级</td><td>一、二级</td></tr>
<tr><td rowspan="3">单层、多层乙、丙、丁、戊类仓库</td><td>一、二级</td><td>10.0</td><td>12.0</td><td>14.0</td><td>10.0</td><td>12.0</td><td>14.0</td><td>13.0</td><td>12.0</td></tr>
<tr><td>三级</td><td>12.0</td><td>14.0</td><td>16.0</td><td>12.0</td><td>14.0</td><td>16.0</td><td>15.0</td><td>14.0</td></tr>
<tr><td>四级</td><td>14.0</td><td>16.0</td><td>18.0</td><td>14.0</td><td>16.0</td><td>18.0</td><td>17.0</td><td>16.0</td></tr>
<tr><td>高层仓库</td><td>一、二级</td><td>13.0</td><td>15.0</td><td>17.0</td><td>13.0</td><td>15.0</td><td>17.0</td><td>13.0</td><td>13.0</td></tr>
<tr><td rowspan="3">民用建筑</td><td>一、二级</td><td>10.0</td><td>12.0</td><td>14.0</td><td>6.0</td><td>7.0</td><td>9.0</td><td>13.0</td><td rowspan="3">25.0</td></tr>
<tr><td>三级</td><td>12.0</td><td>14.0</td><td>16.0</td><td>7.0</td><td>8.0</td><td>10.0</td><td>15.0</td></tr>
<tr><td>四级</td><td>14.0</td><td>16.0</td><td>18.0</td><td>9.0</td><td>10.0</td><td>12.0</td><td>17.0</td></tr>
</table>

注：1. 单层、多层戊类仓库之间的防火间距可按本表减少 2.0 m。

2. 两座仓库相邻较高一面外墙为防火墙，且总占地面积小于等于一座仓库的最大允许占地面积规定时，其防火间距不限。

3. 除乙类第 6 项物品外的乙类仓库，与民用建筑之间的防火间距不宜小于 25.0 m，与重要公共建筑之间的防火间距不宜小于 30.0 m，与铁路、道路等的防火间距不宜小于甲类仓库与铁路、道路等的防火间距。

三、易燃液体储罐库的布置

易燃液体储罐是指散存汽油、煤油、柴油、苯类、醚类等闪点≤60℃的液体的设备。易燃液体储罐大多为金属材料建造，但也有用水泥砖砌或钢筋水泥建造的油罐。易燃液体储罐按其结构形式可分为立式、卧式、圆柱形、球形、椭圆形、外浮顶、内浮顶等形式。目前，我国大部分易燃液体储罐为金属材料建造的固定顶储罐和浮顶储罐，尤其是储存量特别大的油库，多数采用浮顶储罐储存。

易燃液体储罐在布置时，宜选择地势较低的地带，以防止储罐发生火灾时由于液体流淌而形成火灾蔓延。对于桶装或瓶装的甲类易燃液体应建造专门的易燃液体库房，不应在露天布置。易燃液体库房、储罐、露天和半露天堆场布置时还应注意以下要求。

1. 易燃液体库房、储罐和堆场与其他建、构筑物和变配电站应满足防火间距要求

易燃液体库房、储罐、露天和半露天堆场布置时，应当充分考虑与其他的建筑物、构筑物以及屋外变、配电站之间的防火间距，并应满足表 5—17 的要求，以防火灾时造成蔓延。

表 5—17　　甲、乙、丙类液体储罐（区），乙、丙类液体桶装堆场与建筑物的防火间距　　单位：m

<table>
<tr><th colspan="3" rowspan="2">项　目</th><th colspan="3">建筑物的耐火等级</th><th rowspan="2">室外变、配电站</th></tr>
<tr><th>一、二级</th><th>三级</th><th>四级</th></tr>
<tr><td rowspan="4">甲、乙类液体</td><td rowspan="8">一个罐区或堆场的总储量 V（m³）</td><td>1≤V<50</td><td>12.0</td><td>15.0</td><td>20.0</td><td>30.0</td></tr>
<tr><td>50≤V<200</td><td>15.0</td><td>20.0</td><td>25.0</td><td>35.0</td></tr>
<tr><td>200≤V<1 000</td><td>20.0</td><td>25.0</td><td>30.0</td><td>40.0</td></tr>
<tr><td>1 000≤V<5 000</td><td>25.0</td><td>30.0</td><td>40.0</td><td>50.0</td></tr>
<tr><td rowspan="4">丙类液体</td><td>5≤V<250</td><td>12.0</td><td>15.0</td><td>20.0</td><td>24.0</td></tr>
<tr><td>250≤V<1 000</td><td>15.0</td><td>20.0</td><td>25.0</td><td>28.0</td></tr>
<tr><td>1 000≤V<5 000</td><td>20.0</td><td>25.0</td><td>30.0</td><td>32.0</td></tr>
<tr><td>5 000≤V<25 000</td><td>25.0</td><td>30.0</td><td>40.0</td><td>40.0</td></tr>
</table>

注：1. 当甲、乙类液体和丙类液体储罐布置在同一储罐区时，其总储量可按 1 m³ 甲、乙类液体相当于 5 m³ 丙类液体折算。

2. 防火间距应从距建筑物最近的储罐外壁、堆垛外缘算起，但储罐防火堤外侧基脚线至建筑物的距离不应小于 10.0 m。

3. 甲、乙、丙类液体的固定顶储罐区，半露天堆场和乙、丙类液体桶装堆场与甲类厂房（仓库）、民用建筑的防火间距，应按本表的规定增加 25%，且甲、乙类液体储罐区，半露天堆场，乙、丙类液体桶装堆场与甲类厂房（仓库）、民用建筑的防火间距不应小于 25.0 m，与明火或散发火花地点的防火间距，应按本表四级耐火等级建筑的规定增加 25%。

4. 浮顶储罐区或闪点大于 120℃的液体储罐区与建筑物的防火间距，可按本表的规定减少 25%。

5. 当数个储罐区布置在同一库区内时，储罐区之间的防火间距不应小于本表相应储量的储罐区与四级耐火等级建筑之间防火间距的较大值。

6. 直埋地下的甲、乙、丙类液体卧式罐，当单罐容积小于等于 50 m³，总容积小于等于 200 m³ 时，与建筑物之间的防火间距可按本表规定减少 50%。

7. 室外变、配电站指电力系统电压为 35～500 kV 且每台变压器容量在 10 MV·A 以上的室外变、配电站以及工业企业的变压器总油量大于 5 t 的室外降压变电站。

2. 易燃液体储罐之间的防火间距

易燃液体储罐在布置时，除应满足与四周建、构筑物的防火间距外，储罐之间也应留有一定的防火间距，以防止或减少油罐着火时的辐射热对邻罐的影响和满足灭火战斗展开时的需要。其最小间距应满足表 5—18 的要求。

3. 易燃液体储罐与附属设施的防火间距

与易燃液体储罐相配套的泵房、装卸鹤管等附属设施，是液体储存中机械作业最多、人员操作因素最大、火险因素也最多的部位和设施，很多易燃储罐火灾也都是这些设施出了问题而引起的。所以易燃液体储罐在布置时，与泵房、装卸鹤管等附属设施，以及装卸鹤管与建筑物之间均应留有足够的防火间距，其要求见表 5—19 和表 5—20 的规定。

表 5—18　　甲、乙、丙类液体储罐之间的防火间距　　单位：m

<table>
<tr><td colspan="3" rowspan="3">类　别</td><td colspan="5">储罐形式</td></tr>
<tr><td colspan="3">固定顶罐</td><td rowspan="2">浮顶储罐</td><td rowspan="2">卧式储罐</td></tr>
<tr><td>地上式</td><td>半地下式</td><td>地下式</td></tr>
<tr><td rowspan="2">甲、乙类液体</td><td rowspan="3">单罐容量 V（m³）</td><td>V≤1 000</td><td>0.75D</td><td rowspan="2">0.5D</td><td rowspan="2">0.4D</td><td rowspan="2">0.4D</td><td rowspan="3">不小于 0.8 m</td></tr>
<tr><td>V>1 000</td><td>0.6D</td></tr>
<tr><td>丙类液体</td><td>不论容量大小</td><td>0.4D</td><td>不限</td><td>不限</td><td>—</td></tr>
</table>

注：1. D 为相邻较大立式储罐的直径（m），矩形储罐的直径为长边与短边之和的一半。

2. 不同液体、不同形式储罐之间的防火间距不应小于本表规定的较大值。

3. 两排卧式储罐之间的防火间距不应小于 3.0 m。

表 5—19　　甲、乙、丙类液体储罐与其泵房、装卸鹤管的防火间距　　单位：m

<table>
<tr><td colspan="2">液体类别和储罐形式</td><td>泵房</td><td>铁路装卸鹤管、汽车装卸鹤管</td></tr>
<tr><td rowspan="2">甲、乙类液体</td><td>拱顶罐</td><td>15.0</td><td>20.0</td></tr>
<tr><td>浮顶罐</td><td>12.0</td><td>15.0</td></tr>
<tr><td colspan="2">丙类液体储罐</td><td>10.0</td><td>12.0</td></tr>
</table>

注：1. 总储量≤1 000 m^3 的甲、乙类液体储罐，总储量≤5 000 m^3 的丙类液体储罐，其防火间距可按本表的规定减少 25%。

2. 泵房、装卸鹤管与储罐防火堤外侧基脚线的距离不应小于 5.0 m。

表 5—20　甲、乙、丙类液体装卸鹤管与建筑物、厂内铁路线的防火间距　单位：m

<table>
<tr><td rowspan="2">液体装卸鹤管类别</td><td colspan="3">建筑物的耐火等级</td><td rowspan="2">厂内铁路线</td><td rowspan="2">泵房</td></tr>
<tr><td>一、二级</td><td>三级</td><td>四级</td></tr>
<tr><td>甲、乙类液体装卸鹤管</td><td>14.0</td><td>16.0</td><td>18.0</td><td>20.0</td><td rowspan="2">8.0</td></tr>
<tr><td>丙类液体装卸鹤管</td><td>10.0</td><td>12.0</td><td>14.0</td><td>10.0</td></tr>
</table>

注：装卸鹤管与其直接装卸用的甲、乙、丙类液体装卸铁路线的防火间距不限。

4. 甲、乙、丙类液体储罐与铁路、道路的防火间距

甲、乙、丙类液体储罐与铁路、道路的防火间距不应小于表 5—21 的规定。

表 5—21　　甲、乙、丙类液体储罐与铁路、道路的防火间距　　单位：m

<table>
<tr><td rowspan="2">液体储罐类别</td><td rowspan="2">厂外铁路线中心线</td><td rowspan="2">厂内铁路线中心线</td><td rowspan="2">厂外道路路边</td><td colspan="2">厂内道路路边</td></tr>
<tr><td>主要</td><td>次要</td></tr>
<tr><td>甲、乙类液体储罐</td><td>35.0</td><td>25.0</td><td>20.0</td><td>15.0</td><td>10.0</td></tr>
<tr><td>丙类液体储罐</td><td>30.0</td><td>20.0</td><td>15.0</td><td>10.0</td><td>5.0</td></tr>
</table>

注：零位罐与所属铁路装卸线的距离不应小于 6.0 m。

5. 甲、乙、丙类液体储罐成组布置的要求

为了减少用地，易燃液体储罐可以成组布置。甲、乙、丙类液体储罐成组布置时，组内储罐之间的防火间距可适当减少，但应符合下列规定。

（1）组内储罐的单罐储量和总储量不应大于表 5—22 的规定。

表 5—22　　甲、乙、丙类液体储罐分组布置的限量

液体类别	单罐最大储量（m^3）	一组罐最大储量（m^3）
甲、乙类液体	200	1 000
丙类液体	500	3 000

（2）组内储罐的布置不应超过两排。甲、乙类液体立式储罐之间的防火间距不应小于 2.0 m，卧式储罐之间的防火间距不应小于 0.8 m；丙类液体储罐之间的防火间距不限。

（3）储罐组之间的防火间距应根据组内储罐的形式和总储量折算为相同类别的标准单罐。

6. 防火堤的建造要求

为了防止液体着火时流淌造成火灾蔓延，对易燃液体的地上、半地下储罐或储罐组应当设置不燃材料建造的防火堤或其他能够防止液体流散的设施。防火堤的建造应当有一定的强度和容量，应能够确保着火储罐爆炸后液体全部容纳而不至于流出堤外造成火灾蔓延。根据储罐着火概率和多年油罐火灾的经验总结，液体储罐防火堤的有效容量不应小于堤内最大储罐的容量。考虑到浮顶储罐一般不会发生爆炸，即便爆炸也不会将整个罐壁炸毁的特点，浮顶罐防火堤的有效容量可以适当减少，可不小于最大储罐容量的一半。

甲、乙、丙类液体的地上式、半地下式储罐区的每个防火堤内，宜布置火灾危险性类别相同或相近的储罐。沸溢性液体储罐与非沸溢性液体储罐不应布置在同一防火堤内。地上式、半地下式储罐与地下式储罐，不应布置在同一防火堤内，且地上式、半地下式储罐应分别布置在不同的防火堤内。

甲、乙、丙类液体的地上式、半地下式储罐或储罐组四周设置的不燃烧体防火堤应符合下列规定。

（1）防火堤内的储罐布置不宜超过 2 排，单罐容量≤1 000 m^3 且闪点＞120℃的液体储罐不宜超过 4 排。

（2）防火堤的有效容量不应小于其中最大储罐的容量。对于浮顶罐，防火堤的有效容量可为其中最大储罐容量的一半。

（3）防火堤内侧基脚线至立式储罐外壁的水平距离不应小于罐壁高度的一

半。防火堤内侧基脚线至卧式储罐的水平距离不应小于 3.0 m。

(4) 防火堤的设计高度应比计算高度高出 0.2 m，且其高度应为 1.0～2.2 m，并应在防火堤的适当位置设置灭火时便于消防队员进出防火堤的踏步。

(5) 沸溢性液体地上式、半地下式储罐，每个储罐应设置一个防火堤或防火隔堤。

(6) 含油污水排水管应在防火堤的出口处设置水封设施，雨水排水管应设置阀门等封闭、隔离装置。

甲类液体半露天堆场，乙、丙类液体桶装堆场和闪点＞120℃的液体储罐(区)，当采取了防止液体流散的设施时，可不设置防火堤。

7. 油库

凡是用来接收、储存和发放原油、汽油、煤油、柴油、喷气燃料、溶剂油、润滑油和重油等整装、散装油品的独立或企业附属的仓库、设施都称为石油库，简称油库。它是协调原油生产、加工，成品油供应及产品运输的纽带。做好油库防火安全工作，防止火灾事故的发生，对于保障国防和促进国民经济的发展，具有重要意义。

(1) 油库分类。

1) 根据油品火灾危险性的主要标志——闪点，可将油品按储存要求分为甲、乙、丙三类，见表 5—23。

表 5—23　　油品按储存分类

规范名称	类别	油品闪点 (℃)	举例
建筑设计防火规范	甲	<28	汽油、丙酮、苯等
	乙	28～60	煤油、松节油、溶剂油、樟脑球等
	丙	≥60	沥青、蜡、润滑油、闪点>60℃的柴油
石油库设计规范	甲	<28	原油、汽油等
	乙	28～60	喷气燃料、灯用煤油等
	丙$_A$	60～120	轻柴油、重柴油、20# 重油等
	丙$_B$	>120	润滑油、100# 重油

2) 石油库按容量的大小可以分为四级，见表 5—24。

表 5—24　　石油库容量分级

等级	总容量 (m^3)	等级	总容量 (m^3)
一级	≥50 000	三级	2 500～10 000
二级	10 000～50 000	四级	500～2 500

（2）正确选择库址，合理布置库区。

1）为了减少石油库与周围居住区、工矿企业和交通线之间由于火灾事故时可能发生的互相影响，降低火灾损害程度，石油库区与周围建筑群之间应有适当的安全距离。建在地震基本烈度 7 度以上地区的油库，必须依据国家抗震设计规范采取抗震措施；在地震基本烈度达 9 度以上的地区不得建造一、二级石油库。

2）为了保证油库安全和便于技术管理，油库的各项设施应按作业性质的不同，结合防火的要求，分区布置。

3）油库内各设施的位置应合理布局，以保证油品有一个安全环境，使油品的储运顺利进行。铁路装卸区是油库重点要害部位，其铁路收发栈桥应为不燃烧体结构，并应尽可能地设在油库的边缘地区，避免与油库的道路交叉，同时布置在辅助区的上风方向，与其他建、构筑物保持一定距离。汽车收发作业区属油库中火灾爆炸事故多发场所，故不宜设在纵深部位，而应设在油库出入口附近，以便与公路干线接近，有利于减少装油车辆的停留时间以及因此而带来的各种不安全因素。又因漏油入水，会造成下游的大面积燃烧，并影响下游码头和船只，故也应尽量设在各类码头和依江（河）建筑物的下游。

4）储油罐区的油罐布置要合理，并需设置罐区防火堤，配备充足的灭火设施。应根据油气扩散、火焰辐射、油品性质、油罐类型、扑救条件、消防力量等因素来成组布置储油罐，一般在同一组内布置火灾危险相同或相近的油罐。但地上油罐勿与半地下、地下油罐布置在同一油罐组内。每组固定顶油罐的总容量不应大于 10 万 m^3，浮顶油罐或内浮顶油罐的容量不应大于 2 000 m^3。每组油罐不得超过 12 座。山洞罐区的罐顶应设类似呼吸阀的透气管以便将油气引出洞外，引出洞口的透气管应布置在下风方向。水封油库可在洞罐油面充惰性气体、设置洞罐水封墙和竖井盖板。

5）防火堤可以防止油罐爆炸时油品四处流淌所引起的火灾蔓延。防火堤应以不燃材料建造。堤高 1.0～1.6 m，土质防火堤顶宽不小于 0.5 m。立式油罐的外壁与防火堤内侧基脚线的间距不小于罐壁高的一半，卧式的不应小于 3 m。堤内空间容积应小于最大油罐的全部容量，对于浮顶油罐则不应小于最大油罐容量的一半。油罐组容量大于 2 万 m^3，且座数多于 2 座时，防火堤内应设隔堤，顶高应比防火围堤低 0.2～0.3 m。

6）油库内道路尽可能布置成环形，双车道 6 m 或单车道 3.5 m；尽量采用水泥路面，不得使用沥青辅料；距路边主防火堤基脚应不小于 3 m，两侧不宜栽植树木。

（3）桶装油品库房的防火要求。

1）桶装油品库房均应为地面建筑，不得用地下式或半地下式，以免油气积聚。仓库用耐火材料建筑，耐火等级应根据储存油品的闪点不同而分别定为一、二、三级，最低不能低于三级耐火标准。库内地面应是不渗漏油品和撞击不会发出火花的地面，并带有1%的坡度。

2）为加强通风，库房应开有足够的窗户和门，门的宽度不小于2.0 m，且离最近户外通道行间距不大于30 m（轻油仓库）或50 m（润滑油仓库），门槛（坡）高大于0.15 m。

3）库房照明应采用相应等级的整体防爆装置或室外布线及装在墙上壁龛里的反射灯照明。但汽油等易燃液体桶装仓库，应采用防爆型灯具装置照明。

4）库房与其他建筑间应保持适当的安全距离。

5）储存在库房中的桶装油品应直立。采用机械作业时闪点在28℃以下的，堆放不能超过二层，28～45℃之间的堆放不能超过三层，闪点在45℃以上的堆放不能超过四层；采用人工作业时，容易发生碰撞坠落而产生火花或包装损坏，对闪点在28℃以下的，堆放不能超过一层。28～45℃之间的堆放不能超过三层，闪点在45℃以上的堆放不能超过四层；采用人工作业时，容易发生碰撞坠落而产生火花或包装损坏，对闪点在28℃以下的，堆放不能超过一层。

6）库内主要通道宽不小于1.8 m，堆垛间距不小于1 m。垛与墙间距不小于0.25～0.5 m，以便于检查和疏散。

7）桶装库房耐火等级和允许最大建筑面积应符合有关规定。

8）露天堆放闪点低于45℃的桶装油品，应加盖不燃结构遮棚，并采取喷淋降温等措施。堆放场应远离铁路、公路干线，保持四面地形平缓，场地应平整并高出地面0.2 m，四周以高0.5 m的土堤、围墙保护。润滑油桶应卧放、双行并列、桶底相对、桶口朝上，堆高不超过三层。堆垛长不超过25 m，宽不超过15 m，堆间距不小于3 m，堆与围堤间距大于5 m，排与排间距大于1 m。

9）桶装油品容量一般应使桶内保持5%～7%的气体空间。在不同季节，不同的油品，由于气温等的影响，其充装容量规定亦有所不同，所以在储存时也应采取相应措施。

10）油桶应经常检查，发现渗漏时应立即换桶，防止油品漏在库房地上或进入排水沟里。

8. 液化石油气供应站仓库实例

（1）储运简介。液化石油气分装入高压钢瓶后，由汽车运到各供应站进仓库储存，用户到就近供应站付款调换钢瓶，主要是供应居民作燃料使用，也可以供集体食堂作燃料使用。

(2) 防爆措施。

1) 排除发生爆炸事故根源的措施。仓库外墙开百叶窗和中悬窗，使仓库内空气自然对流通风，以排除个别钢瓶泄漏液化石油气在室内积聚形成爆炸性混合物。为了预防个别钢瓶破裂大量泄漏，外墙窗台下应设两台轴流排风机，以防止比空气重的液化石油气在室内积聚。设不发火细石混凝土地面，以防止钢瓶拖运或工具落地面摩擦撞击产生火花。屋顶设避雷装置，以防导出雷电火花。

2) 减轻爆炸事故危害的措施。选设单层仓库，采用抗爆强度高的钢筋混凝土框架结构。仓库两头的山墙采用防爆砖墙，以保护营业人员和用户提货的安全。沿街道设砖围墙，以便安全管理和保护行人的安全。仓库外墙开窗泄压，其泄压面积与仓库体积之比为 0.09 m^2/m^3。

四、气体储罐库的布置

储存气体的储罐，按容积的变化情况分为活动容积储罐和固定容积储罐两类。固定容积储罐是靠改变其中气体的压力来储存气体的，一般压力可达 0.5 MPa 以上，故又有高压储气罐之称，属压力容器；活动容积储罐封闭严密，不致漏气并有平衡气压和调节供气量的作用，压力一般不超过 600 mm 水柱，故俗称气柜。气柜按其结构的密封方法不同又分为干式气柜和湿式气柜两种。湿式气柜是在水槽内放置钟罩和塔节，钟罩和塔节随着储存气体的进出而升降，并利用水封隔断内、外气体来储存气体的容器。湿式气柜按其结构分类，有直立式和螺旋式两种。干式气柜不用水作密封也不靠塔节升降，而是利用油封作密封，靠沿罐壁上、下运动的活塞改变储气量的。干式气柜按结构分类，有阿曼阿恩型、可隆型和威金斯型三种。

1. 可燃气体气柜与储罐的布置

湿式储气柜在我国应用较为广泛，干式储气柜较为少见。湿式可燃气体储气柜在布置时，与明火或火花散发地点、民用建筑、可燃液体储罐、易燃材料堆场、甲类物品库房及其他建筑物应保持不小于表 5—25 要求的防火间距。

表 5—25　湿式可燃气体储罐（柜）或罐区与其他储罐、建筑物、堆场的防火间距

名　称	湿式可燃气体储罐的总容积 V (m^3)			
	$V<1\ 000$	$1\ 000\leqslant V<10\ 000$	$10\ 000\leqslant V<50\ 000$	$50\ 000\leqslant V<100\ 000$
甲类物品仓库 明火或散发火花的地点 甲、乙、丙类液体储罐 可燃材料堆场 室外变、配电站	20.0	25.0	30.0	35.0

续表

名称			湿式可燃气体储罐的总容积 V（m^3）			
			$V<1\ 000$	$1\ 000\leqslant V<10\ 000$	$10\ 000\leqslant V<50\ 000$	$50\ 000\leqslant V<100\ 000$
民用建筑			18.0	20.0	25.0	30.0
其他建筑	耐火等级	一、二级	12.0	15.0	20.0	25.0
		三级	15.0	20.0	25.0	30.0
		四级	20.0	25.0	30.0	35.0

注：固定容积可燃气体储罐的总容积按储罐几何容积（m^3）和设计储存压力（绝对压力，10^5 Pa）的乘积计算。

可燃气体储罐与气柜在布置时，储罐或罐区之间应留有一定的防火间距，对湿式气柜之间不应小于相邻较大柜（罐）的半径；干式气柜或卧式储罐之间应有不小于相邻较大罐直径的2/3的防火间距，对球形罐之间应有不小于相邻较大罐直径的防火间距，对于卧式、球形储罐与湿式或干式气柜之间的防火间距，应按其中较大者确定。

当卧式储罐或球形储罐成组布置时，一组的总容积不应超过3万m^3，组与组之间的防火间距，卧式罐不应小于相邻较大罐长度的一半；球形储罐不应小于相邻较大罐的直径，且不应小于10 m。

2. 液化可燃气体储罐的布置

液化可燃气体如液化石油气、液氢等，由于在储存过程中都是处于液态，其火灾危险性要比气态时大得多，所以防火要求上也较其他可燃气体高，故这里专门叙述。

对于液化石油气储罐，宜布置在本地区全年最小频率风向的上风侧，并选择通风良好的地点单独设置。储罐区四周宜设置高度为2 m的不燃烧实体防护墙。

液化石油气供应基地的全压式和半冷冻式储罐或罐区与明火、散发火花地点和基地外建筑物之间的防火间距，不应小于表5—26的要求。

表5—26　液化石油气供应基地的全压式和半冷冻式储罐（区）与明火、散发火花地点和基地外建构筑物之间的防火间距　单位：m

储罐总容积 V（m^3）	$30<V\leqslant50$	$50<V\leqslant200$	$200<V\leqslant500$	$500<V\leqslant1\ 000$	$1\ 000<V\leqslant2\ 500$	$2\ 500<V\leqslant5\ 000$	$V>5\ 000$
单罐容量 V（m^3）	$V\leqslant20$	$V\leqslant50$	$V\leqslant100$	$V\leqslant200$	$V\leqslant400$	$V\leqslant1\ 000$	$V>1\ 000$
居住区、村镇和学校、影剧院、体育馆等重要公共建筑（最外侧建筑物外墙）	45.0	50.0	70.0	90.0	110.0	130.0	150.0

续表

<table>
<tr><td colspan="3">储罐总容积 V（m³）</td><td>30<V≤50</td><td>50<V≤200</td><td>200<V≤500</td><td>500<V≤1 000</td><td>1 000<V≤2 500</td><td>2 500<V≤5 000</td><td>V>5 000</td></tr>
<tr><td colspan="3">工业企业（最外侧建筑物外墙）</td><td>27.0</td><td>30.0</td><td>35.0</td><td>40.0</td><td>50.0</td><td>60.0</td><td>75.0</td></tr>
<tr><td colspan="3">明火或散发火花地点，室外变、配电站</td><td>45.0</td><td>50.0</td><td>55.0</td><td>60.0</td><td>70.0</td><td>80.0</td><td>120.0</td></tr>
<tr><td colspan="3">民用建筑，甲、乙类液体储罐；甲乙类仓库，甲乙类厂房；稻草、麦秸、芦苇、打包废纸等材料堆场</td><td>40.0</td><td>45.0</td><td>50.0</td><td>55.0</td><td>65.0</td><td>75.0</td><td>100.0</td></tr>
<tr><td colspan="3">丙类液体储罐、可燃气体储罐；丙丁类厂房、丙丁类仓库</td><td>32.0</td><td>35.0</td><td>40.0</td><td>45.0</td><td>55.0</td><td>65.0</td><td>80.0</td></tr>
<tr><td colspan="3">助燃气体储罐、木材等材料堆场</td><td>27.0</td><td>30.0</td><td>35.0</td><td>40.0</td><td>50.0</td><td>60.0</td><td>75.0</td></tr>
<tr><td rowspan="3">其他建筑</td><td rowspan="3">耐火等级</td><td>一、二级</td><td>18.0</td><td>20.0</td><td>22.0</td><td>25.0</td><td>30.0</td><td>40.0</td><td>50.0</td></tr>
<tr><td>三级</td><td>22.0</td><td>25.0</td><td>27.0</td><td>30.0</td><td>40.0</td><td>50.0</td><td>60.0</td></tr>
<tr><td>四级</td><td>27.0</td><td>30.0</td><td>35.0</td><td>40.0</td><td>50.0</td><td>60.0</td><td>75.0</td></tr>
<tr><td rowspan="2">公路（路边）</td><td colspan="2">高速、Ⅰ、Ⅱ级</td><td>20.0</td><td colspan="5">25.0</td><td>30.0</td></tr>
<tr><td colspan="2">Ⅲ、Ⅳ级</td><td>15.0</td><td colspan="5">20.0</td><td>25.0</td></tr>
<tr><td colspan="3">架空电力线（中心线）</td><td colspan="7">应符合本规范第 11.2.1 条的规定</td></tr>
<tr><td colspan="2" rowspan="2">架空通信线（中心线）</td><td>Ⅰ、Ⅱ级</td><td colspan="2">30</td><td colspan="5">40</td></tr>
<tr><td colspan="2">Ⅲ、Ⅳ级</td><td colspan="6">1.5 倍杆高</td></tr>
<tr><td colspan="2" rowspan="2">铁路（中心线）</td><td>国家线</td><td>60.0</td><td colspan="2">70.0</td><td colspan="2">80.0</td><td colspan="2">100.0</td></tr>
<tr><td>企业专用线</td><td>25.0</td><td colspan="2">30.0</td><td colspan="2">35.0</td><td colspan="2">40.0</td></tr>
</table>

注：1. 防火间距应按本表储罐总容积或单罐容积较大者确定，并应从距建筑最近的储罐外壁、堆垛外缘算起。

2. 当地下液化石油气储罐的单罐容积≤50 m³，总容积≤400 m³ 时，其防火间距可按本表减少 50%。

3. 居住区、村镇是指 1 000 人或 300 户以上者，以下者按本表民用建筑执行。

4. 与本表规定以外的其他建筑物的防火间距，应按现行国家标准《城镇燃气设计规范》（GB 50028—2006）的有关规定执行。

液化石油气储罐之间的防火间距不应小于相邻较大罐的直径。数个储罐的总容积大于 3 000 m³ 时，应分组布置，组内储罐宜采用单排布置。组与组相邻储罐之间的防火间距，不应小于 20.0 m。

液化石油气储罐与所属泵房的距离不应小于 15.0 m。当泵房面向储罐一侧的外墙采用无门窗洞口的防火墙时，其防火间距可减少至 6.0 m。液化石油气泵露天设置在储罐区内时，泵与储罐之间的距离不限。

对位于居民区内的液体石油气气化站、混气站的液体石油气储罐，若单罐容积≤10 m^3，或总容积≤30 m^3 时，与重要的公共建筑和其他民用建筑、道路的防火间距，可按现行的《城镇燃气设计规范》（GB 50028—2006）的有关规定执行，但与明火或散发火花地点的防火间距不应小于 30 m。

Ⅰ级瓶装液化石油气供应站的四周宜设置不燃烧体的实体围墙，但面向出入口一侧可设置不燃烧体非实体围墙。

Ⅱ级瓶装液化石油气供应站的四周宜设置不燃烧体的实体围墙，或其底部实体部分高度不应低于 0.6m 的围墙。

. 由于氢气的相对密度比空气小，泄漏后易于扩散不易积聚，相对液化石油气的火灾危险性要小些。所以液氢储罐与四周的防火间距可按相应储量液化石油气储罐的防火间距减少 25％。

3. 氧气柜（罐）的布置

氧气也常用湿式或干式储气柜储气，多见于湿式。氧气湿式储气柜在布置时，与四周的防火间距应满足表 5—27 的要求。

表 5—27　湿式氧气柜（罐）或罐区与建筑物、储罐、堆场的防火间距　单位：m

名　称			湿式氧气储罐的总容积 V（m^3）		
			V≤1 000	1 000<V≤50 000	V>50 000
甲、乙、丙类液体储罐 可燃材料堆场 甲类物品仓库 室外变、配电站			20.0	25.0	30.0
民用建筑			18.0	20.0	25.0
其他建筑	耐火等级	一、二级	10.0	12.0	14.0
		三级	12.0	14.0	16.0
		四级	14.0	16.0	18.0

注：固定容积氧气储罐的总容积按储罐几何容积（m^3）和设计储存压力（绝对压力，10^5 Pa）的乘积计算。

氧气柜（罐）之间的防火间距，不应小于相邻较大罐的半径。氧气储罐与可燃气体储罐之间的防火间距，不应小于相邻较大罐的直径。氧气储罐与其制氧厂房的防火间距可按工艺布置要求确定。容积小于等于 50 m³ 的氧气储罐与其使用厂房的防火间距不限。

固定容积的氧气储罐与建筑物、储罐、堆场的防火间距不应小于表 5—27 的规定。

液氧储罐与其泵房的间距不宜小于 3.0 m。总容积小于等于 3 m³ 的液氧储罐与其使用建筑的防火间距应符合下列规定。

（1）当设置在独立的一、二级耐火等级的专用建筑物内时，其防火间距不应小于 10.0 m。

（2）当设置在独立的一、二级耐火等级的专用建筑物内，且面向使用建筑物一侧采用无门窗洞口的防火墙隔开时，其防火间距不限。

（3）当低温储存的液氧储罐采取了防火措施时，其防火间距不应小于 5.0 m。

按 1 m³ 液氧折合 800 m³ 标准状态氧气计算。液氧储罐与其泵房的防火间距不宜小于 3 m。对于设在一、二级耐火等级库房内，且容积不超过 3 m³ 的液氧储罐，与所属使用建筑的防火间距不应小于 10 m。由于液氧的氧化性更强，一旦泄漏能使所遇难燃物成为易燃物，不燃物成为可燃物，所以液氧储罐周围 5 m 范围内不应有任何可燃物存在，就是路面也不能用沥青铺轧。

五、气瓶储存仓库的布置

1. 各种气瓶都应各设仓库单独存放，气瓶仓库应符合《建筑设计防火规范》（GB J16—2006）的有关规定，仓库内不得有地沟、暗道，严禁明火和其他热源；仓库内应通风、干燥，避免阳光直射。

2. 盛装易起聚合反应的气体的气瓶，必须规定储存期限，并应避开放射性射线源。

3. 空瓶和实瓶两者应分开放置，并有明显标志；毒性气体气瓶和瓶内气体相互接触能引起燃烧、爆炸，产生毒物的气瓶，应分室存放，并在附近设置防毒用具或灭火器材。

4. 库内气瓶应直立存放，并留有通道。

5. 可燃气体应与助燃气体分室存放；氧气瓶周围不得有可燃物品、油渍及其他杂物。有油迹的氧气气瓶，应用四氯化碳擦拭干净后方可入库。

6. 房库内不得设办公室和休息室。

7. 库区应设置“仓库重地，禁止烟火”“禁止吸烟”等明显警示标志。

8. 仓库内外应有良好的通风与照明，室内温度应控制在 40℃以下，房内照明灯具、线路应防爆。

9. 退库空瓶需留有余压，并旋紧瓶阀、瓶帽后方可入库。

第六章　危险化学品运输的安全管理

运输是危险化学品流通过程中的重要环节。危险化学品运输相当于炸弹在公共场合运动，将危险源从相对密闭的工厂、车间、仓库带到敞开的、可能与公共场合密切接触的空间，使事故的危害程度大大增加；同时也由于运输过程中多变的状态和环境而使事故的概率大大增加。

危险化学品运输安全与否，直接关系到社会的稳定和人民生命财产的安全。因此，国际组织出台了一系列有关危险化学品运输安全的管理规章。而被我国采用和接受的主要是联合国和有关国际组织的，这些规章具有权威性，普遍被世界各国采用，中国作为联合国和有关国际组织的成员国，有权利也有义务执行这些规章，从而使危险化学品的管理、运输和使用尽量按照一个统一的、规范的原则进行。下面将这些国际管理组织和管理规章，以及国内在危险化学品运输方面的安全管理概况作一简要介绍。

一、联合国危险货物运输专家委员会简介

联合国危险货物运输专家委员会（UN CET—DG）是联合国经济及社会理事会于1953年设立的专门研究国际间危险货物安全运输问题的国际组织。经联合国经济及社会理事会批准，目前联合国危险货物运输专家委员会的正式成员国有中国、法国、日本、印度、美国等26个国家，我国于1988年12月加入该组织并成为正式成员。

根据联合国经济及社会理事会1999年65号决议，在2001年7月联合国危险货物运输专家委员会第20次会议上，联合国危险货物运输专家委员会改组为联合国危险货物运输和全球化学品统一分类标签制度专家委员会。该委员会下设两个小组委员会，即全球化学品统一分类标签制度（GHS）专家小组委员会和危险货物运输（TDG）专家小组委员会。中国目前只是TDG专家小组委员会成员，还不是GHS专家小组委员会成员。

二、联合国《关于危险货物运输的建议书·规章范本》（橘皮书）

1956年由联合国经济及社会理事会危险货物运输专家委员会编写的《关于危险货物运输的建议书》（以下简称《建议书》）首次出版，为了反映技术的发展和使用者不断变化的需要，《关于危险货物运输的建议书》每半年进行一次修订，每两年出版新的版本。

在 UN CET—DG 第十九届会议（1996 年 12 月 2 日至 10 日）上，通过了《危险货物运输规章范本》（以下简称《规章范本》）第一版。为方便《规章范本》纳入国家和国际规章，使其有助于协调一致，从而使各成员国政府、联合国、各专门机构和其他国际组织都能节省大量资源，UN CET—DG 将《规章范本》作为《建议书》的附件，《规章范本》从第十修订版起，定名为《关于危险货物运输的建议书·规章范本》（又称橘皮书）。需要说明的是，《建议书》本身只是一些说明，总共不过 7 页纸，大量的实质性内容放在附件《规章范本》中，而且这种内容和格式已被其他相关的《国际海运危险货物规则》所接受。

《建议书》是 UN CET—DG 根据技术进展情况、新物质和新材料的出现、现代运输系统的要求，特别是确保人身、财产和环境安全的需要编写的，建议是向各国政府和参与制定危险货物运输规章的国际组织提出的。《规章范本》的目的是提出一套基本规定，使有关国家和国际规章能够统一地发展。希望各国政府、政府间组织和其他国际组织在修改和制定它们的规章时，遵守《规章范本》规定的原则，使之在世界范围内得到统一。

《规章范本》共分七个部分，包括危险货物的分类原则和各类别的定义、主要危险货物的列表、一般包装要求、试验程序、标记、标签或揭示牌、运输单据。此外，还有与特定类别货物有关的特殊要求。随着联合国危险货物运输分类、列表、包装、标记、标签、揭示牌和单据制度的推广和普遍采用，将大大简化运输、装卸和检查手续，缩短办事时间，从而使托运人、承运人和管理部门受益。

橘皮书的编写是为了确保人身、财产和环境的安全，同时又是为了减少危险化学品在国际贸易方面存在的障碍，而且这两者是同时的，即安全与发展。为对危险化学品做适当分类，UN CET—DG 还编写了《关于危险货物运输的建议书·试验和标准手册》（又称小橘皮书，以下简称《手册》），《手册》介绍了联合国关于某些类型危险化学品的分类方法，并阐述被认为最有助于主管当局获得所需资料以便对待运输的物质和物品作出适当分类的试验方法和程序。《手册》应与橘皮书一起使用。

三、《国际海运危险货物规则》

我国于 1973 年正式加入国际海事组织（IMO），现为该组织的 A 类理事国。此后，我国陆续批准和承认了一系列相关的国际公约和规则。IMO 颁布的《国际海运危险货物规则》（IMDG Code）作为国际危险化学品海上运输的基本制度和指南，得到了海运国家的普遍认可和遵守，主要包括总则、定义、分类、品名表、包装、托运程序、积载等内容和要求。该规则每两年修订出版一次。自2000年第30版开始，IMO对《国际海运危险货物规则》改版，主要采用联合国《危险货物运输规章范本》推荐的分类和品名表，迈出了统一危规的第一步。新版本还增加了培训、禁运危险货物品名表和放射性物质运输要求等内容。

我国从1982年开始在国际海运中执行《国际海运危险货物规则》和相关的国际公约和规则，并参加《国际海运危险货物规则》的修订工作。

四、《空运危险货物安全运输技术规则》

《空运危险货物安全运输技术规则》（以下简称《国际空运危规》）是根据联合国《关于危险货物运输的建议书》的要求和国际原子能机构《国际原子能机构放射性材料安全运输条例（安全条例6）》制定的，考虑到空运的特殊性，《国际空运危规》技术要求较橘皮书严格，但是对于空运危险化学品的分类、包装及标签基本与其他运输方式相一致，这样可保证国际联运的一致性。

空运危险货物国际运输的主要原则包含在国际民航公约的附件18“危险货物的安全空运”中，《国际空运危规》充实了附件18的基本条款，并包含了危险货物国际安全运输所有必需的详细规则。

我国正式批准加入或接受的与国际海运危险货物有关的国际公约和议定书有：《1974年国际海上人命安全公约》（SOLAS 1974）以及相关的修正案，《1973年国际海上船舶造成污染公约1978年议定书》（MarpO 1973/78公约）以及相关的修正案，《国际散装运输危险化学品船舶构造和设备规则》（IBC CODE），《船舶载运危险货物应急措施》（EMS），《危险货物事故医疗急救指南》（MFAG）等。

五、国内危险化学品运输管理概述

我国的危险化学品国内立法直接受到国际立法的影响。我国颁布的国家标准《危险货物分类与品名编号》（GB 6944—2005）和《危险货物品名表》（GB 12268—2005）主要参考和吸收了联合国橘皮书的内容。而这两个标准则是我国新旧《危险化学品安全管理条例》和《水路危险货物运输规则》等法规、规章的重要制定依据和组成部分之一。

与国际立法一样，确认危险化学品危险性质也是国内运输立法的核心和前提。我国各种运输方式中的危险化学品性质的确定均以《危险货物品名表》（GB 12268—2005）为依据制定的。它是危险化学品管理法规规章中的重要组成部分。由于《危险货物品名表》（GB 12268—2005）具有规定危险化学品名称和分类、限定危险化学品范围和运输条件，以及确定危险化学品包装等级与性能标志等作用，因此在行政管理和业务操作中用处很大。

联合国《危险货物运输规章范本》中危险化学品品名表的品名编号是4位数，而我国标准规定的危险化学品品名编号是5位数，第一位数表示类别号，第二位数表示项别号，第三位到第五位数为顺序号。如果顺序号小于或等于500号，为Ⅰ级危险化学品；大于500号则为Ⅱ级危险化学品。这种编号具有方便、直观的优点，从品名编号本身可直接知道该危险化学品的危险类别和危险程度。

我国关于危险化学品运输管理的法律、法规有《中华人民共和国安全生产法》《危险化学品安全管理条例》《水路危险货物运输规则》《道路危险货物运输管理规定》《汽车危险货物运输规则》《铁路危险货物运输管理规则》《中国民用航空危险化学品运输规定》《港口危险货物管理规定》等。

第一节　危险化学品运输安全管理基本要求

一、相关法律法规要求

我国对危险化学品安全运输的一般要求是认真贯彻执行《危险化学品安全管理条例》(以下简称《条例》)以及其他有关法律和法规规定。具体为：管理部门要把好市场准入关，加强现场监管，在整顿和规范运输秩序的同时，加强行业指导和改善服务；企业要建立健全规章制度，依法经营，加强管理，重视培训，努力提高从业人员安全生产的意识和技术业务水平，从本质上提升危险化学品运输企业的素质。

1. 运输单位资质认定

《条例》第35条规定，国家对危险化学品的运输实行资质认定制度；未经资质认定，不得运输危险化学品。危险化学品运输企业必须具备的条件由国务院交通部门规定。通过公路运输危险化学品的，第38条规定只能委托有危险化学品运输资质的运输企业承运。对利用内河以及其他封闭水域等航运渠道运输剧毒化学品以外危险化学品的，第40条规定只能委托有危险化学品运输资质的水运企业承运。本条还规定，运输危险化学品的船舶及其配载的容器必须按照国家关于船舶检验的规范进行生产，并经海事管理机构认可的船舶检验机构检验合格，方可投入使用。

交通部门要按照《条例》和运输企业资质条件的规定，从源头抓起，对从事危险货物运输的车辆、船舶、车站和港口码头及其工作人员实行资质管理，严格执行市场准入和持证上岗制度，保证符合条件的企业及其车辆或船舶进入危险化学品运输市场。针对当前从事危险化学品运输的单位和个人参差不齐、市场比较混乱的情况，要通过开展专项整治工作，对现有市场进行清理整顿，进一步规范经营秩序和提高安全管理水平。同时，要结合对现有企业进行资质评定，采取积极的政策措施，鼓励那些符合资质条件的单位发展高度专业化的危险化学品运输。对那些不符合资质条件的单位要限期整改或请其出局。交通部门已颁发有关管理规定，要求经营危险化学品运输的企业应具备相应的企业经营规模、承担风险能力、技术装备水平、管理制度、员工素质等条件。具体规定为：从事水路危险货物运输的企业要求具备一定的资金条件、安全管理能力、自有适航船舶和适任船员等，另外还有船龄要求；对从事公路危险货物运输的企业单位要求有相应的资金条件、车辆设备应符合《汽车危险货物运输规则》规定的条件，作业人员和营运管理人员应经过培训合格方可上岗，有健全的管理制度以及危险化学品专用仓库等。

在开展的危险化学品专项整治工作中，结合贯彻《条例》精神，从加强管理入手，以实现危险化学品运输安全形势明显好转为目标，全面整治现行危险化学品运输市场。交通部门要按照《条例》规定，认真履行职责，严格各种资质许可证件的审核发放。同时加强监督，严格把关，严禁使用不符合安全要求的车辆、船舶运输危险化学品，严禁个体业主从事危险化学品的运输。要加强与安全管理综合部门以及公安、消防、质量监督等部门的协作与配合，加大对危险化学品非法运输的打击力度。通过对包括装卸和储存等环节在内的危险化学品运输全过程的严格管理和突击整治，全面落实有关危险化学品安全管理的法规和制度。还要积极研究、探讨利用ITS、GPS等高新技术对剧毒化学品运输实行全过程跟踪管理的方法和措施。

2. 加强现场监督检查

企业、单位托运危险化学品或从事危险化学品运输，应按照《条例》和国务院交通主管部门的规定办理手续，并接受交通、港口、海事管理等其他有关部门的监督管理和检查。各有关部门应加强危险化学品运输、装卸、储存等现场的安全监督，严格把好危险货物申报关和进出口关，并根据实际情况的需要实施监督工作。督促有关企业、单位认真贯彻执行有关法律、法规和规章的规定以及国家标准的要求，应重点做好以下现场管理工作。

（1）加强运输生产现场的科学管理和技术指导，并根据所运输危险化学品的特殊危险性，采取必要的针对性安全防护措施。

（2）搞好重点部位的安全管理和巡检，保证各种设备处于完好和有效状态。

（3）严格执行岗位责任制和安全管理责任制。

（4）坚持对车辆、船舶和包装容器进行检验，做到不合格、无标志的一律不得装卸和起运。

(5) 加强对安全设施的检查，制订本单位事故应急救援预案，配备应急救援人员和设备器材，定期演练，提高对各种恶性事故的预防和应急反应能力。

通过公路运输危险化学品，《条例》第43条规定必须配备押运人员，并随时处于押运人员的监管之下。车辆不得超装、超载，不得进入危险化学品运输车辆禁止通行的区域；确需进入禁止通行区域的，应当事先向当地公安部门报告，由公安部门为其指定行车时间和路线，运输车辆必须遵守。运输危险化学品途中需要停车住宿或者遇有无法正常运输的情况时，应当及时向当地公安部门报告，以便加强安全监管。

3. 严格剧毒化学品运输的管理

剧毒化学品运输分公路运输、水路运输和其他形式的运输。《条例》从保护内河水域环境和饮用水安全角度规定，禁止利用内河以及其他封闭水域等水路运输渠道运输剧毒化学品。内河一般指海运船舶不能到达的水域。如地处黄浦江的上海港、珠江上的广州港，都属于海港，而不是内河港，其所在水域属于海的延伸，类似情况还有长江南京以下各港。《条例》第3条规定，内河禁运剧毒化学品目录由国务院经济贸易综合管理部门会同国务院公安、环境保护、卫生、质检、交通部门确定并公布。按联合国橘皮书的规定，剧毒化学品为列入该规章范本危险货物品名表6.1类且包装类别为Ⅰ类的化学物质。另据有关方面研究，内河禁运剧毒化学品主要包括氰化物（61001），氰化物溶液（61002），无水氰化氢（61003），含量不大于20%的氢氰酸（61004），氢氰酸熏剂（61005），砷粉（61006），三氧化二砷（61007），亚砷酸盐类（61009），五氧化二砷（61010），砷酸或偏、焦砷酸（61011），砷酸盐（61012），三氟化砷，三氯化砷（61013），三溴化砷，三碘化砷（61014），一级有机磷固态农药（61125），一级有机磷液态农药（61126）和硫酸二甲酯（61116）等。目前，内河禁运剧毒化学品目录正在抓紧研究制定中。

除剧毒化学品外，内河禁运的其他危险化学品，《条例》明确由国务院交通部门规定。禁运危险化学品种类及范围的设定，以既不影响工业生产和人民生活又能遏制恶性事故发生为原则。

虽然剧毒化学品海上运输不在禁止之列，但也必须按照有关规定严格管理。《条例》对公路运输剧毒化学品分别从托运和承运的角度作出了严格的规定。《条例》第39条规定，通过公路运输剧毒化学品的，托运人应当向目的地的县级人民政府公安部门申请办理剧毒化学品公路运输通行证。托运人向公安部门办理剧毒化学品公路运输通行证时应当提交有关危险化学品的品名、数量、运输始发地和目的地、运输路线、运输单位、驾驶人员、押运人员、经营单位和购买单位资质情况的材料。剧毒化学品在公路运输途中发生被盗、丢失、流散、泄漏等情况时，承运人及押运人员必须立即向当地公安部门报告，并采取一切可能的警示措施。公安部门接到报告后，应当立即向其他有关部门通报情况。获知情况后各部门应当采取必要的安全措施。

4. 实行从业人员培训制度

狠抓技术培训，努力提高从业人员素质，是提高危险化学品运输安全质量的重要一环。《条例》第 37 条规定，危险化学品运输企业，应当对其驾驶员、船员、装卸管理人员、押运人员进行有关安全知识培训；驾驶员、船员、装卸管理人员、押运人员必须掌握危险化学品运输的安全知识，并经所在地设区的市级人民政府交通部门考核合格（船员经海事管理机构考核合格），取得上岗资格证，方可上岗作业。为确保危险化学品运输安全质量，还应对与危险化学品运输有关的托运人进行培训。

通过培训使托运人了解托运危险化学品的程序和办法，并能向承运人说明运输的危险化学品的品名、数量、危害、应急措施等情况。做到不在托运的普通货物中夹带危险化学品，不将危险化学品匿报或谎报为普通货物托运。通过培训使承运人了解所运载的危险化学品的性质、危害特性、包装容器的使用特性、必须配备的应急处理器材和防护用品以及发生意外时的应急措施等。

为了搞好培训，主管部门要知道并通过行业协会制订教育培训计划，组织编写危险化学品运输应知应会教材和举办专业培训班，分级组织落实。为提高培训效果，把培训和实行岗位在职资质制度结合起来，由主管部门批准认可的机构组织统一培训考试发证。对培训机构要制定教育培训责任制度，确保培训质量。对只收费不负责任的培训机构应取消其培训资格。对企业管理和现场工作人员必须实行持证上岗，未经培训或者培训不合格的，不能上岗。对虽有证上岗但不严格按照规定和技术规范进行操作的人员应有严格的处罚制度。主管部门、行业协会和运输企业应加大这方面的工作力度。

二、各类危险化学品安全运输特殊要求

1. 爆炸品安全运输特殊规范

为了有针对性地加强对爆炸危险化学品的规范管理，我国将爆炸危险化学品划分为军用爆炸物品和民用爆炸物品两个系列并分别制定了相关的管理条例。这里只介绍民用爆炸物品运输的安全要求。

民用爆炸物品除常用的炸药、雷管、起爆导爆药剂外，还包括黑火药和烟花爆竹。黑火药和烟花爆竹作为常规民用爆炸危险化学品，也是最容易发生运输事故的主要爆炸危险化学品。因此为切实保障各类爆炸危险化学品的运输安全，其安全运输要求如下。

（1）爆破器材的运输。

1）手续办理。

①运输爆破器材，收货单位须凭主管部门签字盖章的爆破器材供销合同，写明运输爆破器材的品名、数量和起运及运达地点，向所在地县、市公安局申请领取《爆炸物品运输证》，方准运输。

②购买爆破器材需要运输的，应当在申请领取《爆炸物品购买证》的同时，申请领取《爆炸物品运输证》，凭证办理运输。

③货物运达目的地后，收货单位或购买单位应当在运输证上签注物品到达情况，并将运输证交回原发证公安机关。

④在市内短途运输爆破器材的，可免办《爆炸物品运输证》，但必须事先通知市公安局。

⑤运输进口或出口爆破器材，托运单位应当凭相关部门批准的文件和外贸部门签发的进口或出口货物许可证，向收货地或出境口岸所在地县、市公安局申请领取《爆炸物品运输证》，方准运输。

⑥承运单位凭《爆炸物品运输证》，按照运输主管部门的有关规定办理运输，需要派人押运的，托运单位应当派熟悉所运输爆破器材性能的人负责押运。

2）运输爆破器材的规定。运载车、船必须符合国家有关运输规则的安全要求。

①货物包装应牢固严密。性质相抵触的爆破器材不准混装在同一车厢、船舱内，装载爆破器材的车厢、船舱内，不准同时载运旅客和其他易燃、易爆物品。

②爆破器材应当在远离城市中心区和人烟稠密地区的车站、码头装卸。装卸爆破器材的车站、码头，由当地公安机关会同铁路、交通部门协商确定。

③装卸爆破器材应当尽量在白天进行，要有专人负责组织和指导安全操作。装卸人员必须懂得装卸爆破器材的安全常识；不懂得安全常识的人，必须事先经过教育培训。装卸现场应当设置警戒岗哨，禁止无关人员进出。

④在公路上运输爆破器材时，车辆必须限速行驶，前后车辆应当保持避免引起殉爆的距离。经过人烟稠密的城镇，必须事先通知当地公安机关，并按公安机关指定的路线和时间通行。

⑤运输爆破器材在途中停歇时，要远离建筑设施和人烟稠密的地方，并有专人看管，严禁在爆破器材附近吸烟和用火。

⑥严禁个人随身携带爆破器材搭乘公共汽车、电车、火车、轮船、飞机。严禁在托运的行李包裹和邮寄中夹带爆破器材。

（2）烟火药及其产品的运输。

1）运输车辆要求。装卸、运输烟火药及其产品，应有专人负责。如果用机动车辆运输，还应该有专人押车护送。

所有烟火药及其产品，均不得用木炭汽车、煤气车、自动装卸车、拖拉机、三轮车、自行车、拖挂车装运。

用车子装运烟火药及其花炮产品时，车厢应清扫干净，车厢底部应垫上柔软性材料。车厢上的烟火药和花炮产品必须放平，彼此靠紧，并用绳子把它们捆紧，使之不能互相碰撞。车顶应用帆布完全盖严实。

2）装卸要求。敏感度不同的烟火药，应分别运输，不得混装。

车辆运输时的装载量，汽车不得超过该车额定装载重量的2/3，人力车不得超过正常载重量的1/2。

装载高度，汽车至少低于车厢上端10 cm，人力车不得超过两层。因为在路上车子会发生颠簸，如果装载过高，容易出现垮塌、摔落、翻车等事故。

装载、搬运时必须轻拿轻放，不得在地上、车厢上拖动、撞击、挤压、抛摔或倒放。

3）运输要求。所有散装烟火剂及其花炮产品，均不得用上述1）所列禁用车辆运输。烟火药必须用木箱或铝制器皿装好盖严。花炮产品应打包成箱，方能用车辆运输。

装运烟火药和花炮的车辆，应插上标有“危险”字样的红旗，并不得在人多的地方和交叉路口、城市街道停留。

装运烟火药和花炮的机动车辆，其车速每小时不得超过30 km。

装运烟火药和花炮的车辆，车厢内不得搭载任何乘客。

外加工的烟火药、花炮成品和半成品，在来往运输时，应用篮子、篓子、箩筐等盛装，并用布遮盖严实。同时不得在街道和集市内停留，以免途中发生事故。

2. 压缩气体和液化气体安全运输特殊规范

（1）包装要求。包装外形无明显外伤，附件齐全，封闭紧密，无漏气现象，包装使用期应在试压规定期内，逾期不准延期使用，必须重新试压。

（2）运输注意事项。运输时远离热源、火种，防止日光曝晒，严禁受热。周围不得堆放任何可燃材料。

内容物互为禁忌物的钢瓶应分车运输。例如，氢气钢瓶与液氯钢瓶、氢气钢瓶与氧气钢瓶、液氯钢瓶与液氨钢瓶等，均不得同车混放。易燃气体不得与其他种类危险化学品共同运输。

运输时必须戴好钢瓶上的安全帽。钢瓶一般应平放，并应将瓶口朝向同一方向，不可交叉；高度不得超过车辆的防护栏板，并用三角木垫卡牢，防止滚动。

（3）钢瓶装卸。必须轻装轻卸，严禁碰撞、抛掷、溜坡或横倒在地上滚动等，不可把钢瓶阀对准人身，注意防止钢瓶帽脱落。装卸氧气钢瓶时，工作服和装卸工具不得沾有油污。易燃气体严禁接触火种。

（4）泄漏处理。运输中钢瓶阀应拧紧，不得泄漏，如发现钢瓶漏气，应迅速打开库门通风，拧紧钢瓶阀，并立即将钢瓶移至安全场所。若是有毒气体，应戴上防毒面具。失火时应尽快将钢瓶移出火场，若搬运不及，可用大量水冷却钢瓶降温，以防高温引起钢瓶爆炸。消防人员应站立在上风处和钢瓶侧面。

（5）钢瓶检验。各种钢瓶必须严格按照国家规定，进行定期技术检验。钢瓶在使用过程中，如发现有严重腐蚀或其他严重损伤，应提前进行检验。

（6）钢瓶运输过程中的检查事项。钢瓶上的漆色及标志与各种单据上的品名是否相符，包装、标志、防振胶圈是否齐备，钢瓶上的钢印是否在有效期内，安全帽是否完整、拧紧，钢瓶是否有腐蚀、损坏、结疤、凹陷、鼓泡和伤痕等，耳听钢瓶是否有“嗞嗞”漏气声，凭嗅觉检测现场是否有强烈刺激性臭味或异味。

3. 易燃液体安全运输特殊规范

（1）装卸注意事项。装卸和搬运中，要轻拿轻放，严禁出现滚动、摩擦、拖拉等危及安全的操作。作业时禁止使用易产生火花的铁制工具及穿带铁钉的鞋。

（2）运输注意事项。热天最好在早晚进出库和运输。在运输、泵送、灌装时要有良好的接地装置，防止静电积聚。运输易燃液体的槽车应有接地链，槽内可设有孔隔板以减少振荡产生的静电。夏季运输应遵守当地的具体规定。

（3）船运情况处理。船运时，配装位置应远离船员室、机舱、电源、热源、火源等部位，舱内电气设备应防爆，通风筒应有防火星装置。装卸时应遵守最后装、最先卸的原则。严禁木船、水泥船散装易燃液体。

4. 易燃固体、自燃物品和遇湿易燃物品安全运输特殊规范

（1）易燃固体安全运输特殊规范。

1）装卸。搬运时要轻装轻卸，防止拖、拉、摔、撞，保持包装完好。

2）包装。对含有水分或乙醇作稳定剂的硝化棉等应经常检查包装是否完好，发现损坏要及时修理；要经常检查稳定剂的存在情况，必要时添加稳定剂，润湿必须均匀。

3）运输。在运输中，如发现赤磷冒烟，应立即将冒烟的赤磷抢救出仓库，用黄沙、干粉等扑灭。因赤磷从冒烟到起火燃烧有一段时间，可以来得及抢救。但如发现散装硫黄冒烟则应及时用水扑救。而镁、铝等金属粉末燃烧，只能用干沙、干粉灭火。严禁用水、酸碱灭火剂、泡沫灭火剂以及二氧化碳灭火。

4）船运情况处理。船运时，配装位置应远离船员室、机舱、电源、热源、火源等部位，通风筒应有防火星的装置。

（2）自燃物品安全运输特殊规范。

1）运输方式的选择。应根据不同自燃物品的性质和要求，分别选择适当的运输方式，严禁与其他危险化学品混运。即使少量，亦应与酸类、氧化剂、金属粉末、易燃易爆物品等隔离存放和运输。

2）装卸及储运禁忌。搬运时应轻装轻卸，不得碰撞、翻滚、倾倒，防止包装容器损坏。黄磷在储运时应始终浸没在水中。而忌水的三乙基铝等包装必须严密，不得受潮。

3）包装。应结合自燃物品的不同特性和季节气候，经常检查垛间有无异状及异味，包装有无渗漏、破损。

4）船运情况处理。运输时应按各自燃物品品种的性质区别对待。船舶装载时，配装位置应远离船员室、机舱、电源、热源、火源等部位，要有良好的通风设备。三乙基铝、铝铁熔剂严禁配装在甲板上。铁桶包装的自燃物品（黄磷除外）与铁器部位及每层之间应用木板等衬垫牢固，防止摩擦、移动。

（3）遇湿易燃物品安全运输特殊规范。

1）包装。包装必须严密，不得有破损，如有破损，应立即采取措施。钾、钠等活泼金属绝对不允许露置空气中，必须浸没在煤油中保存，容器不得渗漏。

2）运输禁忌。不得与其他类危险化学品，特别是酸类、氧化剂、含水物质、潮解性物质混运。亦不得与消防方法相抵触的物品同车、船运输。

3）装卸。装卸搬运时应轻装轻卸，不得翻滚、撞击、摩擦、倾倒。雨雪天如无防雨设备不准作业。运输用车、船必须干净，并有良好的防雨设施。

4）灭火。此类物品灭火时严禁用酸碱、泡沫灭火剂，活泼金属火灾不得用二氧化碳灭火。

5. 氧化剂和有机过氧化物安全运输特殊规范

（1）运输方法选择。不同品种的氧化剂，应根据其性质及消防方法的不同，选择适当的分类运输方法。如有机过氧化物不得与无机氧化剂混运，亚硝酸盐类、亚氯酸盐类、次亚氯酸盐类均不得与其他氧化剂混运，过氧化物应专车运输。

（2）装卸。运输过程中，装卸和搬运应轻拿轻放，不得摔掷、滚动，力求避免摩擦、撞击，防止引起爆炸。对氯酸盐、有机过氧化物等更应特别注意。

（3）运输。运输时应单独装运，不得与酸类、易燃物品、自燃物品、遇湿易燃物品、有机物、还原剂等同车混装。

（4）运输车辆清洗。运输车辆装卸前后，均应彻底清扫、清洗。严防混入有机物、易燃物品等杂质。

6. 有毒品安全运输特殊规范

（1）运输禁忌。严禁将有毒品与食品或食品添加剂混运。有毒品一般不得与其他种类的物品（包括非危险化学品）共同运输，特别是与酸类及氧化剂应严格分开。

（2）包装。运输有毒品，应先检查其包装容器是否完整、密封。凡包装破损的不予运输。

（3）装卸。搬运有毒品应轻装轻卸，严禁碰撞、翻滚，防止包装容器破损，并禁止肩扛背负。作业人员应穿戴防护服、口罩、手套（禁止徒手接触有毒品），必要时应穿戴防毒面具。操作中严禁饮食、吸烟。作业后应洗澡、更衣。装卸机械工具应按规定负载量适当降低。

（4）管理制度。剧毒品应严格按“五双”管理制度执行。

（5）装运车辆。装运过有毒品的车、船必须彻底清洗、消毒，否则不得装运其他物品。

（6）船运情况处理。船运时，装配位置应远离卧室、厨房，易燃性的有毒品还应与机舱、电源、火源等部位隔离。卸货时，船边应加安全网加帆布，防止货物落水污染水源。

（7）灭火。应注意根据有毒品的性质采取不同的消防方法。例如氰化钠、氰化钾等氰化物失火时，绝对不可使用酸碱、泡沫、二氧化碳等灭火剂。

7. 放射性物质安全运输特殊规范

（1）放射性物质运输一般原则。

1）承运单位要采取辐射防护措施，把辐射照射控制在可合理做到的尽可能低的水平。

2）专载运输中辐射水平较高的装卸作业，可由发货单位或收货单位负责，有关承运人员所受的剂量应按国家规定的辐射工作人员年有效剂量当量限值控制。

3）除专载运输以外的承运人员，所受年有效剂量限值应按国家规定公众剂量限值控制。

4）对各类放射性物质的包装，必须考虑到正常运输条件和可能的事故条件，严格按照有关规定进行设计、制造和试验，确保货包的完好性。

5）承运放射性物质的单位，应该根据具体需要建立健全辐射防护机构或设置专职（兼职）辐射防护人员，开展辐射防护监测工作，加强安全教育与技能训练。

6）各放射性物质运输部门，应加强对辐射防护工作的领导，并根据规定的目标，结合本部门的特点制定相应实施细则和管理办法。

（2）运输中的隔离。为控制辐射照射，放射性货物在运输过程中，除Ⅰ级货包外，应与生活设施、工作区以及旅客或公众经常逗留的场所保持隔离，使运输人员所受的照射剂量当量每年不得超过 5 mSv（500 mrem），公众成员每年不得超过 1 mSv（100 mrem）。合适的隔离距离可由此推算。

（3）运输中的摆放。

1）放射性货物在运输过程中，必须摆放牢固、稳妥。

2）货包表面平均热通量不得超过 15 W/m^2，并且周围的货包不是装入囊状包皮或包壳中时，这类货包或外包装都可以与有包装的普通货物一起运输。

3）放射性货物不得同其他危险化学品装载在同一车辆、飞机和船舶的同一货舱、房间或甲板区内。同时也不得置于乘坐旅客的船、机舱或车厢内运输。

4）除特殊安排装运的货包外，不同种类的放射性货包（包括易裂变物质货包）可以混合装运。但必须符合以下 5）的要求。

5）货包、外包装、运输罐和集装箱的堆集限额按如下规定控制。

①一个交通工具内的货包、外包装、运输罐和集装箱的允许数目，限制为一个交通工具上的运输指数总和，不超过表 6—1 规定的限值。但对于Ⅰ类低比活度放射性物质，运输指数总和不受限制。

②常规运输条件下，在交通工具外表面任意一点上的辐射水平不得超过 2 mSv/h（200 mrem/h），在距表面 2 m 远的任意一点外不得超过 0.1 mSv/h（10 mrem/h）。

表 6—1　　集装箱和交通工具的运输指数 *TI* 限值

集装箱或交通工具的类型	单个集装箱内或单一交通工具上的运输指数 *TI* 限值			
	一般运输		专载运输	
	非易裂变物质	易裂变物质	非易裂变物质	易裂变物质①
小型集装箱	50	50	不适用	不适用
大型集装箱	50	50	无限值	100②
车辆	50	50	无限值	100②
飞机			不适用	
客机	50	50	无限值	不适用
货机	200	200	无限值	100②
内河航运	50	50	无限值	100②
海运③	50	50	无限值	100②

续表

集装箱或交通工具的类型	单个集装箱内或单一交通工具上的运输指数 TI 限值			
	一般运输		专载运输	
	非易裂变物质	易裂变物质	非易裂变物质	易裂变物质①
（1）底船、普通货舱或特定的甲板区、货包、外包装、小型集装箱、大型集装箱	200④	50	无限值⑤	100②
（2）全船货包、外包装、小型集装箱、大型集装箱	200④	200④	无限值	100②
（3）专用船舶⑤	无限值④，不适用	无限值④，不适用	无限值	无限值④，按核准的要求⑤

注：①货物直接从发货地点运达收货地点，无中转、装卸与存放。

②总运输指数大于50时，货包、外包装、运输罐和集装箱的各组之间，间隔至少为6m。不同组间的空隙可放置不影响安全运输的埋放射性货物。

③对于海运船，要同时满足（1）和（2）两项要求。

④货包、外包装、运输罐或集装箱摆放中必须保证任何一个组别中的运输指数总和不得超过50，而且每组间的间隔至少为6 m。

⑤运输指数总和的最大值需根据船舶运输的附加要求经多方批准。

（4）中转存放。装有放射性物质的各类货包必须遵守有关规定与危险物品隔离。各类货包、外包装、运输罐和集装箱集中摆放时，必须保证任何一个组别中的运输指数总和不得超过50，而且每组间的间隔至少为6 m，但对于Ⅰ类低比活度放射性物质不受限制。

（5）各种运输方式的附加要求。

1）铁路运输的附加要求。装载贴有放射性货物标志的货包、外包装、运输罐、集装箱或专载运输的车辆，在其两外侧壁均应贴有货运标牌。在运输车辆无侧壁的情况下，货运标牌可直接固定在货物装载单元或集装箱上。

车辆外表面任意一点或在敞车的情况下从车辆外缘垂直投影平面上，在货包表面和车辆下部外表面任意一点处，辐射水平均不得超过2 mSv/h（200 mrem/h），同时运输指数不得超过10。

距车辆外侧面所形成的垂直面外2 m远的任意一点处，或在用敞车装运的情况下，在离车辆外缘的垂直平面外2 m远的任意一点处，均不得超过0.1 mSv/h（10 mrem/h）。

在下列情况下，货包表面的辐射水平，可控制在2～10 mSv/h（200～1 000 mrem/h）之间。

①运输车辆有保护围栏，防止运输中未经批准的人进入车内。

②有适当的设备，以保证在运输中货包或外包装在车内的位置固定不变。

③在运输的起点和终点之间，不进行装卸作业。

2）公路运输的附加要求。加设货运标牌和辐射水平的控制与铁路运输相同。

在装运Ⅱ级（黄色）、Ⅲ级（黄色）标志的货包、外包装、运输罐或集装箱的车辆内，除司机、助手、搬运与押运人员外，不允许搭载其他人员。

各类人员座位处的辐射水平，一般不得超过 0.2 mSv/h（2 mrem/h），有个人剂量监测措施的职业性辐射工作人员坐的位置自制辐射水平可适当提高。

3）船舶运输的附加要求。船舶运输时货包、外包装表面任意一点的最大辐射水平不得超过 2 mSv/h（200 mrem/h）。表面辐射水平大于 2 mSv/h（200 mrem/h）的货包可以在特殊安排下运输。

经专门设计或特殊批准的专用船，必须满足下列要求：

①制定有保障运输安全的辐射防护大纲并经该船旗标国的主管部门及（如果要求的话）各停靠港主管部门批准。

②对包括在途中停靠港、装卸货物在内的整个航行计划和有关的储存事宜均预先作出安排。

③在放射性物质的运输中，托运货物的装卸、处置和储存，都要在合格人员的监督下进行。

4）航空运输的附加要求。专载运输的 B（M）型货包不得用客机运输。

需要通风的 B（M）型货包、要求有附加冷却系统进行外部冷却的货包、在运输过程中需要作业管理的货包以及含有液体自燃物质的货包，均不得采用航空运输。

货包外表面辐射水平大于 2 mSv/h（200 mrem/h）时，必须在特殊安排下才能采用航空运输。

5）邮寄运输的附加要求。符合要求的放射性物质货包其内容物的放射性活度不超过豁免货包放射性活度规定限值的 1/10 时，可以在邮局办理邮寄。

邮寄货包必须遵守下列规定：

①只能由经辐射防护部门批准的发货人向邮局投寄。

②必须通过最快的路线（通常用飞机）运送。

③在邮包外表面必须带有标明“放射性物质”字样的白色标志，在寄回空包时，则应除去这些字样。

④在邮包的外面应注明发货人的姓名、地址，并且申明无法投递时，请将邮包退回。

⑤在邮包的内层包装上也必须写明发货人的姓名、地址及邮包内容物的名称。

8. 腐蚀品安全运输特殊规范

(1) 运输包装的选择和使用。盐酸可用耐酸陶坛；硝酸应用铝制容器；磷酸、冰醋酸、氢氟酸应用塑料容器；浓硫酸、烧碱、液碱可用铁制容器，但不可用镀锌铁桶，因为锌是两性金属，与酸碱均起化学反应生成易燃的氢气，并使铁桶爆炸。

(2) 运输禁忌。在运输中应特别注意防止酸类与氰化物、发孔剂 H、遇湿易燃物品、氧化剂等混储混运。

(3) 装卸。装卸搬运时，操作人员应穿戴防护用品，作业时应轻拿轻放，禁止肩扛背负、翻滚、碰撞、拖拉。在装卸现场应备有救护物品和药水，如清水、苏打水和稀硼酸水等，以备急需。

(4) 船运情况处理。船运时，强酸性腐蚀品应尽量配装在甲板上，捆扎牢固。冬季运输时，怕冻的腐蚀品应装在舱内。

第二节　危险化学品公路运输安全管理

现有公路危险货物运输规则包含交通部颁发的《道路危险货物运输管理规则》、国家标准《道路运输危险货物车辆标志》(GB 13392—2005) 和行业标准《汽车危险货物运输规则》(JT 617—2004) 等。

一、《道路危险货物运输管理规则》

《道路运输危险货物管理规则》(交通部令［2005］9 号) 规定了从事道路危险货物运输单位的设立条件和申办程序，对道路危险货物的托运和运输、从事危险货物运输车辆的维修和改造提出了办理程序和管理要求，还对事故处理、监督检查作了规定。主要内容有总则、运输许可、专用车辆与设备管理、危险货物运输、监督检查、法律责任、附则，共 8 章 59 条。主要内容阐述如下。

1. 规则制定目的

规范道路危险货物运输市场秩序，保障人民生命财产安全，保护环境，维护道路危险货物运输各方当事人的合法权益。

2. 规则适用范围

从事道路危险货物运输经营和使用自备车辆从事为本单位服务的非经营性道路危险货物运输的，应当遵守本规定。军事危险货物运输除外。

3. 运输资质许可的相关规定

(1) 道路危险货物运输经营资质条件。

1) 符合下列要求的专用车辆及设备。

①自有专用车辆 5 辆以上。

② 专用车辆技术性能符合国家标准《营运车辆综合性能要求和检验方法》（GB 18565—2001）的要求，车辆外廓尺寸、轴荷和质量符合国家标准《道路车辆外廓尺寸、轴荷和质量限值》（GB 1589—2004）的要求，车辆技术等级达到行业标准《营运车辆技术等级划分和评定要求》（JT/T 198—2004）规定的一级技术等级。

③ 配备有效的通信工具。

④ 有符合安全规定并与经营范围、规模相适应的停车场地。具有运输剧毒、爆炸和Ⅰ类包装危险货物专用车辆的，还应当配备与其他设备、车辆、人员隔离的专用停车区域，并设立明显的警示标志。

⑤ 配备有与运输的危险货物性质相适应的安全防护、环境保护和消防设施设备。

⑥ 运输剧毒、爆炸、易燃、放射性危险货物的，应当具备罐式车辆或厢式车辆、专用容器，车辆应当安装行驶记录仪或定位系统。

⑦ 罐式专用车辆的罐体应当经质量检验部门检验合格。运输爆炸、强腐蚀性危险货物的罐式专用车辆的罐体容积不得超过 20 m^3，运输剧毒危险货物的罐式专用车辆的罐体容积不得超过 10 m^3，但罐式集装箱除外。

⑧ 运输剧毒、爆炸、强腐蚀性危险货物的非罐式专用车辆，核定载质量不得超过 10 t。

2）符合下列要求的从业人员。

① 专用车辆的驾驶人员取得相应机动车驾驶证，年龄不超过 60 周岁。

② 从事道路危险货物运输的驾驶人员、装卸管理人员、押运人员经所在地设区的市级人民政府交通主管部门考试合格，取得相应从业资格证。

3）有健全的安全生产管理制度，包括安全生产操作规程、安全生产责任制、安全生产监督检查制度以及从业人员、车辆、设备安全管理制度。

（2）使用自备专用车辆从事为本单位服务的非经营性道路危险货物运输的条件。

1）下列企事业单位之一。

① 省级以上安全生产监督管理部门批准设立的生产、使用、储存危险化学品的企业。

② 有特殊需求的科研、军工、通用民航等企事业单位。

2）具备（1）规定的条件，但自有专用车辆的数量可以少于 5 辆。

（3）申请从事道路危险货物运输经营的企业需提交的材料。

1）道路危险货物运输经营申请表。

2）拟运输的危险货物类别、项别及运营方案。

3）企业章程文本。

4）投资人、负责人身份证明及其复印件，经办人的身份证明及其复印件和委托书。

5）拟投入车辆承诺书，内容包括专用车辆数量、类型、技术等级、通信工具配备、总质量、核定载质量、车轴数以及车辆外廓长、宽、高等情况，罐式专用车辆的罐体容积，罐体容积与车辆载质量匹配情况，运输剧毒、爆炸、易燃、放射性危险货物的专用车辆配备行驶记录仪或者定位系统情况。若拟投入专用车辆为已购置或者现有的，应提供行驶证、车辆技术等级证书或者车辆技术检测合格证、罐式专用车辆的罐体检测合格证或者检测报告及其复印件。

6）拟聘用驾驶人员、装卸管理人员、押运人员的从业资格证及其复印件，驾驶人员的驾驶证及其复印件。

7）具备停车场地、专用停车区域和安全防护、环境保护、消防设施设备的证明材料。

8）有关安全生产管理制度文本。

（4）申请从事非经营性道路危险货物运输的单位需提交的材料。

1）道路危险货物运输申请表。

2）下列形式之一的单位基本情况证明：

① 省级以上安全生产监督管理部门颁发的《危险化学品登记证》。

② 能证明科研、军工、通用民航等企事业单位性质或者业务范围的有关材料。

3）特殊运输需求的说明材料。

4）经办人的身份证明及其复印件，所在单位的工作证明或者委托书。

（5）资质的审批和许可。设区的市级道路运输管理机构应当按照《中华人民共和国道路运输条例》（国务院令［2004］406号）和《交通行政许可实施程序规定》（交通部令［2004］10号）以及本规定规范的程序实施道路危险货物运输行政许可，并进行实地核查。

决定准予许可的，应当向被许可人出具《道路危险货物运输行政许可决定书》，注明许可事项，许可事项为运输危险货物的类别和项别、专用车辆数量及要求、运输性质；并在10日内向道路危险货物运输经营申请人发放《道路运输经营许可证》，向非经营性道路危险货物运输申请人颁发《道路危险货物运输许可证》。

决定不予许可的，应当向申请人出具“不予交通行政许可决定书”。

被许可人已获得其他道路运输经营许可的，设区的市级道路运输管理机构应当为其换发《道路运输经营许可证》，并在经营范围中加注新许可的事项。如果原《道路运输经营许可证》是由省级道路运输管理机构发放的，由原发证机关按照上述要求予以换发。

被许可人应当按照限定的时间落实拟投入车辆承诺书。作出许可决定的道路运输管理机构已核实被许可人落实了拟投入车辆承诺书且专用车辆符合许可要求、罐体经质检部门检验合格后，应当为专用车辆配发《道路运输证》，并在《道路运输证》经营范围栏内注明允许运输危险货物的类别、项别。其中对从事非经营性道路危险货物运输的，应当在其《道路运输证》上加盖“非经营性危险货物运输专用章”。

道路运输管理机构不得许可一次性、临时性的道路危险货物运输。

被许可人应当持《道路运输经营许可证》或者《道路危险货物运输许可证》依法向工商行政管理机关办理登记手续。

（6）其他规定。中外合资、中外合作、外商独资形式投资道路危险货物运输的，应当同时遵守《外商投资道路运输业管理规定》（交通部、对外贸易经济合作部令［2001］9号）。

道路危险货物运输企业或者单位设立子公司从事道路危险货物运输的，应当向设立地设区的市级道路运输管理机构申请运输许可；设立分公司的，应当向设立地设区的市级道路运输管理机构报备。

道路危险货物运输企业或者单位需要变更许可事项的，应当向原许可机关提出申请，按照本章有关许可的规定办理。

道路危险货物运输企业或者单位终止危险货物运输业务的，应当在终止之日的30日前告知原许可机关，并在停业后10日内将《道路运输经营许可证》或者《道路危险货物运输许可证》以及《道路运输证》交回原发放机关。

4. 运输专用车辆及设备管理的相关规定

（1）车辆的维护、审验和使用。

1）道路危险货物运输企业或者单位应当按照《道路货物运输及站场管理规定》（交通部令［2005］6号）中有关车辆管理的规定，维护、检测、使用和管理专用车辆，确保专用车辆技术状况良好。

2）设区的市级道路运输管理机构应当定期对专用车辆进行审验，每年审验一次。审验按照《道路货物运输及站场管理规定》（交通部令［2005］6号）进行，并增加以下审验项目。

① 专用车辆投保危险货物承运人责任险情况。

② 罐式专用车辆罐体质量检验情况。

③ 必需的应急处理器材和安全防护设施设备的配备情况。

3）禁止使用报废的、擅自改装的、检测不合格的、车辆技术等级达不到一级的和其他不符合国家规定的车辆从事道路危险货物运输。

4）除铰接列车、具有特殊装置的大型物件运输专用车辆外，严禁使用货物列车从事危险货物运输；倾卸式车辆只能运输散装硫黄、萘饼、粗蒽、煤焦沥青等危险货物。

5）禁止使用移动罐体（罐式集装箱除外）从事危险货物运输。

6）专用车辆应当到具备道路危险货物运输车辆维修条件的企业进行维修。

（2）装卸工具及罐式专用车辆技术要求。

1）用于装卸危险货物的机械及工、属具的技术状况应当符合行业标准《汽车运输危险货物规则》（JT 617—2004）规定的技术要求。

2）罐式专用车辆的罐体应符合《钢制压力容器》（GB 150—1998）、《汽车运输液体危险货物常压容器（罐体）通用技术条件》（GB 18564—2001）等国家标准规定的技术条件。罐式专用车辆应当在罐体检验合格的有效期内承运危险货物。

5. 危险货物运输的相关规定

危险货物托运人应当委托具有道路危险货物运输资质的企业承运，严格按照国家有关规定包装，并向承运人说明危险货物的品名、数量、危害、应急措施等情况。需要添加抑制剂或者稳定剂的，应当按照规定添加。托运危险化学品的，还应提交与托运的危险化学品完全一致的安全技术说明书和安全标签。

道路危险货物运输企业或者单位应当严格按照道路运输管理机构决定的许可事项从事道路危险货物运输活动，不得转让、出租道路危险货物运输许可证件。

严禁非经营性道路危险货物运输单位从事道路危险货物运输经营活动。

不得使用罐式专用车辆或者运输有毒、腐蚀、放射性危险货物的专用车辆运输普通货物。

其他专用车辆可以从事食品、生活用品、药品、医疗器具以外的普通货物运输活动，但应当对专用车辆进行消除危险处理，确保不对普通货物造成污染、损害。

危险货物不得与普通货物混装。

专用车辆应当按照国家标准《道路运输危险货物车辆标志》（GB 13392—2005）的要求悬挂标志。

专用车辆应当根据所运危险货物的性质配备必需的应急处理器材和安全防护设施设备。

道路危险货物运输企业或者单位不得运输法律、行政法规禁止运输的货物。

法律、行政法规规定的限运、凭证运输货物，道路危险货物运输企业或者单位应当按照有关规定办理相关运输手续。

法律、行政法规规定托运人必须办理有关手续后方可运输的危险货物，道路危险货物运输企业应当查验其有关手续齐全有效后方可承运。

道路危险货物运输企业或者单位应当采取必要措施，防止危险货物脱落、扬散、丢失以及燃烧、爆炸、辐射、泄漏等。

专用车辆驾驶人员应当随车携带《道路运输证》。

道路危险货物运输企业或者单位应当聘用具有相应从业资格证的驾驶人员、装卸管理人员和押运人员。

驾驶人员、装卸管理人员和押运人员上岗时应当随身携带从业资格证。

在道路危险货物运输过程中，除驾驶人员外，专用车辆上应当另外配备押运人员。押运人员应当对运输全过程进行监管。

危险货物的装卸作业，应当在装卸管理人员的现场指挥下进行。

严禁专用车辆违反国家有关规定和本规定超载、超限运输。

道路危险货物运输企业或者单位在运输危险货物时，应当遵守有关部门关于危险货物运输线路、时间、速度方面的有关规定。

道路危险货物运输从业人员必须熟悉有关安全生产的法规、技术标准和安全生产规章制度、安全操作规程，了解所装运危险货物的性质、危害特性、包装物或者容器的使用要求和发生意外事故时的处置措施。严格按照《汽车运输危险货物规则》（JT 617—2004）、《汽车运输、装卸危险货物作业规程》（JT 618—2004）操作，不得违章作业。

道路危险货物运输企业或者单位应当对从业人员进行经常性的安全、职业道德教育和业务知识、操作规程培训。

道路危险货物运输企业或者单位应当加强安全生产管理，配备专职安全管理人员，制定突发事件应急预案，严格落实各项安全制度。

在危险货物运输过程中发生燃烧、爆炸、污染、中毒或者被盗、丢失、流散、泄漏等事故，驾驶人员、押运人员应当立即向当地公安部门和本运输企业或者单位报告，说明事故情况、危险货物品名、危害和应急措施，同时在现场采取一切可能的警示措施，并积极配合有关部门进行处置。运输企业或者单位应当立即启动应急预案。

在危险货物的装卸、保管、储存过程中，应当根据危险货物的性质和保管要求，轻装轻卸，分区存放，堆码整齐，防止混杂、撒漏、破损，不得与普通货物混合存放。

道路危险货物运输企业或者单位应当为危险货物投保承运人责任险。

二、《汽车危险货物运输规则》

公路运输的主要工具是汽车，交通部制定了《汽车危险货物运输规则》（JT 617—2004）行业标准。本标准规定了汽车危险货物运输的技术管理规章、制度、要求与方法。主要内容为规则适用范围，规范性引用文件，术语和定义，包装、标志和标签，托运，承运，车辆和设备，运输，从业人员，劳动防护，事故应急处理，共12章。主要内容阐述如下。

1. 规则适用范围

该规则规定了汽车运输危险货物的托运、承运、车辆和设备、从业人员、劳动防护等基本要求，适用于汽车运输危险货物的安全管理。

2. 托运规定

托运人应向具有汽车运输危险货物经营资质的企业办理托运，且托运的危险货物应与承运企业的经营范围相符合。

托运人应如实详细地填写运单上规定的内容，并应提交与托运的危险货物完全一致的安全技术说明书和安全标签。

托运未列入《危险货物品名表》（GB 12268—2005）的危险货物时，应提交与托运的危险货物完全一致的安全技术说明书、安全标签和危险货物鉴定表。危险货物鉴定表格式见表6—2。

表6—2　　危险货物鉴定表格式

品　名		别　名	
英文名		分子式	
理化性能①			
主要成分②			
包装方法③			
中毒急救措施			
撒漏处理和消防方法			
运输注意事项④			
鉴定单位意见	属于______类______项危险货物 比照________品名办理 比照危规第______号包装	鉴定单位 主管部门 审核意见	（公章）
交通运输部门意见			

续表

鉴定单位及鉴定人＿＿＿＿＿＿（盖章）＿＿年＿＿月＿＿日
发货单位＿＿＿＿＿＿（盖章）＿＿年＿＿月＿＿日

注：①性能包括色、味、形态、相对密度、熔点、沸点、闪点、燃点、爆炸极限、急性中毒及危险程度。

②凡危险货物是混合物，应详细填写所含危险货物的主要成分。

③包装方法应注明材质、形状、厚度、封口、内部衬垫物、外部加固情况及包装单位质量（重量）等。

④对该种货物遇到何种物质可能发生的危险，提出防护措施。

危险货物性质或消防方法相抵触的货物应分别托运。

盛装过危险货物的空容器，未经消除危险处理、有残留物的，仍按原装危险货物办理托运。

使用集装箱装运危险货物的，托运人应提交危险货物装箱清单。

托运需控温运输的危险货物，托运人应向承运人说明控制温度、危险温度和控温方法，并在运单上注明。

托运食用、药用的危险货物，应在运单上注明“食用”“药用”字样。

托运放射性物品，按《放射性物质安全运输规程》（GB 11806—2004）办理。

托运需要添加抑制剂或者稳定剂的危险化学品，托运人交付托运时应当添加抑制剂或者稳定剂，并在运单上注明。

托运凭证运输的危险货物，托运人应提交相关证明文件，并在运单上注明。

托运危险废物、医疗废物，托运人应提供相应识别标志。

3. 承运规定

承运人应按照道路运输管理机构核准的经营范围受理危险货物的托运。

承运人应核实所装运危险货物的收发货地点、时间以及托运人提供的相关单证是否符合规定，并核实货物的品名、编号、规格、数量、件重、包装、标志、安全技术说明书、安全标签和应急措施以及运输要求。

危险货物装运前应认真检查包装的完好情况，当发现破损、撒漏，托运人应重新包装或修理加固，否则承运人应拒绝运输。

承运人自接货起至送达交付前，应负保管责任。货物交接时，双方应做到点收、点交，由收货人在运单上签收。发生剧毒、爆炸、放射性物品货损、货差的，应及时向公安部门报告。

危险货物运达卸货地点后，因故不能及时卸货的，应及时与托运人联系妥善处理；不能及时处理的，承运人应立即报告当地公安部门。

承运人应拒绝运输托运人应派押运人员而未派的危险货物。

承运人应拒绝运输已有水渍、雨淋痕迹的遇湿易燃物品。

承运人有权拒绝运输不符合国家有关规定的危险货物。

4. 运输车辆和设备的相关规定

(1) 运输车辆和设备的基本要求。

1) 车辆安全技术状况应符合《机动车安全运行条件》(GB 7258—2004) 的要求。

2) 车辆技术状况应符合《营运车辆技术等级划分和评定要求》(JT/T 198—2004) 规定的一级车况标准。

3) 车辆应配置符合《道路运输危险货物车辆标志》(GB 13392—2005) 的标志，并按规定使用。

4) 车辆应配置运行状态记录装置（如行驶记录仪）和必要的通信工具。

5) 运输易燃易爆危险货物车辆的排气管，应安装隔热和熄灭火星装置，并配装符合《汽车导静电橡胶拖地带》(JT 230—1995) 规定的导静电橡胶拖地带装置。

6) 车辆应有切断总电源和隔离电火花装置，切断总电源装置应安装在驾驶室内。

7) 车辆车厢底板应平整完好，周围栏板应牢固；在装运易燃易爆危险货物时，应使用木质底板等防护衬垫措施。

8) 各种装卸机械、工、属具，应有可靠的安全系数；装卸易燃易爆危险货物的机械及工、属具，应有消除产生火花的措施。

9) 根据装运危险货物性质和包装形式的需要，应配备相应的捆扎、防水和防散失等用具。

10) 运输危险货物的车辆应配备消防器材并定期检查、保养，发现问题应立即更换或修理。

(2) 运输车辆和设备的特定要求。

1) 运输爆炸品的车辆，应符合国家爆破器材运输车辆安全技术条件规定的有关要求。

2) 运输爆炸品、固体剧毒品、遇湿易燃物品、感染性物品和有机过氧化物时，应使用厢式货车运输，运输时应保证车门锁牢；对于运输瓶装气体的车辆，应保证车厢内空气流通。

3) 运输液化气体、易燃液体和剧毒液体时，应使用不可移动罐体车、拖挂罐体车或罐式集装箱；罐式集装箱应符合《液体、气体及加压干散货罐式集装箱技术要求和试验方法》(GB/T 16563—1996) 的规定。

4) 运输危险货物的常压罐体，应符合《汽车运输液体危险货物常压容器（罐体）通用条件》(GB 18564—2001) 规定的要求。

5）运输危险货物的压力罐体，应符合《钢制压力容器》（GB 150—1998）规定的要求。

6）运输放射性物品的车辆，应符合《放射性物质安全运输规程》（GB 11806—2004）规定的要求。

7）运输需控温危险货物的车辆，应有有效的温控装置。

8）运输危险货物的罐式集装箱，应使用集装箱专用车辆。

5. 汽车运输的相关规定

危险货物运输车辆严禁超范围运输。严禁超载、超限。

运输危险货物时应随车携带“道路运输危险货物安全卡”。

运输不同性质的危险货物，其配装应按“危险货物配装表”规定的要求执行，危险货物配装表见表6—3。

运输危险货物应根据货物性质，采取相应的遮阳、控温、防爆、防静电、防火、防振、防水、防冻、防粉尘飞扬、防撒漏等措施。

表6—3 **汽车运输危险货物配装表**

爆炸品	起爆器材	1	1																	
	炸药及爆炸性药品	2	×	2																
	其他爆炸品	3	×	×	3															
压缩气体和液化气体	剧毒气体	4	×	×	×	4														
	易燃气体	5	×	×	△		5													
	助燃气体	6	×	×	×		×	6												
	不燃气体	7	×	×					7											
	易燃液体	8	×	×	×	×		×		8										
易燃固体	易燃固体	9	×	×	△	×		×			9									
	易自燃物品	10	×	×	×	×	×	×				10								
	遇潮湿时放出易燃气体物品	11	×	×	×	△	△	×		G	G	×	11							
氧化剂和有机过氧化物 / 氧化剂	硝酸盐类	12	×	×	×	×	×			×	×	×	×	12						
	亚硝、亚氯、次亚氯酸盐类	13	×	×	×	×	×			×	×	×	×	×	13					
	其他氧化剂	14	×	×	×	×	×			×	×	×	×		×	14				
氧化剂和有机过氧化物	有机过氧化物	15	×	×	×	×	×	×		×	×	×	×	×	×	×	15			
毒害品	无机毒害品	16	△	△	△									△	△	△		16		
	有机毒害品	17	×	×	×			×					△	×	×	×			17	
	易感染物品	18	×	×	×	×	×	×	×	×	×	×	×	×	×	×	×	×	×	18

续表

腐蚀物品	无机酸性腐蚀品	溴	19	×	×	×		△			△	△	×	×	△	△	△	×	×	△	×	19											
		硝酸、发烟硝酸	20	×	×	×	×	×	×	×	×	×	×	×		×	×	×	×	×	×	△	20										
		硫酸、发烟硫酸、氯氨酸	21	×	×	×	×	×	×	×	×	×	×	×	×	×	×	×	×	×	×	△	×	21									
		其他无机酸性腐蚀品	22	×	×	×	×	×	×	×	×	×	×	×	△	△	△	×	×	×	×		×	×	22								
	有机酸性腐蚀品		23	×	×	×	×	×	×	×	×	×	×	×	×	×	×	×	×		×	×	×	×	×	23							
	碱性腐蚀品		24											△							×	×	×	×	×	×	24						
	其他腐蚀品		25											×	×	×	×	×	△							△		25					
普通货物	化学可燃物品		26	×	×	△	×		×				△	G	×	×	×	×			×	×	×	×	×				26				
	非化学可燃物品		27	×	×	△			×				△	×	×	×	×	×			×	×	×	×	×	×	△			27			
	饮食品、饲料、药品、药材		28	×	×	△	×				F	F		×	×	×	×	×	×	×	×	×	×	×	×	×	×	△			28		
	活动物		29	×	×	△	×	×			F	F		×	×	×	×	×	×	×	×	×	×	×	×	×	×	×				29	
	其他货物		30											G							×	×	×	×									30

注：①表内无符号表示可以配装；“×”符号表示不得配装；“△”表示可以配装，但堆放时应隔离 2 m 以上。

②不同的炸药及爆炸性药品相互间不得配装。

③其他爆炸品中的点火绳、点火线等点火器材与本项的其他爆炸物品隔离 2 m 以上。

④其中液氯和液氨不得配装。

⑤易自燃物品中的黄磷不得与其他易自燃、易燃物品配装，需配装时要隔离。

⑥生石灰、漂白粉与起爆器材、炸药及爆炸性物品、其他爆炸品、易燃液体隔离配载。

⑦有恶臭及有毒易燃液体及易燃固体，不得与活动物、饮食物、饲料、药品、药材等配装。

⑧含水的易燃物品和用水、泡沫、二氧化碳作为主要灭火方法的物品，不得与遇潮湿时易放出易燃气体的物品配载。

⑨放射性货物与其他危险货物不可在同一车厢内配装，与普通货物应按表 6—4 的规定隔离。

表 6—4　　放射性货物与普通货物隔离标准

包装等级 隔开距离 对象	一级	二级	三级
行李包裹	不隔离	不隔离	不得配装
普通货物	不隔离	不隔离	1.5 m
未定影的照相底片和感光材料	0.5 m	1 m	5 m

运输危险货物的车厢应保持清洁干燥，不得任意排弃车上的残留物；运输结束后被危险货物污染过的车辆及工、属具，应按表 6—5 提供的方法到具备条件的地点进行车辆清洗消毒处理。

表 6—5　　　　　　　　车辆清洗消毒方法

<table>
<tr><th>编号</th><th>用　　品</th><th>方　法</th></tr>
<tr><td>1</td><td>水（具有一定压力的水，如自来水）</td><td>用大量水冲刷</td></tr>
<tr><td>2</td><td>稀盐酸（如浓盐酸用水冲淡 20 倍）</td><td rowspan="4">药剂浸湿车辆木板后，用大量一定压力的水冲刷</td></tr>
<tr><td>3</td><td>碱或肥皂（烧碱或纯碱用水冲淡 50 倍）</td></tr>
<tr><td>4</td><td>硫代硫酸钠（用水冲淡 30 倍）</td></tr>
<tr><td>5</td><td>硫酸铜（用水冲淡 30 倍）</td></tr>
<tr><td>6</td><td>高温高压水蒸气</td><td rowspan="2">冲熏，尤其注意木板缝隙内的残留物</td></tr>
<tr><td>7</td><td>高压空气（5 kgf/cm^2 左右）</td></tr>
<tr><td>8</td><td colspan="2">放射性货物用大量水冲洗，遇有放射性物质撒落污染时，需先用肥皂水冲刷后，再用大量水冲洗</td></tr>
</table>

注：1 kgf/cm^2＝98.0665 kPa。

运输危险废物时，应采取防止污染环境的措施，并遵守国家有关危险货物运输管理的规定。

运输医疗废物时，应使用有明显医疗废物标志的专用车辆；医疗废物专用车辆应达到防渗漏、防遗撒以及其他环境保护和卫生要求；专用车辆使用后，应当在医疗废物集中处置场所内及时进行消毒和清洁；运送医疗废物的专用车辆不得运送其他物品。

夏季高温期间限制运输的危险货物，应按有关规定执行。

运输危险货物的车辆禁止搭乘无关人员。

运输危险货物的车辆不得在居民聚居点、行人稠密地段、政府机关、名胜古迹、风景游览区停车。如需在上述地区进行装卸作业或临时停车，应采取安全措施。

运输爆炸物品、易燃易爆化学物品以及剧毒、放射性等危险物品，应事先报经当地公安部门批准，按指定路线、时间、速度行驶。

6. 危险化学品汽车运输从业人员的相关规定

运输危险货物的驾驶人员、押运人员和装卸管理人员应持证上岗。

从业人员应了解所运危险货物的特性、包装容器的使用特性、防护要求和发生事故时的应急措施，熟练掌握消防器材的使用方法。

运输危险货物应配备押运人员。押运人员应熟悉所运危险货物特性，并负责监管运输全过程。

驾驶人员和押运人员在运输途中应经常检查货物装载情况，发现问题及时采取措施。

驾驶人员不得擅自改变运输作业计划。

7. 劳动防护

运输危险货物的企业（单位），应配备必要的劳动防护用品和现场急救用具；特殊的防护用品和急救用具应由托运人提供。

危险货物装卸作业时，应穿戴相应的防护用具，并采取相应的人身肌体保护措施；防护用具使用后，应按照国家环保要求集中清洗、处理；对被剧毒、放射性、恶臭物品污染的防护用具应分别清洗、消毒。

运输危险货物的企业（单位），应负责定期对从业人员进行健康检查和事故预防、急救知识的培训。

危险货物一旦对人体造成灼伤、中毒等危害，应立即进行现场急救，并迅速送往医院治疗。

8. 事故应急处理

运输危险货物的企业（单位），应建立事故应急预案和安全防护措施。

第三节　危险化学品铁路运输安全管理

2008年12月1日起施行的《铁路危险货物运输管理规则》（铁运［2008］174号），对加强铁路运输危险化学品货物的管理，提供了法律依据。

《铁路危险货物运输管理规则》主要包括总则，承运人、托运人资质，办理站和专用线（专用铁路），托运和承运，包装和标志，新品名、新包装等运输条件，基础管理制度，运输及签认制度，危险货物运输押运管理，消防、劳动安全及防护，洗刷除污，保管和交付，培训与考核，危险货物自备货车、自备集装箱技术审查程序，危险货物自备货车运输，危险货物集装箱运输，剧毒品运输，放射性物质运输，危险货物进出口运输，技术咨询与培训机构，事故应急预案及施救信息网络，监督与处罚，附则等规定，共23章，155条。主要内容阐述如下。

一、承运人、托运人资质

1. 铁路危险货物运输的承运人、托运人，必须具有铁路危险货物承运人资质或铁路危险货物托运人资质。

2. 《铁路危险货物承运人资质证书》（以下简称《承运人资质证书》）编号方法、证书内容及形式。

（1）编号分配方式。编号由5位数字组成，其中前两位代表铁路局编号，后三位代表车站分配号码。

1）铁路局编号：哈尔滨 23，沈阳 21，北京 11，太原 14，呼和浩特 15，郑州 41，武汉 42，西安 61，济南 37，上海 31，南昌 36，广州 44，柳州 45，成都 51，昆明 53，兰州 62，乌鲁木齐 65，青藏 63。

2）车站分配三位数 001—999，如北京铁路局×××站为：11001。其他车站按顺序分配号码。

（2）证书内容。证书内容分四部分：说明和要求，批准栏，年检栏，违反规定记录。

（3）证书形式

1）证书分正本和副本两种，证书正面右上角印有“正本”“副本”字样以示区别，正、副本具有同等效力。

2）《承运人资质证书》规格为 210 mm×297 mm 中间对开形式。证书表皮为棕色塑料，印有“铁路危险货物承运人资质证书”和“××铁路安全监督管理办公室监制”烫金字样。

3.《铁路危险货物托运人资质证书》（以下简称《托运人资质证书》，格式 9）编号方法、证书内容及形式。

（1）编号分配方式。编号由八位数字组成，其中前两位代表铁路局编号，中间三位代表车站分配号码，后三位代表托运人分配号码。

1）铁路局编号：哈尔滨 23，沈阳 21，北京 11，太原 14，呼和浩特 15，郑州 41，武汉 42，西安 61，济南 37，上海 31，南昌 36，广州 44，柳州 45，成都 51，昆明 53，兰州 62，乌鲁木齐 65，青藏 63。

2）车站分配 3 位数 001—999，如北京铁路局×××站为：11001。其他车站按顺序分配号码。

3）托运人分配 3 位数 001—999，如北京×××公司，该托运人《托运人资质证书》为 11001001。其他托运人按顺序分配号码。

（2）证书内容。证书内容分四部分：说明和要求，批准栏，年检栏，违反规定记录。

（3）证书形式

1）证书分正本和副本两种，证书正面右上角印有“正本”或“副本”字样，正、副本具有同等效力。副本数量可根据需要确定。

2）《托运人资质证书》规格为 210 mm×297 mm 中间对开形式。证书表皮为棕色塑料，印有“铁路危险货物托运人资质证书”和“××铁路安全监督管理办公室监制”烫金字样。

4. 各铁路安全监督管理办公室每月 5 日前向铁道部报送上月资质许可、变更、取消等情况，新增危险货物承运人、托运人资质的须填写资质证书号码，由铁道部在《铁路危险货物运输资质一览表》（以下简称《运输资质》）中公布。

二、办理站和专用线（专用铁路）

1. 危险货物办理站是指站内、专用线、专用铁路办理危险货物发送、到达业务的车站。按类型分为五种：

（1）专办站：指主要办理危险货物运输的车站。

（2）兼办站：指主要办理普通货物运输，兼办危险货物运输的车站

（3）集装箱办理站：指在站内办理危险货物集装箱运输的车站。

（4）专用线接轨站：指仅在接轨的专用线、专用铁路办理危险货物作业的车站。

（5）综合办理站：指前四项中两项以上的车站。

2. 危险货物办理站要根据危险货物运输需求和铁路运力资源配置的情况，统一规划，合理布局。

新建危险货物办理站时，应远离市区和人口稠密的区域；与发展危险货物物流园区配套考虑；并与省、自治区、直辖市人民政府或设区的市级人民政府商定符合安全要求的危险货物办理站设置地点。

3. 铁路对危险货物运输的品名、发到站（专用线、专用铁路）、运输方式、作业能力、安全计量等实行明细化管理。凡是具有承运人、托运人资质的单位在办理危险货物运输时，按《办理规定》执行。

《办理规定》的主要内容：

（1）危险货物办理站名表，规定站内办理危险货物的发到品类；

（2）危险货物集装箱办理站名表，规定站内办理危险货物集装箱发到站名及允许的箱型；

（3）剧毒品办理站名表，规定剧毒品发到的品名、发到站及专用线、运输方式；

（4）专用线、专用铁路办理规定一览表，规定铁路罐车、集装箱（罐）、整车装运危险货物发到的品名；与车站衔接的专用线、专用铁路产权单位名称、共用单位名称；轨道衡计量以及集装箱（罐）作业条件（起重能力、起重设备类型）等。

4. 凡在《办理规定》中未列载的办理站（专用线、专用铁路）不得办理危险货物运输。批准办理危险货物运输的办理站（专用线、专用铁路）只准办理列载的危险货物，如需增加或修改有关内容，由铁路局报铁道部批准。

5. 新建、改建的铁路危险货物运输项目立项前，须由铁道部认定的专业技

术机构做运输安全综合分析，并提出研究报告。

新建危险货物专用线的储存、装卸等设施与铁路正线及车站（含货场）的安全距离须符合《铁路运输安全保护条例》第 17 条有关规定。对安全距离不符合要求的既有专用线，原则上不再办理增加品名、共用单位等有关业务。

新建气体类危险货物装车作业的专用线（专用铁路），需具备专用线（专用铁路）与接轨站之间的网络通道和相应的视频监控设备。

6. 新增危险货物办理站按本规则《铁路危险货物承运人资质许可办法》办理。

7. 专用线（专用铁路）应与设计时办理危险货物运输内容一致，装运和接卸危险货物运输品类，要有专门的仓库、雨棚、栈桥、鹤管、输送管线、储罐等附属设施和安全防护设备，达不到上述要求的（如无上述仓库、雨棚等，或无栈桥采用罐车、汽车对装对卸方式等），不得办理危险货物运输。

8. 办理危险货物的办理站、专用线（专用铁路）每三年须由铁道部认定的专业技术机构进行运输安全综合分析。

9. 在专用线（专用铁路）办理危险货物运输时，托运人、收货人须与接轨站签订《专用线（专用铁路）运输协议》和《危险货物运输安全协议》。

10. 危险货物总发到年运量 5 万 t 以下的，原则上不再新增专用线开办危险货物运输发到业务。

专用线原则上不进行危险货物运输共用。危险货物到达确需共用时，年到达量须在 3 万 t 以上，并由产权单位、共用单位、车站三方签订《危险货物专用线共用协议》，经运输安全综合分析达到安全要求。

《危险货物运输安全协议》《危险货物专用线共用协议》每年签订一次，首次签订协议以《办理规定》公布为生效期。

11. 新增办理站、专用线（专用铁路）和共用单位，以及新增品名时，须由铁路局提交申请报告及铁道部认定的专业技术机构出具的《运输安全综合分析报告》、国家安监部门认定机构出具的《专用线及其附属设施安全评价报告》等。铁路局对报告中提出影响铁路危险货物运输安全的问题，必须督促整改，并在申请报告中予以明确。

对于已进行运输安全综合分析，分析报告在有效期内的，仅需对新增内容作专项分析。

12. 危险货物办理站应建立危险货物运输有关技术档案，具体掌握危险货物的运量、品类、理化特性、包装、运输方式、装卸作业设备、计量方法、消防设施等情况。适时掌握企业危险货物运输发展动态，相应调整管理措施和内容。

三、托运和承运

1. 危险货物仅办理整车和10 t以上集装箱运输。

2. 托运人托运危险货物时，应在货物运单“货物名称”栏内填写“危险货物品名索引表”内列载的品名和铁危编号，在运单的右上角用红色戳记标明类项名称，并在货物运单“托运人记载事项”栏内填写《托运人资质证书》、经办人身份证和《铁路危险货物运输业务培训合格证》（以下简称《培训合格证》）号码，对派有押运员的还需填写押运员姓名、身份证号码和《培训合格证》号码。气体危险货物还需填写《液化气体铁路罐车押运员证（以下简称《押运员证》）》。托运爆炸品（烟花爆竹）时，托运人还须出具到达地县级人民政府公安部门批准的《民用爆炸物品运输许可证》（《烟花爆竹道路运输许可证》），并注明许可证名称和号码，并在运单右上角用红色戳记标明“爆炸品（烟花爆竹）”字样。

3. 禁止运输本规则未确定运输条件的过度敏感或能自发反应而引起危险的物品。如叠氮铵、无水雷汞、高氯酸（>72%）、高锰酸铵、4-亚硝基苯酚等。

对易发生爆炸性分解反应或需控温运输等危险性大的货物，须由铁道部确定运输条件。如乙酰过氧化磺酰环己烷、过氧重碳酸二仲丁酯等。

凡性质不稳定或由于聚合、分解在运输中能引起剧烈反应的危险货物，托运人应采用加入稳定剂或抑制剂等方法，保证运输安全。如乙烯基甲醚、乙酰乙烯酮、丙烯醛、丙烯酸、醋酸乙烯、甲基丙烯酸甲酯等。

4. 受理、承运危险货物时，必须符合下列规定：

(1) 《托运人资质证书》、经办人身份证和《培训合格证》与运单记载一致。

(2) 运单记载的品名、类项、编号等内容与《品名表》的规定一致，并核查《品名表》第11栏内有无特殊规定。

(3) 发到站、办理品名、运输方式与《办理规定》一致。

(4) 货物品名、质量、件数与运单记载相统一。

(5) 具有危险货物运输包装检测合格证明。

(6) 运单右上角用红色戳记标明编组隔离、禁止溜放或限速连挂等警示标记。

(7) 国内运输危险货物禁止代理。

(8) 其他有关规定。

四、包装和标志

1. 危险货物包装是指以保障运输、储存安全为主要目的，根据危险货物性质、特点，按国家有关法规、标准，专门设计制造的包装物、容器和采取的防护技术。

（1）危险货物包装根据其内装物的危险程度划分为三种包装类别：

Ⅰ类包装——盛装具有较大危险性的货物，包装强度要求高；

Ⅱ类包装——盛装具有中等危险性的货物，包装强度要求较高；

Ⅲ类包装——盛装具有较小危险性的货物，包装强度要求一般。

（2）有特殊要求的另按国家有关规定办理。

2. 危险货物的运输包装和内包装应按《品名表》及《包装表》的规定确定，同时还须符合下列要求：

（1）包装材料材质、规格和包装结构应与所装危险货物性质和质量相适应。包装材料不得与所装物产生危险反应或削弱包装强度。

（2）充装液态货物的包装容器内至少留有5%的余量（罐车及罐式集装箱装运的液体危险货物应符合本规则第十五章危险货物自备货车运输有关规定）。

（3）液态危险货物要做到气密封口。对须装有通气孔的容器，其设计和安装应能防止货物流出和杂质、水分进入。其他危险货物的包装应做到严密不漏。

（4）包装应坚固完好，能抗御运输、储存和装卸过程中正常的冲击、振动和挤压，并便于装卸和搬运。

（5）包装的衬垫物不得与所装货物发生反应而降低安全性，应能防止内装物移动和起到减振及吸收作用。

（6）包装表面应保持清洁，不得黏附所装物质和其他有害物质。

3. 危险货物运输包装应取得国家规定的包装物、容器生产许可证及检验合格证。铁路运输时，应根据铁路运输特点、状况、条件、由符合国家规定条件且铁道部认定的包装检测机构进行包装性能试验。试验要求、方法、合格标准，须符合《铁路危险货物运输包装性能试验规定》（简称《包装试验规定》和《铁路危险货物运输包装性能试验要求和合格标准》。

钢瓶应符合《气瓶安全监察规程》规定，放射性物质包装应按照《放射性物质安全运输规程》（GB 11806）的要求进行设计和试验。

4. 采用集装化运输的危险货物，包装须符合本规则规定，使用的集装器具必须有足够的强度，能够经受堆码和多次搬运，并便于机械装卸。

5. 货物包装上应牢固、清晰地标明《危险货物包装标志》（以下简称《包装标志》）和《包装储运图示标志》（以下简称《储运标志》）中相应的包装标志和储运标志。

进出口危险货物在国内段运输时必须粘贴或拴挂、喷涂相应的中文危险货物包装标志和储运标志。

五、新品名、新包装等运输条件

1. “危险货物品名索引表”中未列载的品名办理运输时须进行性质鉴定，属于危险货物时，按危险货物新品名试运要求办理运输。

托运人提交品名鉴定前，需填写《铁路危险货物运输技术说明书》（以下简称《技术说明书》），一式四份。托运人对填写内容和送检样品真实性承担法律责任。送检样品须经铁道部认定的专业技术机构进行鉴定。危险货物新品名试运由铁路局批准。经批准后，发站、铁路局、托运人各留存一份《技术说明书》。

新品名试运须在指定的时间和区段内进行。跨铁路局试运时，由批准单位以电报形式通知有关铁路局。

试运前承运人、托运人双方应签订安全运输协议。

试运时，由托运人在运单“托运人记载事项”栏内注明“比照铁运编号×××新品名试运，批准号×××”字样。试运时间 2 年。试运结束时，托运人应会同车站将试运结果报主管铁路局。铁路局对试运结果进行研究后，提出试运报告报铁道部。铁道部根据试运报告指定有关部门进行复验，达到要求后正式批准运输。未经批准或超过试运期未上报试运报告的，须停止试运。

2. 托运人要求改变包装时应填写《改变运输包装申请表》（简称《改变包装表》），一式四份。有关试运要求，比照本规则有关规定程序办理。

3. 《品名表》第 11 栏特殊规定符合按普通货物运输条件的，可按普通货物条件运输。

危险货物按普通货物条件运输时，经铁路局批准后可在非危险货物办理站专用线（专用铁路）发运。托运人应在货物运单“托运人记载事项”栏内注明“×××（铁危编号），可按普通货物运输”［如“石棉（91006），可按普通货物运输”］。

按普通货物条件运输的危险货物，限使用棚车装运，符合其他相关规则规定的，可使用集装箱装运，但必须符合《品名表》第 11 栏特殊规定要求，其包装、标志须符合本规则的相应规定。

按普通货物条件运输的，可不办理《托运人资质证书》。

4. 放射性物质的包装件外表面最大辐射水平不超过 0.005 mSv/h，包装件外表面放射性污染不超过表 6—6 中的最大限值和表 6—7 限值的，可按普通货物运输。

表 6—6　　包装件放射性污染最大限值

污染表示	β、γ 和低毒性 α 发射体（Bq/cm^2）	其他 α 发射体（Bq/cm^2）
包装件外表面或包装件外层辅助包装和运输工具表面	0.4	0.04

每个包装件放射性内容物不超过表 6—7 中所列限值。

表 6—7　　包装件的放射性活度限值

内容物性质	仪表或制成品		放射性物质包装件限值
	物品限值	包装件限值	
固态			
特殊形式	$10^{-2}A_1$	A_1	$10^{-3}A_1$
其他形式	$10^{-2}A_2$	A_2	$10^{-3}A_2$
液态	$10^{-3}A_2$	$10^{-1}A_2$	$10^{-4}A_2$
气态			
氚	$2\times10^{-2}A_2$	$2\times10^{-1}A_2$	$2\times10^{-2}A_2$
特殊形式	$10^{-3}A_1$	$10^{-2}A_1$	$10^{-3}A_1$
其他形式	$10^{-3}A_2$	$10^{-2}A_2$	$10^{-3}A_2$

六、基础管理制度

1. 危险货物办理站需按《铁路危险货物运输基础管理台账目录》（简称《台账目录》）的内容要求，结合本站危险货物运输办理情况，建立台账并实行分类管理。铁路局应把管理台账纳入安全管理检查考核内容。

2. 要建立危险货物运输安全例会制度，针对存在问题，制定整改措施，不断提高危险货物运输管理水平。铁路局须于每月 28 日之前将危险货物安全管理状况报铁道部，具体报告形式见《铁路危险货物运输安全月报》。

发生危险货物运输事故时，按《铁路货物运输事故处理规则》规定进行报告，同时按《危险货物运输事故分析报告》填报。

3. 办理站要按《危险货物发送运量统计表》和《危险货物到达运量统计表》要求的内容进行统计并逐级上报，铁路局向铁道部报告时间为每季度开始月的 10 日内。

运输统计工作要做到内容真实，数字准确，报告及时。

七、运输及签认制度

1. 危险货物限使用棚车装运（《品名表》第 11 栏内有特殊规定除外）。装运时，限同一品名、同一铁危编号。爆炸品、硝酸铵、氯酸钠、氯酸钾、黄磷和钢桶包装的一级易燃液体应选用车况良好的 P_{64}、P_{64A}、P_{64AK}、P_{64AT}、P_{64GK}、P_{64GT} 型竹底棚车或木底棚车装运，并须对门口处金属磨耗板，端、侧墙的金属部分采用非破坏性措施进行衬垫隔离处理。如使用铁底棚车时，须经铁路局批准。

毒性物质限使用毒品专用车，如毒品专用车不足时，经铁路局批准可使用铁底棚车装运（剧毒品除外）。铁路局应指定毒品专用车保管（备用）站。毒品专用车回送时，使用“特殊货车及运送用具回送清单”。

2. 危险货物装卸作业使用的照明设备及装卸机具必须具有防爆性能，并能防止由于装卸作业摩擦、碰撞产生火花。装卸作业前，应对车辆和仓库进行必要的通风和检查，向装卸工组说明货物品名、性质、作业安全事项并准备好消防器材和安全防护用品。作业时要轻拿轻放，堆码整齐稳固，防止倒塌，严禁倒放、卧装（钢瓶等特殊容器除外）。装卸车作业要求如下：

（1）装车作业。

1）检查车辆。检查车种车型与规定装运货物相符，查看门窗状态、进行透光检查，确认车辆检修是否过期。

2）检查货物。检查货物品名、包装、件数与运单填写是否一致，以及货物包装是否符合规定。

3）装车作业。传达安全注意事项及装载方案。

4）装车后工作。检查堆码及装载状态，查验门窗是否关闭良好，做好施封加锁及装车台账登记工作等。

（2）卸车作业。

1）检查车辆。进行车辆状态及施封检查，核对票据与现车，确定卸车及堆码方法。

2）卸车作业。传达安全作业注意事项及卸车方案。

3）卸车后工作。填记卸货登记簿。对受到污染的车辆，及时回送洗刷所洗刷除污。清理车辆残存废弃物交由收货人负责处理。因污染、腐蚀造成车辆损坏的，要按规定索赔。

3. 危险货物存放时要求按类、项区别专库专用，如不同类项的危险货物确需同库混合存放，须符合《铁路危险货物配放表》（以下简称《配放表》，见表6—8）的规定。

表 6—8　　　　　　　　　　　　　铁路危险货物配放表

危险货物的种类和品名				品名编号	配放号									
危险货物	气体	易燃气体		21001～21061，21063～21064	3	3								
危险货物	气体	非易燃无毒气体	氧、空气、一氧化二氮（氧及氧气空钢瓶不得与油脂在同库配放）	22001，22003，22017	4	△	4							
危险货物	气体	非易燃无毒气体	其他非易燃无毒气体	22005～22016，22018～22055	5			5						
危险货物	气体	有毒气体（液氯及液氨不得在同库配放）		23001～23052，23053	6				6					
危险货物	易燃液体			31001～31055，31101～31302，32001～32150	7		×		×	7				
危险货物	易燃固体、易于自燃的物质、遇水放出易燃气体的物质	易燃固体（发孔剂H不得与酸性腐蚀性物质及有毒或易燃酯类危险物品配放）		41001～41062，41501～41553	8		×		×		8			
危险货物	易燃固体、易于自燃的物质、遇水放出易燃气体的物质	易于自燃的物质	一级易于自燃的物质	42001～42040	9	×	×		×	×	×	9		
危险货物	易燃固体、易于自燃的物质、遇水放出易燃气体的物质	易于自燃的物质	二级易于自燃的物质	42501～42526	10	△	△		×	△			10	
危险货物	易燃固体、易于自燃的物质、遇水放出易燃气体的物质	遇水放出易燃气体的物质（不得与含水液体货物在同库配放）		43001～43051，43501～43510	11	△	△		△			×		11

危险货物	氧化性物质和有机过氧化物	氧化性物质	过氧化氢	51001，51501	12					×		△	△	×	12									
			亚硝酸盐、亚氯酸盐、次亚氯酸盐	51043，51046，51071～51074，51509，51525	13	△			×	×	△	△		△		13								
			其他氧化性物质（配放号15所列品名除外）	51002～51042，51044，51045，51047～51067，51069，51070，51080～51083，51502～51508，51510～51524，51526，51527	14	△			×	×	△	△		△		×	14							
			硝酸胍、高氯酸醋酐溶液、过氧化氢尿素、二氯异氰尿酸、三氯异氰尿酸、四硝基甲烷等有机过氧化物	51068，51075～51079 52001～52103	15	×			×	×	×	×		△	△	×	×	15						
	毒性物质		氰化物	61001～61005	16										×				16					
			其他毒性物质	61006～61034，61051～61139，61501～61520，61551～61924	17										△					17				
	腐蚀性物质	酸性腐蚀性物质	溴	81021	18	△				△		×	△	△				×	×	△	18			
			发烟硝酸、硝酸、硝化酸混合物、废硝酸、废硝化混合酸、发烟硫酸、硫酸、含铬硫酸、废硫酸、淤渣硫酸、氯磺酸	81001～81004，81006～81009，81023	19	×	△	△	×	△	△	×	×	△	△	×		×	×	△	△	19		
			其他酸性腐蚀性物质	81005，81010～81020，81022，81024～81067，81101～81135，81501～81531，81601～81647，81532～81534	20	△			△			△		△	△	△	△	△	×	△		△	20	
			碱性腐蚀物质（水合肼、氨水不得与氧化性物质和有机过氧化物配放）其他腐蚀性物质	82001～82033，82501～82524，83001～83021，83501～83514	21									△								×		21

续表

普通货物	易燃普通货物		22	×			×						△			△			△	×			22
	饮食品、粮食、饲料、药品、药材类、食用油脂		23	△			×	△	△	×		×	△				×	×	×	×	×	△	23
	非食用油脂		24									△							×	×			24
	活动物		25	×			×	△	△	×		×	×	△	△	△	×	×	×	×	×	×	25
	其他		26																				26
配放号				3	4	5	6	7	8	9	10	11	12	13	14	15	16	17	18	19	20	21	

4. 根据危险货物特殊性质，在调车作业和运输编组隔离、车辆技术检查、整备、检修等技术作业中需采取特殊防护事项，要有明确规定，并须书面通知有关单位和人员。有关运输单据和货车上的表示方式见特殊防护事项表（见表 6—9）。

表 6—9　　特殊防护事项表

特殊防护事项	货车上的表示	运输单据上的表示
规定禁止溜放和限速连挂的货车	在货车两侧插挂“禁止溜放”或“限速连挂”的货车表示牌	在运单右上角、票据封上用红色记明“禁止溜放”或“限速连挂”的字样
规定编组需要隔离的货车	①在货车表示牌上要记明三角标记 ②未限定“禁止溜放”或“限速连挂”的货车可用货车表示牌背面记明三角标记，并插于货车两侧	在运单右上角、票据封套上用红色记明规定的三角标记
《品名表》第 11 栏中规定停止制动作用的货车	在货车表示牌上记明“停止制动作用”字样	在运单右上角、票据封套上用红色记明“停止制动用”的字样

派有押运员的成组危险货物车辆，要求成组连挂，不得拆解；发站必须在该组车辆每一张运单、货票上注明“成组连挂，不得拆解”，并将该组票据单独装入封套（剧毒品除外），封套上注明“成组连挂，不得拆解”。

5. 装运需停止制动作用的货车时，车站应书面通知所在地货车车输段，由货车车输段派就近的列检作业场人员到场检查确认后关闭截断塞门并施封，封上须有“停止制动”字样，同时在货票上注明“停止制动”。施封后，所在地货车车辆段应认真做好记录，并将“停止制动”施封车辆的车种车型车号及到站及时通知到站所在地货车车辆段。到站卸车后，车站应书面通知所在地货车车辆段，由货车车辆段派就近的列检作业场人员到场检查确认后拆封，开启截断塞门，并将该车辆的车种车型车号及时通知发站所在地货车车辆段予以销号。

6. 装运危险货物应快装、快卸、快取、快送、优先编组、优先挂运。站内停放危险货物车辆时，要采取安全防护措施，对需要看护的重点危险货物，由车站派员看守并通知铁路公安部门。

7. 爆炸品、硝酸铵、剧毒品（非罐装）、气体类和其他另有规定的危险货物运输作业实行签认制度。作业应按规定程序和作业标准进行并签认。要对作业过程内容的完整性、真实性负责，严禁漏签、代签和补签。签认单保存期半年。

运输签认制度的有关要求按《铁路危险货物运输作业签认单》（以下简称《签认单》）办理。

八、危险货物运输押运管理

1. 运输爆炸品（烟花爆竹除外）、硝酸铵实行全程随货押运。剧毒品、罐车装运气体类（含空车）危险货物实行全程随车押运。装运剧毒品的罐车和罐式箱不需押运。其他危险货物需要押运时按有关规定办理。

2. 押运员必须取得《培训合格证》。运输气体类的危险货物时，押运员还须取得《押运员证》。

3. 押运员应了解所押运货物的特性，押运时应携带所需安全防护、消防、通信检测、维护等工具以及生活必需品，应按规定穿着印有红色“押运”字样的黄色马甲，不符合规定的不得押运。

押运员在押运过程中必须遵守铁路运输的各项安全规定，并对所押运货物的安全负责。

4、押运管理工作实行区段签认负责制。货检人员须与押运员在所押运的车辆前签认，签认内容见《全程押运签认登记表》。托运人再次办理运输时须出具此登记表，并由车站保留 3 个月。对未做到全程押运的，再次办理货物托运时车站不予受理。

5. 同一托运人、同一到站押运方式、车辆及人数规定：

(1) 气体类 6 辆重（空）罐车（含带押运间车辆）以内编为 1 组。1～6 车押运员不得少于 2 人，7～12 车押运员不得少于 4 人，13～18 车押运员不得少于 6 人。每列编挂不得超过 3 组。每组间的隔离车不得少于 10 辆（原则上需要用普通货物车辆隔离）。装运爆炸品（含烟花爆竹）、硝酸铵、气体类车辆与牵引机车隔离不少于 4 辆。

(2) 剧毒品 4 辆（含带押运间车辆）以内编为 1 组，每组 2 人押运；2 组以上押运人数由铁路局确定。

(3) 硝酸铵 4 辆以内编为 1 组，每组 2 人押运；2 组以上押运人数由铁路局确定。

(4) 爆炸品（烟花爆竹除外）每车2人押运。

上述车辆编组隔离除符合本条规定外，还须符合本规则《铁路车辆编组隔离表》的规定。

派有押运员的车辆，成组挂运时，途中不得拆解。

6. 新造出厂的和洗罐站洗刷后送检修站的及检修后首次返空的气体类危险货物罐车不需押运，但须在运单、货票上注明“新造车出厂”“洗刷后送检修站”或“检修后返空”字样。

7. 运输时发现押运员身份与携带证件不符或押运员缺乘、漏乘时应及时甩车，做好记录，并通知发站或到站联系托运人、收货人立即补齐押运员后方可继运。

8. 托运人应针对运输的危险货物特性，建立危险货物运输事故应急预案及施救措施。押运员在运输途中发现异常现象时，应及时采取应急措施并向铁路部门报告。

九、消防、劳动安全及防护

1. 办理站要建立健全消防、安全防护责任制，针对本站危险货物业务特点，对职工进行消防、安全防护教育和培训；确定重点危险源，按照国家有关规定，配置消防、安全防护设施和器材，设置消防、安全防护标志。消防、安全防护设施、器材需由专人管理，负责进行检查、维修、保养、更换和添置，确保消防、安全防护设施和器材齐全完好有效。

2. 办理站要建立义务应急救援队伍，制定事故处置和应急预案，设置醒目的安全疏散标志，保持疏散通道安全畅通；定期组织事故救援演练，开展自防自救工作，对活动进行记录和总结，并对巡查情况进行完整记录。

3. 危险货物办理站和货车洗刷所必须建立健全劳动保护制度，劳动安全与环保设施必须符合国家和铁道部等有关规定。对从事危险货物运输的作业人员应进行劳动安全保护教育，严格执行国家劳动安全卫生规程和标准，有效预防作业过程中的人身伤害事故。

4. 应建立健全劳动防护用品的购买、验收、保管、发放、使用、更换、报废等管理制度；按照劳动防护用品的使用要求，在使用前对其防护功能进行必要的检查。

5. 应建立直接从事危险货物运输人员的职业健康监护档案，做好职业健康管理工作。对直接从事危险货物运输的人员应按国家规定给予相应营养保健待遇；每年应进行一次职业健康体检，合理组织和安排健康疗养等活动。

6. 应根据危险货物的运量、品类等情况，配备下列劳动保护用品和安全检测仪器等有关设施、设备：

（1）有防静电功能的防护服、防护手套、防护镜、防毒面具以及必要的应急药品和器材。

（2）可燃气体检测报警仪、有毒气体检测报警仪以及有关报警、通信装置。

（3）沐浴室、洗衣房、休息室、更衣室等设施。

（4）办理放射性物质运输的车站，须配备放射性物质检测仪器。如辐射水平检测仪、表面放射性污染监测仪、个人剂量监测仪等。

（5）其他有关安全防护设施、设备。

十、洗刷除污

1. 装过危险货物的货车，卸后必须清扫干净。下列情况必须进行洗刷除污：

（1）装过剧毒品的毒品车；

（2）发生过撒漏、受到污染（包括有刺激异味）的货车；

（3）回送检修运输危险货物的货车。

2. 货车洗刷除污工艺必须符合《铁路货车洗刷除污方法》。回送洗刷除污的货车，应在“特殊货车及运送用具回送清单”上注明品名及编号，并在货车两车门内外明显处粘贴“铁路货车洗刷回送标签”各一张。

货车经洗刷除污达到要求后应撤除货车洗刷回送标签，并在货车两车门内外明显处粘贴“铁路货车洗刷除污工艺合格证”各一张，并填写《洗刷除污登记表》。

3. 装过放射性物质的货车、苫盖的篷布及有关用具，卸后须由铁路防疫部门对 α、β、γ 发射体的污染水平进行检测，检测结果必须低于允许规定的 1/50，达到要求后方可排空使用。

4. 对装过性质特殊、缺乏有效洗刷除污手段的货车，洗刷所应通知卸车站，要求收货人提供有效的洗刷除污方法和药物，再次洗刷处理。

5. 洗刷除污须具备的条件：

（1）洗车台位数、洗车线的数量和长度应达到洗刷除污的能力需求。

（2）洗刷除污的废水、废物处理技术条件应符合《铁路货车洗刷废水处理技术条件》（TB 1797）和《铁路货车洗刷固体废物处理技术条件》（TB/T 2321）的要求。

（3）洗刷除污后的废水、废物的排放必须达到环保部门的有关标准。

十一、保管和交付

1. 危险货物应按其性质和要求存放在指定的仓库、雨棚等场地。遇潮或受阳光照射容易燃烧或产生易燃、易爆、毒气体的危险货物不得在雨棚、露天存放。存放保管危险货物时，应符合《配放表》的要求。编号不同的爆炸品不得同库存放。放射性物质需建专用仓库，并与爆炸品仓库保持 20 m 以上的安全距离。

2. 堆放危险货物的仓库、雨棚等场地必须清洁干燥、通风良好，配备充足有效的消防设施。货场应设置明显的安全警示标志，须建立健全值班巡守制度。仓库作业完毕后应及时锁闭，剧毒品须加双锁，做到双人收发、双人保管。进入货场的机动车辆必须安装防火帽（罩）。

3. 对到达的货物要及时通知收货人，做到及时交付货物，及时取送车辆。货位清空后，需及时清扫、洗刷干净。对撒漏的危险货物及废弃物，应及时通知收货人进行处理。对危险性大、撒漏严重的，要会同卫生防疫、环保、消防等部门共同处理。

十二、培训与考核

1. 从事危险货物运输的各有关单位主要负责人员、主管人员以及现场货装人员、企业运输员、押运员应进行技术业务培训。

培训工作应根据对象、专业特点，确定教学内容，配备师资力量，完善设施条件，改进培训方式，不断提高从业人员的技术业务素质。

2. 直接从事危险货物运输的人员必须经过不少于 60 学时的技术业务培训，考试合格者，由承运站铁路局核发《培训合格证》《押运员证》，未取得该证者不得上岗。《培训合格证》有效期为两年，每两年进行考核换证。

3. 技术业务培训主要内容：

（1）危险货物运输的有关法规、政策、标准。

（2）铁道部、铁路局等主管部门有关文电规定。

（3）危险货物运输基础理论。

（4）国内外危险货物运输现代化管理及发展趋势。

（5）事故应急预案、救援方法。

（6）国内外重大危险化学品事故案例分析、处理方式以及重大危险源的辨识和控制方法。

（7）其他专项技术培训。

十三、危险货物自备货车、自备集装箱技术审查程序

1. 危险货物自备货车是企业为满足自身生产需要装运危险货物并经国家铁路站过轨运输的货车。

企业危险货物自备货车包括装运危险货物的罐车、棚车、敞车、平车、矿石车及其他特种车。

2. 危险货物自备货车必须达到铁道部规定的安全标准和技术条件。为确保危险货物自备货车适宜装运相应危险货物，申请人在购置危险货物自备货车前，

应申请技术审查：

(1) 申请人应具有危险货物托运人资质（收货人除外）。采用自备车辆运输危险货物的，要有专门用于装运和接卸危险货物运输的自有专用线（专用铁路）及专用储运附属设备设施，运输的品类和业务范围应与设计时批准的内容一致。危险货物托运人的资质及办理危险货物的车站（专用线、专用铁路）应在《运输资质》和《办理规定》中予以公布。

(2) 申请人应向拟办理危险货物过轨运输的始发站或到达站提出申请，并由车站上报铁路局，铁路局对技术条件进行初审后，报铁道部核准。

(3) 申请报告除集装箱技术资料外还应包括下列内容：资质条件，专用线状况，企业生产规模，产品性质，运量、流向，装卸设备，罐式箱的铁路冲击试验结果，管理制度以及发生事故的应急预案等。

(4) 铁道部对符合条件的予以批复，同时将《铁路危险货物自备罐车购置技术审查表》(《罐式箱审查表》) 留存一份备案，另三份寄送申报铁路局，其中一份铁路局留存，一份交购置单位，一份交购置单位办理《铁路危险货物自备集装箱安全技术审查合格证》(以下简称《危货箱安全合格证》)。

3. 危险货物自备集装箱投入运用前，铁路局应按《铁路自备集装箱编号登记表》进行登记并编号，编号方式如：哈 TWX0001、京 TWX0001、上 TWX0001。

十四、危险货物自备货车运输

1. 危险货物自备货车运输时，须由车辆产权单位向过轨站段提出申请，站段初审后报所属铁路局审核，符合规定的，由所属铁路局签发《危货车安全合格证》。《危货车安全合格证》实行一车一证，车证相符，按规定品名装运，不得租借和混装使用。铁路局应建立《危货车安全合格证》档案，每年进行一次复核。

2. 办理《危货车安全合格证》应出具下列技术文件：

(1) 装运气体类危险货物罐车。

1) 申请报告（含企业生产经营规模、运量、产品理化特性和危险性分析）；

2)《自备罐车审查表》；

3) 压力容器使用登记证；

4) 铁路货车制造合格证明；

5) 铁路货车检修合格证明；

6) 车辆验收记录；

7) 押运员的《押运员证》和《培训合格证》；

8)《企业自备车经国家铁路过轨运输许可证》；

9）其他有关资料。

（2）装运非气体类液体危险货物罐车。

1）申请报告（含企业生产经营规模、运量、产品理化特性和危险性分析）；

2）《自备罐车审查表》；

3）铁路罐车容积检定证书；

4）车辆验收记录；

5）铁路货车制造合格证明；

6）铁路货车检修合格证明；

7）押运员的《培训合格证》（规定须押运的货物）；

8）《企业自备车经国家铁路过轨运输许可证》；

9）其他有关资料。

（3）非罐车装运危险货物。

1）申请报告（含企业生产经营规模、运量、产品理化特性和危险性分析）；

2）《自备货车审查表》；

3）车辆验收记录；

4）铁路货车制造合格证明；

5）铁路货车检修合格证明；

6）押运员的《培训合格证》（规定须押运的货物）；

7）《企业自备车经国家铁路过轨运输许可证》；

8）其他有关资料。

3. 危险货物罐车装卸作业必须在专用线（专用铁路）办理。自备罐车装运危险货物，品名范围及车种要求应符合《品名表》第 11 栏中特殊规定，未作规定的报铁道部制定运输条件。

铁路产权罐车限装品名为原油、汽油、煤油、柴油、石脑油（溶剂油）及非危险货物的重油、润滑油。

4. 装运危险货物的罐车罐体本底色应为银灰色，罐体两侧纵向中部应涂刷一条宽 300 mm 表示货物主要特性的水平环形色带：红色表示易燃性，绿色表示氧化性，黄色表示毒性，黑色表示腐蚀性。

装运酸、碱类的罐体为全黄色，罐体两侧纵向中部应涂刷一条宽 300 mm 黑色水平环形色带；装运煤焦油、焦油的罐体为全黑色，罐体两侧纵向中部应涂刷一条宽 300 mm 红色水平环形色带。

装运黄磷的罐体为银灰色，罐体中部不用涂打环形色带。需在罐体两端右侧中部喷涂 9、13 号危险货物标志图。

环带上层 200 mm 宽涂蓝色，下层 100 mm 宽涂红色或黄色分别表示易燃气体或毒性气体。环带 300 mm 为全蓝色时表示非易燃无毒气体。

罐体两侧环形色带中部（有扶梯时在扶梯右侧）以分子、分母形式喷涂货物名称及其危险性，如苯：$\frac{\text{苯}}{\text{易燃、有毒}}$

对遇水会剧烈反应，事故处理严禁用水的货物，还应在分母内喷涂“禁水”二字，如硫酸：$\frac{\text{硫酸}}{\text{腐蚀、禁水}}$

并按规则在罐体两端头两侧环形色带下方喷涂相应标志，规格：400 mm×400 mm。

5. 承运危险货物自备货车时，应审核以下内容：

(1) 气体类危险货物。

1）罐车产权单位为托运人的，《托运人资质证书》的单位名称必须与《危货车安全合格证》《押运员证》《培训合格证》的单位名称一致；

2）罐车产权单位为收货人的，罐车产权单位名称必须与《危货车安全合格证》《押运员证》《培训合格证》的单位名称一致；

3）货物品名、托运人、收货人、发到站、专用线（专用铁路）等须与《办理规定》中公布的一致；

4）货物品名须与《危货车安全合格证》中的品名及罐体标记品名一致；

5）提供《铁路液化气体罐车充装记录》（以下简称《充装记录》）一式两份，一份由发站留存，一份随运单至到站交收货人；

6）虽符合上述 1）～4）项条件，但证件过期、定检过期、车况不良、罐体密封不严、罐体标记文字不清等有碍安全运输的不予办理运输。

(2) 非气体类液体危险货物。非气体类液体危险货物运输时比照 (1) 项规定办理，不审核《押运员证》，有押运规定的，须审核《培训合格证》。

(3) 其他类危险货物运输比照上述相应规定办理。

6. 气体类危险货物在充装前须对空车进行检衡。充装后，需用轨道衡再对重车进行计量，严禁超装。充装量应按计算公式计算，但不得大于标记载重量；计算的充装量大于标记载重量时，充装量以标记载重量为准。

(1) 允许充装量的确定方法为：

$$W_{计算}=\Phi \cdot V_{标}$$

当 $W_{计算} \geqslant P_{标}$ 时

$$W_{许装}=P_{标}$$

当 $W_{计算} < P_{标}$ 时

$$W_{许装} = W_{计算}$$

式中 $W_{计算}$——根据质量充装系数确定的计算充装量，t；

$W_{许装}$——允许充装量，t；

Φ——质量充装系数，t/m^3；

$V_{标}$——罐车标记容积，m^3；

$P_{标}$——罐车标记载重量，t。

常见介质的质量充装系数见表 6—10。

表 6—10　　常见介质的质量充装系数表

充装介质种类	质量充装系数 Φ（t/m^3）
液氨	0.52
液氯	1.20
液态二氧化硫	1.20
丙烯	0.43
丙烷	0.42
混合液化石油气	0.42
正丁烷	0.51
异丁烷	0.49
丁烯、异丁烯	0.50
丁二烯	0.55

注：液化气体质量充装系数，按介质在 50℃时罐体内留有 6%～8%气相空间及该温度下的比重求得。

（2）检衡复核充装量公式为：

$W_{空检} \geqslant W_{自重}$ 时

$$W_{实装} = W_{总重} - W_{自重}$$

$W_{空检} < W_{自重}$ 时

$$W_{实装} = W_{总重} - W_{空检}$$

要求 $W_{实装}$ 不得大于 $W_{许装}$，即 $W_{实装} \leqslant W_{许装}$。

式中 $W_{实装}$——实际充装量，t；

$W_{自重}$——罐车标记自重，t；

$W_{总重}$——重罐车检衡质量，t；

$W_{空检}$——罐车空车检衡质量，t。

充装量可参照《铁路危险货物罐车允许充装质量及高度表》（以下简称《充装表》）确定，见表 6—11。

表 6—11　　铁路危险货物罐车允许充装质量及高度表——气体类危险货物

序号	品名	铁危编号	国际编号	标准密度（kg/m³）	质量充装系数	车辆型号	标记载重量（t）	标记容积（m³）	准装质量最大值（t）	准装高度最大值（mm）
1	无水氨	23003	1005	610	0.52	GY_{60}	32	61.9	32	2 203
						GY_{70} GY_{70S}	37	70.8	37	2 374
						GY_{80} GY_{80S} GY_{80A}	41.8	80.4	41.8	2 218
2	氯	23002	1017	1 420	1.20	GY_{40}	51	42.9	51	1 858
						GY_{45} GY_{45k} GY_{45s} GY_{45sk}	54.8	45.7	54.8	1 884
3	二氧化硫	23013	1079	1 390	1.20	GY_{40}	51	42.9	51	1 900
						GY_{45} GY_{45K} GY_{45S} GY_{45SK}	54.8	45.7	54.8	1 927
4	丙烯	21018	1077	515	0.43	GY_{60}	26.6	61.9	26.6	2 168
						GY_{70} GY_{70S}	30.4	70.8	30.4	2 320
						GY_{95} GY_{95K} GY_{95S} GY_{95SK} GY_{95A}	41	95	41	2 174
						GY_{100S} GY_{100SK}	43	100	43	2 176
5	液化石油气	21053	1075	500	0.42	GY_{60}	26	61.9	26	2 183
						GY_{70} GY_{70S}	29.7	70.8	29.7	2 335
						GY_{80} GY_{80S} GY_{80A}	33.8	80.4	33.8	2 185
						GY_{95} GY_{95K} GY_{95S} GY_{95SK} GY_{95A}	40	95	40	2 187
						GY_{100S} GY_{100SK}	42	100	42	2 190

续表

序号	品名	铁危编号	国际编号	标准密度（kg/m^3）	质量充装系数	车辆型号	标记载重量（t）	标记容积（m^3）	准装质量最大值（t）	准装高度最大值（mm）
6	丁烷	21012	1011	579.2	0.51	GY_{60}	31	61.9	31	2 250
7	异丁烷	21012	1969	557.2	0.49	GY_{60}	31	61.9	31	2 291
8	丁烯	21019	1012	596	0.50	GY_{60}	31	61.9	31	2 180
9	异丁烯	21020	1055	594.2	0.50	GY_{60}	31	61.9	31	2 187
10	丁二烯［稳定的］	21022	1010	620	0.55	GY_{70}	34	61.9	34	2 310
						GY_{70S}	38.9	70.8	38.9	2 467

7. 充装非气体类液体危险货物时，应根据液体货物的密度、罐车标记载重量、标记容积确定充装量。充装量不得大于罐车标记载重量；同时要留有膨胀余量，充装量上限不得大于罐体标记容积的95%，下限不得小于罐体标记容积的83%。即允许充装量应同时符合以下重量和体积要求：

（1）允许充装体积：

$$0.83V_{标} \leqslant V_{许装} \leqslant 0.95V_{标}$$

（2）允许充装质量：

$$W=\rho \cdot V_{许装} \leqslant P_{标}$$

式中 W——允许充装量，t；

ρ——充装介质密度，t/m^3；

$V_{标}$——罐车标记容积，m^3；

$P_{标}$——罐车标记载重量，t；

$V_{许装}$——罐车允许充装体积，m^3。

充装量低于83%时，罐体内未加防波板不得办理运输。

充装量可参照《充装表》（见表6—12）确定。

表6—12 铁路危险货物罐车允许充装质量及高度表——非气体类液体危险货物

序号	品名	铁危编号	国际编号	参考密度（kg/m^3）	车辆型号	标记载重（t）	标记容积（m^3）	准装质量范围（kg）	准装高度范围（mm）	液面到人孔上平面距离（空高）范围（mm）	罐车货物装卸方式
1	汽油	31001	1203	710	G_{60}	52	60	35 358～40 470	2 087～2 411	1 021～697	上装上卸
						53	60	35 358～40 470	2 087～2 411	1 021～697	上装上卸

续表

序号	品名	铁危编号	国际编号	参考密度（kg/m^3）	车辆型号	标记载重（t）	标记容积（m^3）	准装质量范围（kg）	准装高度范围（mm）	液面到人孔上平面距离（空高）范围（mm）	罐车货物装卸方式
1	汽油	31001	1203	710	G_{60K}	53	60	35 358～40 470	2 088～2 414	1 020～694	上装上卸
					G_{70}	62	69.7	41 074～47 013	2 240～2 589	1 068～719	上装上卸
					G_{70A}	60	67.7	39 896～45 664	2 252～2 608	1 056～700	上装上卸
					G_{75}	62	75.6	44 551～50 992	2 327～2 682	926～571	上装上卸
					GQ_{70}	70	78.7	46 378～53 083	2 388～2 760	927～555	上装上卸
					GHA_{70}	70	88.3	52 035～59 558	2 404～2 780	926～550	上装上卸
2	环己烷	31004	1145	778	G_{60}	52	60	38 744～44 346	2 087～2 411	1 021～697	上装上卸
						53	60	38 744～44 346	2 087～2 411	1 021～697	上装上卸
					G_{60K}	53	60	38 744～44 346	2 088～2 414	1 020～694	上装上卸
3	丙酮	31025	1090	790.5	G_{11}	54	36	23 620～27 035	1 598～1 833	910～675	上装上卸
						63	34	22 308～25 533	1 516～1 724	992～784	上装上卸
					G_{60}	52	60	39 367～45 058	2 087～2 411	1 021～697	上装上卸
						53	60	39 367～45 058	2 087～2 411	1 021～697	上装上卸
					G_{60K}	53	60	39 367～45 058	2 088～2 414	1 020～694	上装上卸
4	石油原油	31103	1267	930	G_{17}	52	60	46 314～52 000	2 087～2 356	1 021～752	上装下卸
						57	60	46 314～53 010	2 087～2 411	1 021～697	上装下卸
					G_{17K}	57	60	46 314～53 010	2 088～2 414	1 020～694	上装下卸
					G_{17B}	63	66.4	51 254～58 664	2 209～2 542	1 099～766	上装下卸
					GN_{70}	70	73.7	56 889～65 114	2 283～2 617	980～646	上装下卸

续表

序号	品名	铁危编号	国际编号	参考密度(kg/m³)	车辆型号	标记载重(t)	标记容积(m³)	准装质量范围(kg)	准装高度范围(mm)	液面到人孔上平面距离(空高)范围(mm)	罐车货物装卸方式
5	石脑油	31104		870	G_{17}	52	60	43 326～49 590	2 087～2 411	1 021～697	上装下卸
						57	60	43 326～49590	2 087～2411	1 021～697	上装下卸
					G_{17K}	57	60	43 326～49 590	2 088～2 414	1 020～694	上装下卸
					G_{17S}	53	60	43 326～49 590	2 087～2 411	1 021～697	上装上卸
					G_{60}	52	60	43 326～49 590	2 087～2 411	1 021～697	上装上卸
						53	60	43 326～49 590	2 087～2 411	1 021～697	上装上卸
					G_{60K}	53	60	43 326～49 590	2 088～2 414	1 020～694	上装上卸
6	苯	31150	1114	877.4	G_{11}	54	36	26 217～30 007	1 598～1 833	910～675	上装上卸
						63	34	24 760～28 340	1 516～1 724	992～784	上装上卸
					G_{60}	52	60	43 695～50 012	2 087～2 411	1 021～697	上装上卸
						53	60	43 695～50 012	2 087～2 411	1 021～697	上装上卸
					G_{60K}	53	60	43 695～50 012	2 088～2 414	1 020～694	上装上卸
					GQ_{70A}	70	78.7	57 313～65 599	2 390～2 762	927～555	上装上卸
7	粗苯	31151		860	G_{11}	54	36	2 5697～29 412	1 598～1 833	910～675	上装上卸
						63	34	24 269～27 778	1 516～1 724	992～784	上装上卸
					G_{60}	52	60	42 828～49 020	2 087～2 411	1 021～697	上装上卸
						53	60	42 828～49 020	2 087～2 411	1 021～697	上装上卸
					G_{60K}	53	60	42 828～49 020	2 088～2 414	1 020～694	上装上卸
					GQ_{70A}	70	78.7	56 176～64 298	2 390～2 762	927～555	上装上卸

续表

序号	品名	铁危编号	国际编号	参考密度(kg/m^3)	车辆型号	标记载重(t)	标记容积(m^3)	准装质量范围(kg)	准装高度范围(mm)	液面到人孔上平面距离(空高)范围(mm)	罐车货物装卸方式
8	甲苯	31152	1294	867	G_{60}	52	60	43 177～49 419	2 087～2 411	1 021～697	上装上卸
						53	60	43 177～49 419	2 087～2 411	1 021～697	上装上卸
					G_{60K}	53	60	43 177～49 419	2 088～2 414	1 020～694	上装上卸
9	甲醇	31158	1230	804.8	G_{11}	54	36	24 047～27 524	1 598～1 833	910～675	上装上卸
						63	34	22 711～25 995	1 516～1 724	992～784	上装上卸
					G_{60}	52	60	40 079～45 874	2 087～2 411	1 021～697	上装上卸
						53	60	40 079～45 874	2 087～2 411	1 021～697	上装上卸
					G_{60K}	53	60	40 079～45 874	2 088～2 414	1 020～694	上装上卸
					GHA_{70}	70	88.3	58 983～67 511	2 404～2 780	926～550	上装上卸
10	乙醇	31161	1170	808.9	G_{11}	54	36	24 170～27 664	1 598～1 833	910～675	上装上卸
						63	34	22 827～26 127	1 516～1 724	992～784	上装上卸
					G_{60}	52	60	40 283～46 107	2 087～2 411	1 021～697	上装上卸
						53	60	40 283～46 107	2 087～2 411	1 021～697	上装上卸
					G_{60K}	53	60	40 283～46 107	2 088～2 414	1 020～694	上装上卸
					GHA_{70}	70	88.3	59 283～67 855	2 404～2 780	926～550	上装上卸
11	异丙醇	31164	1219	795.5	G_{60}	52	60	39 616～45 343	2 087～2 411	1 021～697	上装上卸
						53	60	39 616～45 343	2 087～2 411	1 021～697	上装上卸
					G_{60K}	53	60	39 616～45 343	2 088～2 414	1 020～694	上装上卸
					GHA_{70}	70	88.3	58 301～66 731	2 404～2 780	926～550	上装上卸

续表

序号	品名	铁危编号	国际编号	参考密度（kg/m^3）	车辆型号	标记载重（t）	标记容积（m^3）	准装质量范围（kg）	准装高度范围（mm）	液面到人孔上平面距离（空高）范围（mm）	罐车货物装卸方式
12	甲基叔丁基醚	31184	2398	740.5	G_{60}	52	60	36 877～42 208	2 087～2 411	1 021～697	上装上卸
						53	60	36 877～42 208	2 087～2 411	1 021～697	上装上卸
					G_{60K}	53	60	36 877～42 208	2 088～2 414	1 020～694	上装上卸
13	二甲胺水溶液	31266	1160	680	G_{60}	52	60	33 864～38 760	2 087～2 411	1 021～697	上装上卸
						53	60	33 864～38 760	2 087～2 411	1 021～697	上装上卸
					G_{60K}	53	60	33 864～38 760	2 088～2 414	1 020～694	上装上卸
14	焦油	31292A		1 160	G_{11}	54	36	34 661～39 672	1 598～1 833	910～675	上装上卸
						63	34	32 735～37 468	1 516～1 724	992～784	上装上卸
15	煤焦油馏出物[易燃]	31292B	1136	1 220	G_{11}	54	36	36 454～41 724	1 598～1 833	910～675	上装上卸
						63	34	34 428～39 406	1 516～1 724	992～784	上装上卸
16	煤油	32001	1223	860	G_{60}	52	60	42 828～49 020	2 087～2 411	1 021～697	上装上卸
						53	60	42 828～49 020	2 087～2 411	1021～697	上装上卸
					G_{60K}	53	60	42 828～49 020	2 088～2 414	1 020～694	上装上卸
					G_{70}	62	69.7	49 752～56 945	2 240～2 589	1 068～719	上装上卸
					G_{70A}	60	67.7	48 324～55 311	2 252～2 608	1 056～700	上装上卸
					G_{75}	62	75.6	53 963～61 765	2 327～2 682	926～571	上装上卸
					GQ_{70}	70	78.7	56 176～64 298	2 388～2 760	927～555	上装上卸
					GHA_{70}	70	88.3	63 029～70 000	2 404～2 681	926～649	上装上卸

续表

序号	品名	铁危编号	国际编号	参考密度（kg/m³）	车辆型号	标记载重（t）	标记容积（m³）	准装质量范围（kg）	准装高度范围（mm）	液面到人孔上平面距离（空高）范围（mm）	罐车货物装卸方式
17	1，4-二甲苯	32035	1307	846.2	G_{60}	52	60	42 141～48 233	2 087～2 411	1 021～697	上装上卸
						53	60	42 141～48 233	2 087～2 411	1 021～697	上装上卸
					G_{60K}	53	60	42 141～48 233	2 088～2 414	1 020～694	上装上卸
					GN_{70A}	67	75.3	52 887～60 533	2 330～2 684	933～579	上装上卸
18	苯乙烯单体［稳定的］	32041	2055	906	G_{60}	52	60	45 119～51 642	2 087～2 411	1 021～697	上装上卸
						53	60	45 119～51 642	2 087～2 411	1 021～697	上装上卸
					G_{60K}	53	60	45 119～51 642	2 088～2 414	1 020～694	上装上卸
19	正丁醇	32052	1120	825.2	G_{60}	52	60	41 095～47 036	2 087～2 411	1 021～697	上装上卸
						53	60	41 095～47 036	2 087～2 411	1 021～697	上装上卸
					G_{60K}	53	60	41 095～47 036	2 088～2 414	1 020～694	上装上卸
					GHA_{70}	70	88.3	60 478～69 222	2 404～2 780	926～550	上装上卸
20	2-甲基-1-丙醇	32052	1212	799.4	G_{60}	52	60	39 810～45 566	2 087～2 411	1 021～697	上装上卸
						53	60	39 810～45 566	2 087～2 411	1 021～697	上装上卸
					G_{60K}	53	60	39 810～45 566	2 088～2 414	1 020～694	上装上卸
					GHA_{70}	70	88.3	58 587～67 058	2 404～2 780	926～550	上装上卸
21	环己酮	32090	1915	947	G_{60}	52	60	47 161～52 000	2 087～2 308	1 021～800	上装上卸
						53	60	47 161～53 000	2 087～2 358	1 021～750	上装上卸
					G_{60K}	53	60	47 161～53 000	2 088～2 361	1 020～747	上装上卸

续表

序号	品名	铁危编号	国际编号	参考密度（kg/m^3）	车辆型号	标记载重（t）	标记容积（m^3）	准装质量范围（kg）	准装高度范围（mm）	液面到人孔上平面距离（空高）范围（mm）	罐车货物装卸方式
22	柴油	32150	1202	851	G_{60}	52	60	42 380～48 507	2 087～2 411	1 021～697	上装上卸
						53	60	42 380～48 507	2 087～2 411	1 021～697	上装上卸
					G_{60K}	53	60	42 380～48 507	2 088～2 414	1 020～694	上装上卸
					G_{70}	62	69.7	49 231～56 349	2 240～2 589	1 068～719	上装上卸
					G_{70A}	60	67.7	47 819～54 732	2 252～2 608	1 056～700	上装上卸
					G_{75}	62	75.6	53 399～61 119	2 327～2 682	926～571	上装上卸
					GQ_{70}	70	78.7	55 588～63 625	2 388～2 760	927～555	上装上卸
					GHA_{70}	70	88.3	62 369～70 000	2 404～2 714	926～616	上装上卸
23	甲醛溶液［易燃］ 甲醛溶液［甲醛含量≥25%］	32152 83012	1198 2209	751	G_{11}	54	36	22 440～25 684	1 598～1 833	910～675	上装上卸
						63	34	21 193～24 257	1 516～1 724	992～784	上装上卸
					G_{60}	52	60	37 400～42 807	2 087～2 411	1 021～697	上装上卸
						53	60	37 400～42 807	2 087～2 411	1 021～697	上装上卸
					G_{60K}	53	60	37 400～42 807	2 088～2 414	1 020～694	上装上卸
					GH_{70A}	69	62.2	38 771～44 377	2 026～2 313	966～679	上装上卸
24	苯酚［熔融］	61067B	2312	1 060	G_{60}	53	60	52 788～53 000	2 087～2 095	1 021～1 013	上装上卸
					G_{60K}	53	60	52 788～53 000	2 088～2 096	1 020～1 012	上装上卸
25	苯胺	61746	1547	1 025	G_{60}	52	60	51 045～52 000	2 087～2 125	1 021～983	上装上卸
						53	60	51 045～53 000	2 087～2 165	1 021～943	上装上卸
					G_{60K}	53	60	51 045～53 000	2 088～2 167	1 020～941	上装上卸

续表

序号	品名	铁危编号	国际编号	参考密度（kg/m³）	车辆型号	标记载重（t）	标记容积（m³）	准装质量范围（kg）	准装高度范围（mm）	液面到人孔上平面距离（空高）范围（mm）	罐车货物装卸方式
26	硝酸［发红烟的除外］	81002	2031	1 500	G_{11}	63	34	42 330～48 450	1 516～1 724	992～784	上装上卸
27	硫酸	81007	1830	1 840	G_{11}	63	34	51 925～59 432	1 516～1 724	992～784	上装上卸
					G_{11S}	63	34	51 925～59 432	1 603～1 840	907～670	上装上卸
					GS_{70}	70	38	58 034～66 424	1 672～1 929	723～466	上装上卸
28	盐酸	81013	1789	1 190	G_{11}	63	34	33 582～38 437	1 516～1 724	992～784	上装上卸
					G_{11J}	62.5	47.29	46 708～53 461	1 935～2 234	973～674	上装上卸
					GFA	62	51.7	51 064～58 447	1 931～2 227	1 052～756	上装上卸
29	冰醋酸	81601A	2789	1 050	G_{11}	63	34	29 631～33 915	1 516～1 724	992～784	上装上卸
					G_{60}	53	60	52 290～53 000	2 087～2 114	1 021～994	上装上卸
					G_{60K}	53	60	52 290～53 000	2 088～2 115	1 020～993	上装上卸
					G_{60X}	60	54	47 061～53 865	1 919～2 181	1 161～899	上装上卸
					GH_{70B}	68	64.8	56 473～64 638	2 105～2 422	887～570	上装上卸
30	氢氧化钠溶液	82001B	1824	1 450	G_{11}	54	36	43 326～49 590	1 598～1 833	910～675	上装上卸
					G_{11J}	62.5	47.29	56 914～62 500	1 935～2 129	973～779	上装上卸
					GJ_{70}	70	52.7	63 424～70 000	1 987～2 199	818～606	上装上卸

装车单位要严格执行铁路罐车允许充装量的规定，防止超装超载。各铁路局要作出规划，加大安全检测计量设备投入，防止罐车装运的液体危险货物超装超载，确保运输安全。

8. 装车前，托运人应确认罐车是否良好，罐体外表应保持清洁，标记、文字应能清晰易辨。罐体有漏裂，阀、盖、垫及仪表等附件、配件不齐全或作用不良的罐车禁止使用。

气体类危险货物充装前必须有专人检查罐车，按规定对罐体外表面、罐体密封性能、罐体余压等进行检查，不具备充装条件的罐车严禁充装。罐车充装完毕后，充装单位应会同押运员复检充装量，检查各密封件和封车压力状况，认真详细填记《充装记录》，符合规定时，方可申请办理托运手续。

危险货物罐车装、卸车作业后，须及时关严罐车阀件，盖好人孔盖，拧紧螺栓，严禁混入杂质。

气体类危险货物罐车卸后罐体内须留有不低于0.05 MPa的余压。

9. 气体类危险货物罐车运输不允许办理运输变更或重新托运，如遇特殊情况需要变更或重新托运时，需经铁路局批准。

10. 危险货物罐车运输途中发生泄漏、火灾及其他行车事故时，车站应立即启动应急预案，迅速向铁路主管部门、地方政府、公安消防及环保、卫生防疫部门报告，并速请熟悉货物性质及罐体构造的部门协助处置。要设立警戒区，组织人员向逆风方向疏散，防止危险货物流入水域。易燃、有毒液体发生泄漏时，应及时阻断火源。对标有“禁水”标记的罐车，严禁用水施救。对有毒气体施救时应站在上风方向。防止中毒事故发生。

十五、危险货物集装箱运输

1. 铁路危险货物集装箱（以下简称危货箱）限装同一品名、同一铁危编号的危险货物，包装须符合本规则规定。装箱须采取安全防护措施，防止货物在运输中倒塌、窜动和撒漏。运输时只允许办理一站直达并符合《办理规定》要求。

2. 危货箱办理站（专用线、专用铁路）应设置专用场地，并按货物性质和类项划分区域；场地须具备消防、报警和避雷等必要的安全设施；配备必要的装卸设备及防爆机具和检测仪器。危货箱的堆码存放应符合《配放表》中的有关规定。

3. 危货箱仅办理《品名表》中下列品类：

（1）铁路通用箱。

1）二级易燃固体（41501～41559）。

2）二级氧化性物质（51501A～51530）。

3）腐蚀性物质

①二级酸性腐蚀性物质（81501～81535，81601A～81647）。

②二级碱性腐蚀性物质（82501～82524）。

③二级其他腐蚀性物质（83501～83514）。

（2）自备危货箱

1）本条第（1）项规定的品名。

2）毒性物质（61501～61940）。

（3）集装箱装运上述第（1）（2）项以外的危险货物，以及改变包装的需经铁道部批准，有关试运程序比照新品名、新包装等运输条件有关规定办理。

4. 车站办理危货箱时，应对品名、包装、标志、标记等进行核查，防止匿报、谎报危险货物或在危货箱中夹带违禁物品。严禁在站内办理危货箱的装箱、掏箱作业。

5. 托运人应根据危险货物类别在箱体上拴挂相应危险货物包装标志。拴挂位置：箱门把手处各1枚，箱角吊装孔各1枚，共计6枚，需拴挂牢固，不得脱落。标志采用塑料双面彩色印刷，规格为100 mm×100 mm。

6. 危货箱装卸车作业前，货运员须向装卸工组说明货物性质及作业安全事项，作业时应做到轻起轻放，不得冲撞、拖拉、刮碰。

7. 收货人应负责危货箱的洗刷除污，并负责撤除危险货物标志。无洗刷能力时，可委托铁路部门洗刷，费用由收货人负担。洗刷除污不符合规定要求的不得再次使用。

8、自备危货箱运输时，须由所属铁路局签发《铁路危险货物自备集装箱安全技术审查合格证》（以下简称《危货箱安全合格证》）。《危货箱安全合格证》实行一箱一证。铁路局应建立《危货箱安全合格证》档案，每年进行一次复核。

9. 办理《危货箱安全合格证》须出具下列技术文件：

（1）罐式箱。

1）申请报告（含企业生产经营规模、运量、产品理化特性和危险性分析）；

2）《铁路罐式集装箱容积检定证书》；

3）《自备危险货物集装箱定期检修合格证》（以下简称《危货箱检修证》）；

4）《罐式箱审查表》；

5）其他有关资料。

（2）危货箱。

1）申请报告（含企业生产经营规模、运量、产品理化特性和危险性分析）；

2）《危货箱检修证》；

3）《自备箱审查表》；

4）其他有关资料。

10. 办理罐式箱运输时，托运人、收货人、发到站、专用线（专用铁路）、货物品名等须与《办理规定》相符。限使用集装箱专用平车（含两用平车）运输。

11. 罐式箱的设计、制造、标记、承运、介质充装、安全防护、应急处置等安全管理要求比照本规则第 15 章有关条款办理。

12. 罐式箱检修分临时检修和中修、大修。

（1）临时检修：对罐式箱使用状况的日常检修。包括对丢失、损坏及人孔盖、垫等配件补齐和更换，对缺少、污损的标志补齐和更换。

（2）中修：对罐体进行清洗置换和气密检查。包括更换安全阀附属配件并进行气密试验，对罐式箱框架强度进行安全可靠性检测。中修修程为 1 年。

（3）大修：除进行中修内容外，进行罐体腐蚀裕度测定、矫正变形、修补破损、除锈喷漆、焊缝探伤等。还需进行水压试验。大修修程为 5 年。

罐式箱临时检修、中修和大修由箱主委托铁道部认定的具有检验资格的单位完成。检修后，应在箱体上标明检修单位、日期和下次检修时间，并填写《危货箱检修证》。凡检修过期的不得办理运输。罐式箱使用期限不得超过 15 年。

十六、剧毒品运输

1. 剧毒品系指本规则《品名索引表》中第 6 类一级毒性物质（编号 61001～61499）。在本规则《品名表》第 11 栏内注有特殊规定 67 号者，均实行铁路剧毒品运输跟踪管理，运输时须全程押运。

剧毒品运输采用剧毒品黄色专用运单，并在运单上印有骷髅图案。

2. 整列运输剧毒品由铁道部确定有关运输条件。

3. 同一车辆只允许装运同一品名、铁危编号的剧毒品。装车前，货运员要认真核对剧毒品到站、品名是否符合《办理规定》；要检查品名填写是否正确，包装方式、包装材质、规格尺寸、车种车型、包装标志等是否符合本规则规定。

4. 各铁路局要根据专用线办理剧毒品运输的情况，配齐专用线货运员。装卸作业时，货运员要会同托运人确认品名、清点件数（罐车除外），监督托运人进行施封，并检查施封是否有效。须在车辆上门扣用加固锁加固并安装防盗报警装置。

剧毒品运输过程须进行签认，签认单格式见《铁路剧毒品发送作业签认单》《铁路剧毒品途中作业签认单》《铁路剧毒品到达作业签认单》。

5. 剧毒品运输安全要作为重点纳入车站日班计划、阶段计划。车站编制日班计划、阶段计划时要重点掌握，优先安排改编和挂运。车站要根据作业情况建立剧毒品车辆登记、检查、报告和交接制度，值班站长要按技术作业过程对剧毒品车辆进行跟踪监控。

（1）列车出发作业。车号员要认真编制列车编组顺序表（运统一），并在剧毒品车辆记事栏内标记“D”符号。发车前认真核对现车，确保出发列车编组、货运票据和列车编组顺序表内容一致。发车后，要及时发出列车确报。

车站调度员（车站值班员）于列车出发后，将剧毒品车辆的挂运车次、编挂位置等及时报告铁路局调度，并将信息登录到剧毒品运输信息跟踪系统。

(2) 列车改编作业。车站调度员（调车区长）要准确掌握剧毒品车辆信息，及时安排解编作业，正确编制调车作业计划，并在调车作业通知单上注明标记。严格执行剧毒品车辆限速连挂和禁止溜放规定。

调车指挥人员要按调车作业计划，将剧毒品车辆的作业方法、注意事项直接向司机和调车作业人员传达清楚，严格按要求进行调车作业。作业完毕，及时将剧毒品车辆有关信息向调车领导人报告。

(3) 列车到达作业。车号员严格执行核对现车制度，发现列车编组、货运票据和列车编组顺序表（运统一）内容不一致时，及时记录并向调车领导人汇报。对剧毒品车辆要进行标记。

货检人员对剧毒品车辆要重点进行检查。要认真检查剧毒品车辆等状态，没有押运员的必须及时通知发站派人处理，同时通知公安部门采取监护措施。

完成上述工作后应将有关情况及时报告调车领导人。

6. 跨铁路局运输的剧毒品，由铁道部调度负责跟踪。在铁路局管内运输的剧毒品，由铁路局调度负责。各级调度部门要及时组织挂运，成组运输的不得拆解，无特殊情况不得保留，必须保留时，要通知公安等有关方面采取监护措施。

各级调度部门要掌握每天 6 点和 18 点装车、接入、交出、到达的剧毒品运输情况。

7. 车站货检人员对剧毒品车辆应作重点检查，用数码相机两侧拍照（如车号、施封、门窗状况），并存档保管至少 3 个月；运输过程中发现装有剧毒品的车辆或集装箱无封、封印无效以及有异状时，必须立即甩车，并通知公安部门共同清点，按规定进行处理。如发生丢失被盗等问题，立即报告铁路局和铁道部调度、货运、公安管理部门。

各级货运、运输等部门，要把剧毒品日常运输纳入每日交班内容。严格掌握发运、途中和交付的情况。

8. 剧毒品运输实行三级计算机跟踪管理。

(1) 铁路剧毒品运输计算机跟踪管理系指以危险货物办理站为基础，在铁道部、铁路局和车站，根据不同层次管理要求建立的信息管理系统。

(2) 跟踪管理工作由铁道部负责方案规划和监督指导，铁路局负责方案实施和日常管理，铁路信息技术部门负责软件维护、更新、完善等技术支持，保证系统正常运转。

(3) 办理剧毒品运输的车站须与剧毒品计算机跟踪管理系统联网运行。需具备原始信息及时发送和接收能力，要求配备相应的传输、通信、打印等信息跟踪管理设备。

(4) 装车站要将剧毒品货票所载信息，及时生成《剧毒品运输管理信息登记表》，实时报告剧毒品运输跟踪管理系统。内容包括剧毒品车的车号（集装箱箱型、箱号及所装车号）、发到站、《托运人资质证书》编号、品名及编号、件数、质量和承运、装车日期等。

(5) 挂有剧毒品车辆的列车，应在“运统一”记事栏中注明“D”字样。并将剧毒品车辆的车种车号、发到站、货物品名、挂运日期、挂运车次等信息及时报告给铁路局行车确报系统和剧毒品运输跟踪管理系统。

(6) 中途站发现装有剧毒品的车辆或集装箱无封、封印无效以及有异状时，应立即甩车，报告所属铁路局，并通知公安部门共同清点。同时按规定及时以电报形式，向发到站及所属铁路局和铁道部报告有关情况。继续运送时，按本条第(4) 项办理。

(7) 剧毒品到站后和卸车交付完毕后，立即将车种车号（集装箱箱型、箱号及所装车号）、发到站、“托运人资质证书”编号、托运人、收货人、品名及编号、件数、质量、到达日期、到达车次、交付日期等信息上网报告剧毒品运输跟踪管理系统，并在 2 h 内通知发站。

7. 剧毒品进出口运输按下列规定办理：

(1) 受理、承运进出口剧毒品比照本规则相关规定办理。

(2) 出口剧毒品，办理站除按规定要求填写联运运单外，还需填写国内剧毒品专用运单两份（专用运单仅作为添附文件，连同联运运单装入封套内，并在封套外加盖剧毒品专用戳记），一份发站留存，一份随联运运单到口岸站存查。

(3) 出口剧毒品到达口岸站后，需撤出专用运单并将运单所载信息和口岸站作业信息输入剧毒品运输跟踪管理系统。

(4) 进口剧毒品由口岸站填写剧毒品专用运单两份，一份口岸站留存，一份随联运运单到站存查。并将剧毒品专用运单所载信息和作业信息输入剧毒品运输跟踪管理系统。

(5) 剧毒品专用运单由办理站保存 1 年。

十七、放射性物质运输

1. 在托运货物中任何含有放射性核素并且其放射性比活度和总放射性活度都超过本规则规定的相应限值者属于放射性物质。

2. 托运人托运放射性物质或放射性物质空容器时，应出具经铁路卫生防疫部门核查签发的《铁路运输放射性物质包装件表面污染及辐射水平检查证明书》或《铁路运输放射性物质空容器检查证明书》一式两份，一份随货物运单交收货人，一份发站留存。

对辐射水平相等、质量固定、包装件统一的放射性物质（如化学试剂、化学制品、矿石、矿砂等）再次托运时，可出具证明书复印件。

托运封闭型固体块状辐射源，如果当地无核查单位时，托运人可凭原有辐射水平检查证明书托运。

3. 放射性物质的包装除应符合本规则包装和标志的有关规定外，还必须满足下列要求：

（1）包装件应有足够的强度，保证内容物不泄漏和散失。内、外容器必须封严、盖紧，能有效地减弱放射线强度至允许水平并使放射性物质处于次临界状态。

（2）便于搬运、装卸和堆码，质量在 5 kg 以上的包装件应有提手；袋装矿石、矿砂袋口两角应扎结抓手；30 kg 以上的应有提环、挂钩；50 kg 以上的包装件应清晰耐久地标明总重。

（3）应在包装件两侧分别粘贴、喷涂或拴挂放射性货物包装标志。

4. 托运 B 型包装件、气体放射性物质、国家管制的核材料以及“危险货物品名索引表”内未列载的放射性物质时，须由托运人的主管部门与铁道部商定运输条件。

国家管制的核材料主要是：

（1）易裂变物质，包括^{233}U（铀-233）、^{235}U（铀-235）、^{239}Pu（钚-239）和^{241}Pu（钚 241），或含有易裂变物质的材料和制品；

（2）T（氚、^{3}H），含 T 的材料和制品；

（3）^{6}Li（锂-6），含^{6}Li 的材料和制品；

（4）其他需要管制的核材料和制品。

5. 运输国家管制的核材料时，除满足本章相关规定外，托运人需提交下列文件：

（1）《核燃料容器运输设计批准书》；

（2）《核安全运输许可证》；

（3）《核燃料组件运输装运批准书》；

（4）《核燃料组件环境影响评估报告批准文件》；

（5）《核燃料运输“反恐”保卫方案批复文件》；

（6）《运输安全综合分析报告》。

进出口运输的还须出具国家原子能主管部门批准的《核材料许可证》。

6. 放射性物质包装件根据其外表面辐射水平和运输指数分为三个运输等级，见表 6—13。

表 6—13　　放射性物质包装件运输等级

运输等级（标志颜色）	包装件外表面任意一点最大辐射水平（H）（mSv/h）	运输指数（TI）
Ⅰ级（白色）	$H \leqslant 0.005$	$TI=0$①
Ⅱ级（黄色）	$0.005 < H \leqslant 0.5$	$0 < TI \leqslant 1$
Ⅲ级（黄色）	$0.5 < H \leqslant 2$	$1 < TI \leqslant 10$
Ⅲ级（黄色）	$2 < H \leqslant 10$	$10 \leqslant TI$②

注：①对于 $TI \leqslant 0.05$ 的包装件均认为 $TI=0$；其他情况 TI 都应取一位小数。
②须按特殊规定 1 办理。

包装件的运输指数和表面辐射水平等级不一致时，按较高一级的确定运输等级。

7. 托运 A 型包装件时，内容物为不弥散的固体放射物质或装有放射性物质的密封小容器，放射性内容物活度不得大于 A_1 值；内容物为粉末状、晶粒或液体的放射性物质则不得大于 A_2。

8. 托运“短寿命”放射性物质时，应在货物运单“托运人记载事项”栏内注明货物容许运输期限。容许运输期限须大于铁路货物运到期限 3 天。

9. 包装件和运输工具外表面放射性污染和外表面的辐射水平不得超过以下限值：

（1）包装件和运输工具外表面放射性污染不得超过下列限值：

1）4 Bq/cm^2（β、γ 和低毒性 α 发射体）；

2）0.4 Bq/cm^2（对于所有其他 α 发射体）。

（2）装运放射性物质时，运输工具或包装件外表面的辐射水平不得大于 2 mSv/h，运输指数不得大于 10；在距运输工具 2 m 处的任何一点辐射水平不得大于 0.1 mSv/h；装车后，车内各包装件的运输指数总和不得大于 50。Ⅰ类低比活度放射性物质，运输指数总和不受限制。

10. 低比活度放射性物质和表面污染物体的运输条件：

（1）每一辆车中装运的Ⅰ类低比放射性物质和非易燃固体的Ⅱ、Ⅲ类低比放射性物质的放射性活度不受限制。

（2）表面污染物体以及可燃性固体和液体的Ⅱ、Ⅲ类低比活度放射性物质的放射性总活度不得超过 $100A_2$。

（3）无包装的Ⅰ类低比活度放射性物质和Ⅰ类表面污染物体必须使用企业自备敞车苫盖自备篷布装运，保证运输途中不撒漏、不飞扬。装卸作业地点限在规定允许的专用线（专用铁路）办理。

11. 放射性包装件装车时，运输包装等级小的包装件应摆放在运输包装等级大的包装件周围。作业人员与放射性物质最小安全距离应符合表 6—14 要求。每人每天装卸放射性货物的时间不得超过容许作业时间表 6—15 的限值。

表 6—14　　作业人员与放射性物质最小安全距离表

距包装件外表面最小安全距离（m）＼照射时间＼包装件的运输指数（*TI*）	照射时间 h（小时）[d]					
	1	2	4	10	24 [1]	48 [2]
0.2	0.5	0.5	0.5	0.5	1.0	1.0
0.5	0.5	0.5	0.5	1.0	1.5	1.5
1.0	0.5	0.5	1.0	1.5	2.5	2.5
2.0	0.5	1.0	1.5	2.0	4.0	4.0
4.0	0.5	1.0	2.0	3.0	5.0	5.0
8.0	1.0	2.0	2.5	4.0	7.0	7.0
10.0	1.5	2.5	3.0	5.0	8.0	8.0

表 6—15　　装卸放射性物质容许作业时间表

包装件运输等级	包装件表面辐射水平（mSv/h）	运输指数（*TI*）	徒手作业	简单工具（距包装件表面约 0.5 m）	半机械化操作（距包装件表面 1 m）	机械化操作（距包装件表面 1.5 m）
Ⅰ级	≤0.005	0①	6 h	—②	—	—
Ⅱ级	0.01	0	4 h	6 h	—	—
	0.05	0	1.5 h	6 h	—	—
	0.1	0.1	40 min	3 h	—	—
	0.2	0.3	20 min	2 h	6 h	—
	0.3	0.6	15 min	1.5 h	6 h	—
	0.4	0.8	10 min	1 h	5 h	—
	0.5	1.0	7 min	40 min	5 h	—
Ⅲ级	0.6	1.5	×③	40 min	5 h	—
	0.8	2.0	×	25 min	3.5 h	6 h
	1.0	3.0	×	20 min	2.5 h	4 h
	1.2	4.0	×	15 min	1.7 h	3 h
	1.4	5.0	×	12 min	1.5 h	2 h
	1.8	7.0	×	10 min	1 h	1.5 h
	2.0	10.0	×	8 min	30 min	1 h

注：①于 *T*1≤0.05（即 0.000 5 mSv/h）的货包，其运输指数均认为 0；

②“—”表示不必限制；

③“×”表示不容许。

12. 放射性包装件破损时不得继续运输，放射性物质泄漏时，要立即启动应急预案，事故地点应按辐射水平 0.005 mSv/h 为依据划出警戒区并悬挂警告牌，派人看护。

十八、货物进出口运输

1. 办理危险货物进出口运输时，如委托代理人办理，代理人须向承运人交验《铁路进出口危险货物代理人资格确认件》（以下简称《代理人资格确认件》）、经办人身份证和《培训合格证》、代理授权人的《托运人资质证书》（境外委托的外商及境内收货人除外）及双方委托代理合同。对国家规定需要办理进出口许可的危险货物，必须出具相应的许可证明。

2. 申请办理《代理人资格确认件》的基本条件：

（1）取得危险化学品经营许可证。

（2）3 年以上从事铁路危险货物运输工作经验和完善的管理制度。有相应数量熟悉铁路危险货物基本知识的专业技术人员。

（3）经办人员须取得铁路局核发的《培训合格证》。

（4）国家有关部门核发的进出口代理报关资质。

3. 进出口危险货物，按下列规定办理：

（1）在《国际海运危险货物规则》《国际铁路货物联运协定》《危险货物运送规则》等有关国际运输组织的规定中属危险货物，本规则规定按普通货物运输的按第六章有关要求办理运输，包装和标志应符合上述有关国际运输组织的规定。托运人应在货物运单“托运人记载事项”栏内注明“转运进（出）口”字样。

（2）本规则规定为危险货物，而《国际海运危险货物规则》《国际铁路货物联运协定》《危险货物运送规则》等有关国际运输组织的规定中属非危险货物时，按本规则规定办理。

（3）办理非国际联运的危险货物时，同属危险货物但包装方法不同时，进口的货物，经托运人确认包装完好，符合安全运输要求，并在运单“托运人记载事项”栏内注明“进口原包装”字样，由代理人提供有关的包装检测资料，车站请示铁路局同意后，可按原包装方法运输；出口的货物托运人应按本规则有关规定办理。

4. 进口集装箱装运的危险货物（陆运口岸按国际联运有关规定办理），在 30 个工作日前，托运人提出申请报告、危险货物运输有关资质，《技术说明书》、集装箱类型、包装形式及装载方式等有关技术文件和资料，以中文文书形式报铁道部批准。

第四节　危险化学品水路运输安全管理

1996 年 11 月由交通部颁布，并于 1996 年 12 月起实施的《水路危险品货物运输规则》，为加强水路危险货物运输管理，保障运输安全，提供了法律依据。该规则要求水路运输危险货物有关托运人、承运人、作业委托人、港口经营人以及其他各有关单位和人员，严格执行。

《水路危险品货物运输规则》是总结我国现有危险货物运输实践经验，参照国际规则制定的。它不只依据我国相关的法律法规，主要是参照国际海事组织的《国际海运危险货物规则》和联合国《危险货物运输建议书》以及相关的国际公约、规则而制定的。内容包括总则、包装和标志、托运、承运、装卸、储存和交付、附则，共 8 章 73 条。主要内容阐述如下。

一、包装和标志

1. 除爆炸品、压缩气体、液化气体、感染性物品和放射性物品的包装外，危险货物的包装按其防护性能分为以下三类。

（1）Ⅰ类包装。适用于盛装高度危险性的货物。

（2）Ⅱ类包装。适用于盛装中度危险性的货物。

（3）Ⅲ类包装。适用于盛装低度危险性的货物。

各类包装应达到的防护性能要求见本规则附件三“包装型号、方法、规格和性能试验”。各种危险货物所要求的包装类别见该货物明细表。

2. 危险货物的包装（压力容器和放射性物品的包装另有规定）应按本规则附件三的规定进行性能试验。申报和托运危险货物应持有交通部认可的包装检验机构出具的“危险货物包装检验证明书”，符合要求后，方可使用。

3. 盛装危险货物的压力容器和放射性物品的包装应符合国家主管部门的规定，压力容器应持有商检机构或锅炉压力容器检测机构出具的检验合格证书；放射性物品应持有卫生防疫部门出具的“放射性物品包装件辐射水平检查证明书”。

4. 根据危险货物的性质和水路运输的特点，包装应满足以下基本要求。

（1）包装的规格、形式和单件质量（重量）应便于装卸或运输。

（2）包装的材质、形式和包装方法（包括包装的封口）应与拟装货物的性质相适应。包装内的衬垫材料和吸收材料应与拟装货物性质相容，并能防止货物移动和外漏。

（3）包装应具有一定强度，能经受住运输中的一般风险。盛装低沸点货物的容器，其强度须具有足够的安全系数，以承受住容器内可能产生的较高的蒸气压力。

(4) 包装应干燥、清洁、无污染，并能经受住运输过程中温湿度的变化。

(5) 容器盛装液体货物时，必须留有足够的膨胀余位（预留容积），防止在运输中因温度变化而造成容器变形或货物渗漏。

(6) 盛装下列危险货物的包装应达到气密封口的要求。

1）产生易燃气体或蒸气的货物。

2）干燥后成为爆炸品的货物。

3）产生毒性气体或蒸气的货物。

4）产生腐蚀性气体或蒸气的货物。

5）与空气发生危险反应的货物。

5. 采用与本规则不同的其他包装方法（包括新型包装），应符合本上述 1、2 和 4 的规定，由起运港的港务（航）监督机构和港口管理机构共同依据技术部门的鉴定审核同意并报交通部批准后，方可作为等效包装使用。

6. 危险货物包装重复使用时，应完整无损，无锈蚀，并应符合本规则第六条和第八条的规定。

7. 危险货物的成组件应具有足够的强度，并便于用机械装卸作业。

8. 使用可移动罐柜盛装危险货物，可移动罐柜应符合本规则附件六“可移动罐柜”的要求。对适用于集装箱条款定义的罐柜还应满足船检部门《集装箱检验规范》的有关要求。

9. 每一盛装危险货物的包装上均应标明所装货物的正确运输名称，名称的使用应符合附件一“各类引言和危险货物明细表”中的规定。包装明显处、集装箱四侧、可移动罐柜四周及顶部应粘贴或刷印符合附件二“危险货物标志”的规定。

具有两种或两种以上危险性的货物，除按其主要危险性标贴主标志外，还应标贴本规则危险货物明细表中规定的副标志（副标志无类别号）。

标志应粘贴、刷印牢固，在运输过程中清晰、不脱落。

10. 除因包装过小只能粘贴或印刷较小的标志外，危险货物标志不应小于 100 mm×100 mm；集装箱、可移动罐柜使用的标志不应小于 250 mm×250 mm。

11. 集装箱内使用固体二氧化碳（干冰）制冷时，装箱人应在集装箱门上显著标明“危险！内有二氧化碳（干冰），进入前需彻底通风”字样。

12. 集装箱、可移动罐柜和重复使用的包装，其标志应符合本章的规定，并除去不适合的标志。

13. 按本规则规定属于危险货物，但国际运输时不属于危险货物，外贸出口时，在国内运输区段包装件上可不标贴危险货物标志，由托运人和作业委托人分别在水路货物运单和作业委托单特约事项栏内注明“外贸出口，免贴标志”；外贸进口时，在国内运输区段，按危险货物办理。

国际运输属于危险货物，但按本规则规定不属于危险货物，外贸出口时，国内运输区段，托运人和作业委托人应按外贸要求标贴危险货物标志，并应在水路货物运单和作业委托单特约事项栏内注明“外贸出口属于危险货物”；外贸进口时，在国内运输内段，托运人和作业委托人应按进口原包装办理国内运输，并应在水路货物运单和作业委托单特约事项栏内注明“外贸进口属于危险货物”。

如本规则对货物的分类与国际运输分类不一致，外贸出口时，在国内运输区段，其包装件上可粘贴外贸要求的危险货物标志；外货进口时，国内运输区段按本规则的规定粘贴相应的危险货物标志。

二、托运

1. 危险货物的托运人或作业委托人应了解、掌握国家有关危险货物运输的规定，并按有关法规和港口管理机构的规定，向港务（航）监督机构办理申报并分别同承运人和起运、到达港港口经营人签订运输、作业合同。

2. 办理危险货物运输、装卸时，托运人、作业委托人应向承运人、港口经营人提交以下有关单证和资料。

（1）“危险货物运输声明”或“放射性物品运输声明”。

（2）“危险货物包装检验证明书”或“压力容器检验合格证书”或“放射性物品包装件辐射水平检查证明书”。

（3）集装箱装运危险货物，应提交有效的“集装箱装箱证明书”。

（4）托运民用爆炸品应提交所在地县、市公安机关根据《中华人民共和国民用爆炸物品管理条例》核发的“爆炸物品运输证”。

（5）除提交上述（1）～（4）款的有关单证外，对可能危及运输和装卸安全或需要特殊说明的货物还要提交有关资料。

3. 运输危险货物应使用红色运单，港口作业应使用红色作业委托单。

4. 托运本规则未列名的危险货物，托运前托运人应向起运港港口管理机构和港务（航）监督机构提交经交通部认可的部门出具的“危险货物鉴定表”，由港口管理机构会同港务（航）监督机构确定装卸、运输条件，经交通部批准后，按本规则相应类别中“未另列名”项办理。

5. 托运装过有毒气体、易燃气体的空钢瓶，按原装危险货物条件办理。

托运装过液体危险货物、毒害品（包括有毒害品副标志的货物）、有机过氧化物、放射性物品的空容器，如符合下列条件，并在运单和作业委托单中注明原装危险货物的品名、编号和“空容器清洁无害”字样，可按普通货物办理。

(1) 经倒净、洗清、消毒（毒害品），并持有技术检验部门出具的检验证明书，证明空容器清洁无害。

(2) 盛装过放射性物品的空容器，其表面清洁无污染，或按可接近非固定污染程度β或γ发射体低于4 Bq/cm^2、α发射体低于0.4 Bq/cm^2，并持有卫生防疫部门出具的“放射性物品空容器检查证明书”。

托运装过其他危险货物的空容器，经倒净、洗清，并在运单中和作业委托单中注明原装危险货物的品名和编号，反“空容器，清洁无害”字样，可按普通货物办理。

6. 符合下列条件之一的危险货物，可按普通货物条件运输。

(1) 成套设备中的部分配件或部分材料属于危险货物（只限不能单独包装），托运人确认在运输中不致发生危险，经起运港港口管理机构和港务（航）监督机构认可后，并在运单和作业委托单中注明“不作危险货物”字样。

(2) 危险货物品名索引中注有“＊”符号的货物，其包装、标志符合规定，且每个包装件不超过10 kg，其中每一小包件内货物净重不超过0.5 kg，并由托运人在运单和作业委托单中注明“小包装化学品”字样；但每批托运货物总净重不得超过100 kg，并按本章的有关规定办理申报或提交有关单证。

7. 性质相抵触或消防方法不同的危险货物应分票托运。

8. 个人托运危险货物，还须持本人身份证件办理托运手续。

三、承运

1. 装运危险货物时，承运人应选派技术条件良好的适载船舶。船舶的舱室应为钢质结构。电气设备、通风设备、避雷防护、消防设备等技术条件应符合要求。

500 t以下的船舶以及乡镇运输船舶、水泥船、木质船装运危险货物，按国家有关规定办理。

2. 客船和客渡船禁止装运危险货物。客货船和客滚船载客时，原则上不得装运危险货物。确需装运时，船舶所有人（经营人）应根据船舶条件和危险货物的性能制定限额要求，部属航运企业报交通部备案，地方航运企业报省、自治区、直辖市交通主管部门和港务（航）监督机构备案。并严格按限额要求装载。

3. 船舶装运危险货物前，承运人或其代理应向托运人收取本规则第三章中所规定的有关单证。

4. 载运危险货物的船舶，在航行中要严格遵守避碰规则。停泊、装卸时应悬挂或显示规定的信号。除指定地点外，严禁吸烟。

5. 装运爆炸品、一级易燃液体和有机过氧化物的船、驳，原则上不得与其他驳船混合编队、拖带。如必须混合编队、拖带时，船舶所有人（经营人）要制定切实可行的安全措施，经港务（航）监督机构批准后，报交通部备案。

6. 装载易燃、易爆危险货物的船舶，不得进行明火、烧焊或易产生火花的修理作业。如有特殊情况，应采用相应的安全措施。在港时，应经港务（航）监督机构批准并向港口公安消防监督机关备案；在航时应经船长批准。

7. 除客货船外，装运危险货物的船舶不准搭乘旅客和无关人员。若需搭乘押运人员时，需经港务（航）监督机构批准。

8. 船舶装载危险货物应严格按照本规则附件四“积载和隔离”的规定和本规则附件一“各类危险货物引言和明细表”中的特殊积载要求合理积载、配装和隔离。积载处所应清洁、阴凉、通风良好。

遇有下列情况，应采用舱面积载。

(1) 需要经常检查的货物。

(2) 需要近前检查的货物。

(3) 能生成爆炸性气体混合物，产生剧毒蒸气或对船舶有强烈腐蚀性的货物。

(4) 有机过氧化物。

(5) 发生意外事故时必须投弃的货物。

9. 船舶危险货物的积载，要确保其安全和应急消防设备的正常使用及过道的畅通。

10. 发生危险货物落入水中或包装破损溢漏等事故时，船舶应立即采取有效措施并向就近的港务（航）监督机构报告详情并做好记录。

11. 滚装船装运“只限舱面”积载的危险货物，不应装在封闭和开敞式车辆甲板上。

12. 纸质容器（如瓦楞纸箱和硬纸板桶等）应装在舱内，如装在舱面，应妥加保护，使其在任何时候都不会因受潮湿而影响其包装性能。

13. 危险货物装船后，应编制危险货物清单，并在货物积载图上标明所装危险货物的品名、编号、分类、数量和积载位置。

14. 承运人及其代理人应按规定做好船舶的预、确报工作，并向港口经营人提供卸货所需的有关资料。

15. 对不符合承运要求的船舶，港务（航）监督机构有权停止船舶进、出港和作业，并责令有关单位采取必要的安全措施。

四、装卸

1. 船舶载运危险货物，承运人应按规定向港务（航）监督机构办理申报手续，港口作业部门根据装卸危险货物通知单安排作业。

2. 装卸危险货物的泊位以及危险货物的品种和数量，应经港口管理机构和港务（航）监督机构批准。

3. 装卸危险货物应选派具有一定专业知识的装卸人员（班组）担任。装卸前应详细了解所装卸危险货物的性质、危险程度、安全和医疗急救等措施，并严格按照有关操作规程作业。

4. 装卸危险货物，应根据货物性质选用合适的装卸机具。装卸易燃、易爆货物，装卸机具应安置火星熄灭装置，禁止使用非防爆型电气设备。装卸前应对装卸机具进行检查，装卸爆炸品、有机过氧化物、一级毒害品、放射性物品，装卸机具应按额定负荷降低 25%使用。

5. 装卸危险货物，应根据货物的性质和状态，在船—岸、船—船之间设置安全网，装卸人员应穿戴相应的防护用品。

6. 夜间装卸危险货物，应有良好的照明，装卸易燃、易爆货物应使用防爆型的安全照明设备。

7. 船方应向港口经营人提供安全的在船作业环境。如货舱受到污染，船方应说明情况。对已被毒害品、放射性物品污染的货舱，船方应申请卫生防疫部门检测，采取有效措施后方可作业。

起卸包装破损的危险货物和能放出易燃、有毒气体的危险货物前，应对作业处所进行通风，必要时应进行检测。

如船舶确实不具备作业环境，港口经营人有权停止作业，并书面通知港务（航）监督机构。

8. 船舶装卸易燃、易爆危险货物期间，不得进行加油、加水（岸上管道加水除外）、拷铲等作业；装卸爆炸品（第 1.4S 除外）时，不得使用和检修雷达、无线电电报发射机。所使用的通信设备应符合有关规定。

9. 装卸易燃、易爆危险货物，距装卸地点 50 m 范围内为禁火区。内河码头、泊位装卸上述货物应划定合适的禁火区，在确保安全的前提下，方可作业。作业人员不得携带火种或穿铁掌鞋进入作业现场，无关人员不得进入。

10. 没有危险货物库场的港口，一级危险货物原则上以直接换装方式作业。特殊情况，需经港口管理机构批准，采取妥善的安全防护措施并在批准的时间内装上船或提离港口。

11. 装卸危险货物时，遇有雷鸣、电闪或附近发生火灾，应立即停止作业，并将危险货物妥善处理。雨雪天气禁止装卸遇湿易燃物品。

12. 装卸危险货物，现场应备有相应的消防、应急器材。

13. 装卸危险货物，装卸人员应严格按照计划积载图装卸，不得随意变更。装卸时应稳拿轻放，严禁撞击、滑跌、摔落等不安全作业。堆码要整齐、稳固、桶盖、瓶口朝上，禁止倒放。

包装破损、渗漏或受到污染的危险货物不得装船，理货部门应做好检查工作。

14. 爆炸品、有机过氧化物、一级易燃液体、一级毒害品、放射性物品，原则上应最后装最先卸。

装有爆炸品的舱室内，在中途港不应加载其他货物，确需加载时，应经港务（航）监督机构批准并按爆炸品的有关规定作业。

15. 对温度较为敏感的危险货物，在高温季节，港口应根据所在地区气候条件确定作业时间，并不得在阳光直射处存放。

16. 装卸可移动罐柜，应防止罐柜在搬运过程中因内装液体晃动而产生静电等不安全因素。

17. 危险货物集装箱在港区内拆、装箱，应在港口管理机构批准的地点进行，并按有关规定采取相应的安全措施后方可作业。

18. 对下列各种情况，港口管理机构有权停止船舶作业，并责令有关方面采取必要的安全处置措施。

（1）船舶设备和装卸机具不符合要求。

（2）货物装载不符合规定。

（3）货物包装破损、渗漏、受到污染或不符合有关规定。

五、储存和交付

1. 经常装卸危险货物的港口，应建有存放危险货物的专用库（场）；建立健全管理制度，配备经过专业培训的管理人员及安全保卫和消防人员，配有相应的消防器材。库（场）区域内，严禁无关人员进入。

2. 非危险货物专用库（场）存放危险货物，应经港口管理机构批准，并根据货物性质安装安全电气照明设备，配备消防器材和必要的通风、报警设备。库内应保持干燥、阴凉。

3. 危险货物入库（场）前，应严格验收。包装破损、撒漏、外包装有异状、受潮或沾污其他货物的危险货物应单独存放，及时妥善处理。

4. 危险货物堆码要整齐，稳固，垛顶距灯不少于 1.5 m；垛距墙不少于 0.5 m、距垛不少于 1 m；性质不相容的危险货物、消防方法不同的危险货物不得同库存放，确需存放时应符合附件四中的隔离要求。消防器材、配电箱周围1.5 m内禁止存放任何物品。堆场内消防通道不少于6 m。

5. 存放危险货物的库（场）应经常进行检查，并做好检查记录，发现异常情况迅速处理。

6. 危险货物出运后，库（场）应清扫干净，对存放危险货物而受到污染的库（场）应进行洗刷，必要时应联系有关部门处理。

7. 抵港危险货物，承运人或其代理人应提前通知收货人做好接运准备，并及时发出提货通知。交付时按货物运单（提单）所列品名、数量、标记核对后交付。对残损和撒漏的地脚货应由收货人提货时一并提离港口。

收货人未在港口规定时间内提货时，港口公安部门应协助做好货物催提工作。

8. 对无票、无货主或经催提后收货人仍未提取的货物，港口可依据国家“关于港口、车站无法交付货物的处理办法”的规定处理。对危及港口安全的危险货物，港口管理机构有权及时处理。

六、消防和泄漏处理

1. 港口经营人、承运船舶应建立健全危险货物运输安全规章制度，制定事故应急措施，组织建立相应的消防应急队伍，配备消防、应急器材。

2. 承运船舶、港口经营人在作业前应根据货物性质配备《船舶装运危险货物应急措施》有关应急表中要求的应急用具和防护设备，并应符合本规则附件一“各类危险货物引言和明细表”中的特殊要求。作业过程中（包括堆存、保管）发现异常情况，应立即采取措施，消除隐患。一旦发生事故，有关人员应按《危险货物事故医疗急救指南》的要求在现场指挥员的统一指挥下迅速开展施救，并立即报告公安消防部门、港口管理机构和港务（航）监督机构等有关部门。

3. 船舶在港螟、河流、湖泊和沿海水域发生危险货物泄漏事故，应立即向港务（航）监督机构报告，并尽可能将泄漏物收集起来，清除到岸上的接收设备中去，不得任意倾倒。

船舶在航行中，为保护船舶和人命安全，不得不将泄漏物倾倒或将冲洗水排放到水中时，应尽快向就近的港务（航）监督机构报告。

4. 泄漏货物处理后，对受污染处所应进行清洗，消除危害。

船舶发生强腐蚀性货物泄漏，应仔细检查是否对船舶造成结构上的损坏，必要时应申请船舶检验部门检验。

5. 危险货物运输中有关防污染要求，应符合我国有关环境保护法规的规定。

第五节　危险化学品航空运输安全管理

2004年5月24日中国民用航空总局颁布，并于2004年9月1日起施行的《中国民用航空危险化学品运输管理规定》（CCAR—276），为民用航空危险化学品运输的安全管理，提供了法律依据。

该规定主要包括总则、危险化学品航空运输的限制、危险化学品航空运输的申请与许可、危险化学品手册的要求、危险化学品的运输准备、托运人的责任、运营人的责任、信息的提供、训练、保安要求、法律责任和附则，共12部分。主要内容阐述如下。

一、危险化学品航空运输的基本要求

1. 使用民用航空器（以下简称航空器）载运危险化学品的运营人，应先行取得局方的危险化学品航空运输许可。

2. 实施危险化学品航空运输应满足下列要求。

（1）国际民用航空组织发布的现行有效的《危险品航空安全运输技术细则》（Doc 9284-AN/905），包括经国际民用航空组织理事会批准和公布的补充材料和任何附录（以下简称技术细则）。

（2）局方的危险化学品航空运输许可中的附加限制条件。

（3）以下情况例外。

1）本来可能被归类于危险化学品的某些物品和物质，但根据有关适航和运行规章要求，或因技术细则列明的其他特殊原因需要装上航空器时，不受本规定的限制。

2）对于航空器上载运的物质是用于替换或属于被替换的（a）（即本来可能被归类于危险品的某些物品和物质，但根据有关适航和运行规章要求，或因技术细则列明的其他特殊原因需要装上航空器时，不受本规定的限制）中所述物品和物质时，除技术细则允许外，应当按本规定运输。

3）在技术细则规定范围内，旅客或机组成员携带的特定物品和物质不受本规定的限制。

3. 管理机构。

（1）中国民用航空总局（以下简称民航总局）对本规定适用范围内的危险化学品航空运输活动实施监督管理；民航地区管理局依照授权，监督管理本辖区内的危险化学品航空运输活动。

（2）局方应当根据管理权限，对危险化学品航空运输活动进行监督检查。

（3）局方实施监督检查，不得妨碍被检查单位正常的生产经营活动，不得索

取或者收受被许可人财物，不得谋取其他利益。

4. 监督检查。

（1）从事航空运输活动的单位和个人应当接受局方关于危险化学品航空运输方面的监督检查，以确定其是否符合本规定的要求。

（2）局方可根据相关检查的结果或任何其他证据，确定该单位和个人是否适于继续从事相关航空运输活动；对违反本规定的行为追究其法律责任。

二、危险化学品航空运输的限制

1. 除符合规定和技术细则规定的规范和程序外，禁止危险化学品航空运输。下列危险化学品禁止装上航空器。

（1）技术细则中规定禁止在正常情况下运输的物品和物质。

（2）被感染的活体动物。

2. 技术细则中规定的在任何情况下禁止航空运输的物品和物质，任何航空器均不得载运。

3. 有下列情形之一的，民航总局可给予豁免。

（1）情况特别紧急。

（2）不适于使用其他运输方式。

（3）公共利益需要。

4. 除技术细则中另有规定外，不得通过航空邮件邮寄危险化学品或者在航空邮件内夹带危险化学品。不得将危险化学品匿报或者谎报为普通物品作为航空邮件邮寄。

三、危险化学品航空运输的申请和许可

1. 申请

危险化学品航空运输的申请人应当按规定的格式和方法提交申请书，申请书中应当包含局方要求申请人提交的所有内容。民航地区管理局负责为申请人提供咨询信息，回答申请人提出的关于进行危险化学品航空运输应满足条件的相关问题，为申请人提供法规、规章和其他相应的规范性文件以及申请文件的标准格式。申请危险化学品航空运输的国内运营人，应当在提交申请书的同时，提交下列文件。

（1）拟运输危险化学品的类别和运行机场的说明。

（2）危险化学品手册。

（3）危险化学品训练大纲。

（4）为实施危险化学品航空运输而进行的人员训练说明。

（5）危险化学品事故应急救援方案。

(6) 符合性声明。

(7) 局方要求的其他文件。

申请危险化学品航空运输的外国运营人，应当在提交申请书的同时，提交下列文件。

(1) 运营人所在国颁发的危险化学品航空运输许可文件。

(2) 拟运输危险化学品的类别和运行机场的说明。

(3) 运营人所在国认可的危险化学品手册或等效文件。

(4) 运营人所在国批准的危险化学品训练大纲或等效文件。

(5) 符合训练要求的说明。

(6) 局方要求的其他文件。

(7) 对于所要求提交的许可、批准及豁免文件，如使用的是中文或英文以外的其他文字，应附带准确的中文或英文译本。

2. 受理

申请人按照本规定要求准备其申请文件，向民航地区管理局提出正式申请。民航地区管理局应在5个工作日内作出是否受理申请的决定。如受理申请，对后续的审查工作作出安排；如不受理，应当书面通知申请人并说明理由。

3. 审查

民航地区管理局对申请人的危险化学品训练大纲、手册和相关文件进行详细审查，对危险化学品训练大纲进行初始批准，对危险化学品手册予以认可。

申请人按初始批准的训练大纲进行训练，按认可的危险化学品手册建立相关管理和操作程序；民航地区管理局对训练质量和相关程序进行验证检查，确保其符合本规定和技术细则的要求。

4. 决定

经过审定，确认申请人符合下列全部条件后，局方为申请人颁发危险化学品航空运输许可文件。

(1) 危险化学品训练大纲获得局方批准，危险化学品手册和相关文件获得局方的认可。

(2) 配备了合适的和足够的人员并按训练大纲完成训练。

(3) 按危险化学品手册建立了危险化学品航空运输管理和操作程序、应急方案。

(4) 有能力按本规定、技术细则和危险化学品手册实施运行。

审查不合格的，局方在作出不许可决定前，告知申请人可在5个工作日内申请听证；作出不许可决定后，书面告知申请人，说明理由，并告知其进行复议和诉讼的权利。

5. 期限

局方受理危险化学品航空运输申请后，应当在 20 个工作日内对申请人的申请材料进行审查并作出许可决定。需要进行专家评审时，评审时间不计入前述 20 个工作日的期限，局方应将所需评审时间书面告知申请人。

6. 许可的形式和内容

局方通过颁发运行规范或批准函的形式给予危险化学品航空运输许可，许可应包含下列内容。

（1）说明该运营人应按本规定和技术细则的要求，在局方批准的运行范围内实施运行。

（2）批准运输的危险化学品类别。

（3）批准实施运行的机场。

（4）许可的有效期及限制条件。

（5）局方认为必需的其他项目。

7. 许可的有效期

危险化学品航空运输许可有效期最长不超过两年。出现下列情形之一的，危险化学品航空运输许可失效。

（1）运营人书面声明放弃。

（2）局方撤销许可或中止该危险化学品航空运输许可的有效性。

（3）运营人的运行合格证被暂扣、吊销或因其他原因而失效。

（4）对于外国航空运营人，其所在国颁发的危险化学品航空运输许可失效。

8. 许可的变更与延续

（1）危险化学品航空运输被许可人要求变更许可事项的，应当向民航地区管理局提出申请；符合本规定要求的，局方应当依法办理变更手续。

（2）危险化学品航空运输被许可人需要延续许可有效期的，应当在许可有效期满 30 个工作日前向民航地区管理局提出申请；局方应在许可有效期满之前作出是否准予延续的决定；逾期未作决定的，视为准予延续。

四、危险化学品手册的要求

1. 一般要求

（1）运营人应制定危险化学品手册，并获得局方的认可。

（2）危险化学品手册可以编入运营人运行手册或运营人操作和运输业务的其他手册。

(3) 运营人应当建立和使用适当的修订系统，以保持危险化学品手册的最新有效。

(4) 运营人应当在工作场所方便查阅处，为危险化学品航空运输有关人员提供其所熟悉的文字写成的危险化学品手册。

2. 内容

危险化学品手册至少应包括下列内容。

(1) 运营人危险化学品航空运输的总政策。

(2) 有关危险化学品航空运输管理和监督的机构和职责。

(3) 危险化学品航空运输的技术要求及其操作程序。

(4) 旅客和机组人员携带危险化学品的限制。

(5) 危险化学品事件的报告程序。

(6) 托运货物和旅客行李中隐含的危险化学品的预防。

(7) 运营人使用自身航空器运输运营人物质的管理程序。

(8) 人员的训练。

(9) 通知机长的信息。

(10) 应急程序。

(11) 其他有关安全的资料或说明。

3. 实施

运营人应采取所有必要措施，确保运营人及其代理人雇员在履行相关职责时，充分了解危险化学品手册中与其职责相关的内容，并确保危险化学品的操作和运输按照其危险化学品手册中规定的程序和指南实施。

4. 局方通知

局方可通过书面通知要求运营人对危险化学品手册的相关内容、分发或修订作出调整。

五、危险化学品的运输准备

1. 一般要求

航空运输的危险化学品应根据技术细则的规定进行分类和包装，提交正确填制的危险化学品航空运输文件。

2. 包装容器

(1) 航空运输的危险化学品应当使用优质包装容器，该包装容器应当构造严密，能够防止在正常的运输条件下由于温度、湿度或压力的变化，或由于振动而引起渗漏。

(2) 包装容器应当与内装物相适宜，直接与危险化学品接触的包装容器不能与该危险化学品发生化学反应或其他反应。

(3) 包装容器应当符合技术细则中有关材料和构造规格的要求。

(4) 包装容器应当按照技术细则的规定进行测试。

(5) 对用于盛装液体的包装容器，应当承受技术细则中所列明的压力而不渗漏。

(6) 内包装应当进行固定或垫衬，控制其在外包装容器内的移动，以防止在正常航空运输条件下发生破损或渗漏。垫衬和吸附材料不得与内装物发生危险反应。

(7) 包装容器应当在检查后证明其未受腐蚀或其他损坏时，方可再次使用。当包装容器再次使用时，应当采取一切必要措施防止随后装入的物品受到污染。

(8) 如由于先前内装物的性质，未经彻底清洗的空包装容器可能造成危害时，应当将其严密封闭，并按其构成危害的情况加以处理。

(9) 包装件外部不得黏附构成危害数量的危险物质。

3. 标签

除技术细则另有规定外，危险化学品包装件应当贴上适当的标签，并且符合技术细则的规定。

4. 标记

(1) 除技术细则另有规定外，每一危险化学品包装件应当标明货物的运输专用名称。如有指定的联合国编号，则需标明此联合国编号以及技术细则中规定的其他相应标记。

(2) 除技术细则另有规定外，每一按照技术细则的规格制作的包装容器，应当按照技术细则中有关的规定予以标明；不符合技术细则中有关包装规格的包装容器，不得在其上标明包装容器规格的标记。

5. 标记使用的文字

国际运输时，除始发国要求的文字外，包装上的标记应加用英文。

六、托运人的责任

1. 人员资格要求

托运人应当确保所有办理托运手续和签署危险化学品航空运输文件的人员已按本规定和技术细则要求接受相关危险化学品知识训练。

2. 托运要求

(1) 将危险化学品的包装件或合成包装件提交航空运输前，应当按照本规定和技术细则的规定，保证该危险化学品不是航空运输禁运的危险化学品，并正确地进行分类、包装、加标记、贴标签、提交正确填制的危险化学品航空运输文件。禁止以非危险化学品品名托运危险化学品。

（2）托运国家法律、法规限制运输的危险化学品，应当提供相应主管部门的有效证明。

3. 危险化学品航空运输文件

（1）除技术细则另有规定外，凡将危险化学品提交航空运输的人应当向运营人提供正确填写并签字的危险化学品航空运输文件，文件中须包括技术细则所要求的内容。

（2）运输文件中应当有危险化学品托运人的签字声明，完整准确地列明交运的危险化学品货物的运输专用名称，表明危险化学品是按照技术细则的规定进行分类、包装、加标记和贴标签的，并符合航空运输的条件。

4. 使用的文字

国际运输时，除始发国要求的文字外，危险化学品航空运输文件应加用英文。

七、运营人的责任规定

1. 货物收运

（1）运营人应当制定检查措施防止普通货物中隐含危险化学品。

（2）运营人接收危险化学品进行航空运输应当符合下列要求。

1）除技术细则另有要求外，附有完整的危险化学品航空运输文件。

2）按照技术细则的接收程序对包装件、合成包装件或盛装危险化学品的专用货箱进行过检查。

3）确认危险化学品航空运输文件由托运人签字，并且签字人已按本规定的要求训练合格。

2. 收运检查单

运营人应制定和使用收运检查单以协助遵守货物收运的规定。

3. 装载

装有危险化学品的包装件和合成包装件以及装有放射性物质的专用货箱应当按照技术细则的规定装载。

4. 检查损坏或泄漏

（1）装有危险化学品的包装件、合成包装件和装有放射性物质的专用货箱在装上航空器或装入集装器之前，应当检查是否有泄漏和破损的迹象。泄漏或破损的包装件、合成包装件或专用货箱不得装上航空器。

（2）集装器未经检查并经证实其内装危险化学品无泄漏或无破损迹象之前不得装上航空器。

（3）装上航空器的危险化学品的任何包装件如出现破损或泄漏，运营人应将此包装件从航空器上卸下，或安排由有关当局或机构卸下。在此之后应当保证该交运货物的其余部分状况良好并符合航空运输，且保证其他包装件未受污染。

(4) 装有危险化学品的包装件、合成包装件和装有放射性物质的专用货箱在卸下航空器或集装器时，应当检查是否有破损或泄漏的迹象。

如发现破损或泄漏的迹象，则应当对航空器或集装器装载危险化学品的部位进行破损或污染的检查。

5. 客舱或驾驶舱的装载限制

除技术细则规定允许的情况之外，危险化学品不得装载在驾驶舱或有旅客乘坐的航空器客舱内。

6. 清除污染

(1) 当在航空器上发现由于危险化学品泄漏或破损造成任何有害污染时，应当立即进行清除。

(2) 受到放射性物质污染的航空器应当立即停止使用，在任何可接触表面上的辐射程度和非固着污染未符合技术细则规定的数值之前，不得重新使用。

7. 分离和隔离

(1) 装有性质不相容危险化学品的包装件，不得在航空器上相邻放置或装在发生泄漏时可相互产生作用的位置上。

(2) 毒害品和感染性物质的包装件应根据技术细则的规定装载在航空器上。

(3) 装有放射性物质的包装件装载在航空器上时，应按照技术细则的规定将其与人员、活动物和未冲洗的胶卷分隔开。

8. 危险化学品货物装载的固定

当符合本规定的危险化学品装上航空器时，运营人应当保护危险化学品不受损坏，应当将这些物品在航空器上加以固定，以免在飞行中出现任何移动而改变包装件的指定方向。对装有放射性物质的包装件，应当充分固定以保证在任何时候都符合分离和隔离中规定的间隔要求。

9. 仅限货机危险化学品的装载

除技术细则另有规定外，标有“仅限货机”标签的危险化学品包装件，其装载应当使机组人员或其他经授权的人员在飞行中能够看到和对其进行处理，并且在体积和质量允许的条件下将它与其他货物分开。

10. 存储

运营人应确保收运危险化学品的存储符合国家法律、法规对相关危险化学品存储的要求以及技术细则中有关危险化学品存储、分离与隔离的要求。

11. 文件保存

运营人应在载运危险化学品的飞行终止后，将危险化学品航空运输的相关文件保存 12 个月以上。上述文件至少包括收运检查单、危险化学品航空运输文件、航空货运单和机长通知单。

八、信息的提供规定

1. 向机长提供信息

装运危险化学品的航空器的运营人应当在航空器起飞前尽早向机长提供技术细则中规定的书面信息。

2. 向机组成员提供信息与指示

运营人应当在运行手册中提供信息，使机组成员能履行其对危险化学品航空运输的职责，同时应当提供在出现涉及危险化学品的紧急情况时应采取行动的指南。

3. 向旅客提供信息

运营人及机场当局应向旅客提供足够信息，告知有关技术细则规定禁止旅客带上航空器的危险化学品种类。

4. 向托运人提供信息

在货物收运处，运营人及机场当局应当向托运人提供足够信息，告知危险化学品航空运输的相关要求和法律责任。

5. 向其他人提供信息

与危险化学品航空运输有关的运营人、托运人或机场当局等其他机构应当向其人员提供信息，使其能履行与危险化学品航空运输有关的职责，同时应当提供在出现涉及危险化学品的紧急情况时应采取行动的指南。

6. 机长向机场当局提供信息

如果在飞行中发生紧急情况，如情况许可，机长应当按照技术细则的规定尽快将机上载有危险化学品的信息通报有关空中交通管制部门，以便通知机场当局。

7. 航空器发生事故或事故征候的信息

载运危险化学品货物的航空器发生事故，运营人应当尽快将机上危险化学品的信息提供给处理机载危险化学品的应急服务机构，该信息应与向机长提供的书面资料相同。

载运危险化学品货物的航空器发生事故征候，如有要求，运营人应尽快将机上危险化学品的信息提供给处理机载危险化学品的应急服务机构，该信息应与向机长提供的书面资料相同。

8. 危险化学品事故或事件的信息

运营人应向局方和事故或事件发生地所在国报告任何危险化学品事故或事件。

初始报告可以用各种方式进行，但所有情况下都应尽快完成一份书面报告。若适用，书面报告应当包括下列内容。

（1）事故或事件发生日期。

（2）事故或事件发生的地点、航班号和飞行日期。

（3）有关货物的描述及货运单、邮袋、行李标签和机票等的号码。

（4）已知的运输专用名称（包括技术名称）和联合国编号。

（5）类别或项别以及次要危险性。

（6）包装的类型和包装的规格标记。

（7）涉及数量。

（8）发货人或旅客的姓名和地址。

（9）事故或事件的其他详细情况。

（10）事故或事件的可疑原因。

（11）采取的措施。

（12）书面报告之前的其他报告情况。

（13）报告人的姓名、职务、地址和联系电话。

相关文件的副本与照片应附在书面报告上。

第六节　危险化学品港口货物安全管理

2003 年 8 月 7 日由交通部颁布，并于 2004 年 1 月 1 日起施行的《港口危险货物管理规定》，对加强港口危险化学品货物的管理，提供了法律依据。该规则共 41 条，主要内容阐述如下。

一、危险货物港口基本要求

危险货物，是指列入国家标准《危险货物品名表》（GB 12268—2005）和国际海事组织制定的《国际海运危险货物运输规则》，具有爆炸、易燃、毒害、腐蚀、放射性等特性，在水路运输、港口装卸和储存等过程中，容易造成人身伤亡和财产毁损而需要特别防护的货物。

危险货物港口作业，即在港口装卸、过驳、储存、包装危险货物或者对危险货物集装箱进行装拆箱等项操作。

1. 危险货物港口作业基本要求

（1）禁止在港口装卸、储存国家禁止通过水路运输的危险货物。

（2）新建、改建、扩建危险货物作业码头、库场、储罐、锚地等港口设施，应当符合港口总体规划和国家有关建造规范和标准，经所在地港口行政管理部门批准后，按照国家基本建设程序办理审批手续。

（3）港口行政管理部门在批准新建、改建、扩建危险货物作业码头、库场、储罐、锚地时，应当事先征得海事管理机构同意。

（4）危险货物港口作业的码头、库场、储罐、锚地等港口设施投入作业前，应当按照国家有关规定组织验收。验收合格后，方可交付使用。

（5）港口经营人从事危险货物港口作业，应当符合港口作业经营人的条件，并向所在地港口行政管理部门申请危险货物港口作业资质认定。未取得危险货物港口作业资质的，不得从事危险货物港口作业。

2. 从事危险货物港口作业经营人的条件

（1）符合《港口法》规定的港口经营许可条件。

（2）具有符合国家标准的应急设备、设施。

（3）具有健全的安全管理制度和操作规程。

（4）至少有一名企业主要负责人应当具备与本单位所从事的危险货物港口作业相关的安全生产知识和管理技能。

（5）配备足够的具有上岗资格证书的管理、作业人员。

（6）具备事故应急预案。事故应急预案的主要内容应当包括：危险货物作业码头、库场、储罐、锚地等港口设施的概况、重点部位、应急队伍的组成及职责、应急措施、应急救援流程图、指挥序列表、通信方式、应急人员联络表等。

（7）取得消防、环保部门核准意见。

二、危险货物港口作业安全管理

1. 从事危险货物港口作业的企业，应当根据由当地港口行政管理部门发放的危险货物港口作业认可证上核定的危险货物港口作业范围从事危险货物港口作业活动。

2. 从事危险货物港口作业的企业，应当对从事危险货物港口作业的人员进行有关安全作业知识培训。

3. 从事危险货物港口作业的管理、作业人员，必须接受有关法律、法规、规章和安全知识、专业技术、职业卫生防护和应急救援知识的培训，并经交通部或其授权的机构组织考核。考核合格，取得上岗资格证后，方可上岗作业。

4. 船舶载运危险货物进出港口，应当将危险货物的名称、理化性质、包装和进出港口的时间等事项，在预计到、离港 24 h 前向海事管理机构报告。但定船舶、定航线、定货种的船舶可以按照有关规定向海事管理机构定期申报。海事管理机构接到上述报告后应当及时将上述信息通报港口所在地港口行政管理部门。

5. 作业委托人应当向从事危险货物港口作业的企业提供正确的危险货物名称、国家或联合国编号、适用包装、危害、应急措施等资料，并保证资料正确、完整。作业委托人不得在委托作业的普通货物中夹带危险货物，不得将危险货物匿报或者谎报为普通货物。

6. 从事危险货物港口作业的企业，在危险货物港口装卸、过驳、储存、包装、集装箱装拆箱等作业开始 24 h 前，应当将作业委托人，以及危险货物品名、数量、理化性质、作业地点和时间、安全防范措施等事项向所在地港口行政管理部门报告。港口行政管理部门应当在接到报告后 24 h 内作出是否同意作业的决定，通知报告人，并及时将有关信息通报海事管理机构。未经港口行政管理部门同意，不得进行危险货物港口作业。

7. 从事危险货物港口作业的企业，应当按照安全管理制度和操作规程组织危险货物港口作业。

8. 从事危险货物港口作业的人员应当按照企业安全管理制度和操作规程进行危险货物的操作。

9. 从事危险货物港口作业的企业，应当对危险货物包装进行检查，发现包装不符合国家有关规定的，不得予以作业，并应当及时通知作业委托人处理。

港口行政管理部门应当根据国家有关规定对危险货物包装进行抽查。不符合规定的，可责令作业委托人处理。

10. 爆炸品、压缩气体和液化气体、易燃液体、易燃固体、自燃物品和遇湿易燃物品的港口作业，企业应当划定作业区域，明确责任人并实行封闭式管理。作业区域应当设置明显标志，禁止无关人员进入和无关船舶停靠。作业期间严禁烟火，杜绝一切火源。

11. 发生下列情况，从事危险货物港口作业的企业应当及时处理并报告所在地港口行政管理部门。

(1) 发现未申报或者申报不实、申报有误的危险货物。

(2) 在普通货物或集装箱中发现性质相抵触的危险货物。

12. 从事危险货物港口作业的企业应当按照事故应急预案进行定期演练，做好演练记录，并根据实际情况对事故应急预案进行修订。

13. 当危险货物港口作业发生事故时，从事危险货物港口作业的企业应迅速启动事故应急预案，采取应急行动，排除事故危害，控制事故进一步扩散。并按照国家有关规定立即向港口行政管理部门和有关部门报告。

港口行政管理部门应当制定事故应急预案，当危险货物港口作业发生事故时，应当及时组织救助。

发生特大安全事故，港口行政管理部门和有关单位、企业应当服从地方人民政府的指挥，积极配合救助，并按照规定向有关部门报告。

第七章　危险化学品使用安全管理

一切危险化学品的生产最终都是为了使用。危险化学品的使用涉及众多的行业和人员。通常使用者对危险化学品性能的了解远不如生产、经营、储存人员深透，危险化学品使用中的事故常源于“无知”或“知之甚少”。因此，加强日常安全管理、严格控制使用程序、制定并演练应急措施、认真进行安全检查等都是十分必要的。

随着经济全球化的发展，化学品安全使用成为国际性问题，有关国际组织为建立统一的国际化学品标准而积极工作。1990 年国际劳工组织（ILO）制定了 170 号公约《作业场所安全使用化学品公约》、177 号建议书《作业场所安全使用化学品建议书》，1993 年制定了 174 号公约《预防重大工业事故公约》《预防重大工业事故实践守则（基本框架）》，从而规范世界各国安全使用化学品的行为，要求各国制定相应法规，预防重大事故的发生。我国分别于 1994 年 10 月 27 日由全国人民代表大会常务委员会批准了 170 号公约，于 1992 年 8 月 27 日由原劳动部提交国务院批准了 177 号建议书。

170 号公约和 177 号建议书的制定和在我国的批准执行，使我国化学品安全使用和管理具有国际法律依据，也为我国进一步推进危险化学品的安全使用打开了新的篇章。实现危险化学品的安全使用，必须深入了解、掌握并贯彻执行这些公约。

第一节　危险化学品使用登记制度

危险化学品登记注册就是化学品的生产企业、储存企业和使用企业对其生产、储存和使用的化学品到指定的部门进行申报，明确其职责和义务，制定化学品危害预防和控制的措施，领取登记注册证书；同时，有关主管部门对申报企业的生产、储存和使用的条件进行审查，指导并规范其化学品的安全管理。

危险化学品登记注册制度是化学品安全管理工作的核心和有效手段，通过登记注册，对化学品进行危险性评估和分类，有针对性制定预防和防护措施；同时，通过“安全标签”和“安全技术说明书”将其危害公开，使接触者明了所接触的化学品的危害和安全使用化学品的注意事项，达到主动防护和安全使用的目的；企业申报的登记材料、“安全技术说明书”可建立化学事故应急响应信息系统，通过应急网络为用户提供及时的应急信息服务，以减少和控制化学事故造成的损失；通过登记注册，可明确生产企业、储存企业和使用企业的责任，促进和强化化学品的管理。

由国家经济贸易委员会于2002年10月颁布，自2002年11月15日起施行的《危险化学品登记管理办法》(以下简称管理办法)，为加强对危险化学品的安全管理，防范化学事故和为应急救援提供技术、信息支持，提供了法律依据。

一、危险化学品登记注册的范围和登记单位

危险化学品登记注册是一件经常性的工作，可分为现有化学品登记和新化学品登记。国家颁布了《现有化学品名录》，目录上有的为现有化学品，目录上没有的为新化学品。现有化学品和新化学品的登记，其侧重有所不同，对于现有化学品登记的重点是普查，建立规范的登记注册的运行体系；新化学品和混合物登记的主要是危险性的鉴别与分类，制定危害预防和控制的措施。

1. 登记注册范围

(1) 列入国家标准《危险货物品名表》(GB 12268—2005) 中的危险化学品。

(2) 由国家安全生产监督管理总局会同国务院公安、环境保护、卫生、质检、交通部门确定并公布的未列入《危险货物品名表》(GB 12268—2005) 的其他危险化学品。

(3) 国家安全生产监督管理总局根据 (1)、(2) 确定的危险化学品，汇总公布《危险化学品名录》上的化学品。

2. 登记单位

危险化学品的登记单位为：在中华人民共和国境内生产和储存危险化学品的单位 (以下分别简称生产单位、储存单位)、使用剧毒化学品和使用其他危险化学品数量构成重大危险源的单位 (以下简称使用单位)。

生产单位、储存单位、使用单位是指在工商行政管理机关进行了登记的法人或非法人单位。

国家安全生产监督管理总局负责全国危险化学品登记的监督管理工作。

各省、自治区、直辖市安全生产监督管理机构负责本行政区内危险化学品登

记的监督管理工作。

二、危险化学品登记注册的组织机构

1. 组织机构

(1) 国家设立国家化学品登记注册中心（以下简称登记中心），承办全国危险化学品登记的具体工作和技术管理工作。

省、自治区、直辖市设立化学品登记注册办公室（以下简称登记办公室），承办所在地区危险化学品登记的具体工作和技术管理工作。

(2) 国家安全生产监督管理总局对登记中心实施监督管理；省、自治区、直辖市安全生产监督管理机构对本辖区登记办公室实施监督管理。

2. 登记中心的职责

登记中心履行下列职责：

(1) 组织、协调和指导全国危险化学品的登记工作。

(2) 负责全国危险化学品登记证书颁发与登记编号的管理工作。

(3) 建立并维护全国危险化学品登记管理数据库和动态统计分析信息系统。

(4) 设立国家化学事故应急咨询电话，与各地登记办公室共同建立全国化学事故应急救援信息网络，提供化学事故应急咨询服务。

(5) 组织对新化学品进行危险性评估，对未分类的化学品统一进行危险性分类。

(6) 负责全国危险化学品登记人员的培训工作。

3. 登记办公室的职责

登记办公室履行下列职责：

(1) 组织本地区危险化学品登记工作。

(2) 核查登记单位申报登记的内容。

(3) 对生产单位编制的化学品安全技术说明书和化学品安全标签的规范性、内容一致性进行审查。

(4) 建立本地区危险化学品登记管理数据库和动态统计分析信息系统。

(5) 提供化学事故应急咨询服务。

4. 登记机构的基本条件

(1) 登记中心和登记办公室从事危险化学品登记的工作人员（以下简称登记人员）应经统一培训，由国家安全生产监督管理局考核合格后，发给危险化学品登记人员上岗证（以下简称登记上岗证），持证上岗。

(2) 登记中心应有 10 名以上有登记上岗证的登记人员，登记办公室应有 3

名以上有登记上岗证的登记人员。

（3）登记中心和登记办公室应当制定严格的工作制度和程序，为登记单位提供良好的服务，保守登记单位的商业秘密。

（4）登记中心每年应向国家安全生产监督管理总局书面报告全国危险化学品登记工作情况；登记办公室每年应向所在省、自治区、直辖市安全生产监督管理机构书面报告本地区危险化学品登记工作情况。各地登记办公室的报告应同时抄送登记中心。

三、危险化学品登记注册的时间、内容和程序

1. 登记的时间

登记单位应在《危险化学品名录》公布之日起 6 个月内办理危险化学品登记手续。

对危险性不明的化学品，生产单位应在本办法实施之日起 1 年内，委托国家安全生产监督管理总局认可的专业技术机构对其危险性进行鉴别和评估，持鉴别和评估报告办理登记手续。

对新化学品，生产单位应在新化学品投产前 1 年内，委托国家安全生产监督管理总局认可的专业技术机构对其危险性进行鉴别和评估，持鉴别和评估报告办理登记手续。

新建的生产单位应在投产前办理危险化学品登记手续。

已登记的登记单位在生产规模或产品品种及其理化特性发生重大变化时，应当在 3 个月内对发生重大变化的内容办理重新登记手续。

2. 登记的内容

（1）生产单位应登记的内容。

1）生产单位的基本情况。

2）危险化学品的生产能力、年需要量、最大储量。

3）危险化学品的产品标准。

4）新化学品和危险性不明化学品的危险性鉴别和评估报告。

5）化学品安全技术说明书和化学品安全标签。

6）应急咨询服务电话。

（2）储存单位、使用单位应登记的内容。

1）储存单位、使用单位的基本情况。

2）储存或使用的危险化学品品种及数量。

3）储存或使用的危险化学品安全技术说明书和安全标签。

3. 办理登记的程序。

（1）登记单位向所在省、自治区、直辖市登记办公室领取“危险化学品登记表”，并按要求如实填写。

（2）登记单位用书面文件和电子文件向登记办公室提供登记材料。

（3）登记办公室对登记单位提交的危险化学品登记材料在20个工作日内对其进行审查，必要时可进行现场核查，对符合要求的危险化学品和登记单位进行登记，将相关数据录入本地区危险化学品管理数据库，向登记中心报送登记材料。

（4）登记中心在接到登记办公室报送的登记材料之日起10个工作日内，进行必要的审查并将相关数据录入国家危险化学品管理数据库后，通过登记办公室向登记单位发放危险化学品登记证和登记编号。

（5）登记办公室在接到登记证和登记编号之日起5个工作日内，将危险化学品登记证和登记编号送达登记单位或通知登记单位领取。

4. 办理登记的必备材料

生产单位办理登记时，应向所在省、自治区、直辖市登记办公室报送以下主要材料。

（1）“危险化学品登记表”一式3份和电子版1份。

（2）营业执照复印件2份。

（3）危险性不明或新化学品的危险性鉴别、分类和评估报告各3份。

（4）危险化学品安全技术说明书和安全标签各3份和电子版1份。

（5）应急咨询服务电话号码。委托有关机构设立应急咨询服务电话的，需提供应急服务委托书。

（6）办理登记的危险化学品产品标准（采用国家标准或行业标准的，提供所采用的标准编号）。

储存单位、使用单位应报送上述第（1）、（2）、（4）项规定的材料。

5. 登记证书的管理

危险化学品登记证书有效期为3年。登记单位应在有效期满前3个月，到所在省、自治区、直辖市登记办公室进行复核。复核的主要内容为：生产、储存、使用单位基本情况的变更情况，安全技术说明书和安全标签的更新情况等。

生产单位终止生产危险化学品时，应当在终止生产后的3个月内办理注销登记手续。

使用单位终止使用危险化学品时，应当在终止使用后的3个月内办理注销登记手续。

6. 登记单位的义务

（1）对本单位的危险化学品进行普查，建立危险化学品管理档案。

（2）如实填报危险化学品登记材料。

（3）对本单位生产的危险性不明的化学品或新化学品进行危险性鉴别、分类和评估。

（4）生产单位应按照国家标准正确编制并向用户提供化学品安全技术说明书，在产品包装上拴挂或粘贴化学品安全标签，所提供的数据应保证准确可靠，并对其数据的真实性负责。

（5）危险化学品储存单位、使用单位应当向供货单位索取安全技术说明书。

（6）生产单位必须向用户提供化学事故应急咨询服务，为化学事故应急救援提供技术指导和必要的协助。

（7）配合登记人员在必要时对本单位危险化学品登记内容进行核查。

四、危险化学品登记注册的基本条件

化学品的生产企业，在申请登记时，应具备以下条件。

1. 所登记的化学品应具有质量标准。

2. 化学品的生产应具有工艺技术规程，其生产岗位有岗位操作规程。

3. 进入市场流通的危险化学品应具有“安全标签”和“安全技术说明书”。

4. 化学品岗位的操作职工应经过严格的培训教育，考试检验合格后持证上岗。

5. 化学品的生产须具有可靠的安全卫生防护措施和符合要求的个体防护用品。

6. 设立 24 h 化学事故应急咨询电话或委托 24 h 应急救援服务电话。

第二节　危险化学品使用安全措施

危险化学品使用安全措施包括预防各类使用事故的措施和实现使用安全的措施。前者属于被动措施，后者属于主动措施。

一、危险化学品使用事故的预防原则

在作业场所，应对涉及危险化学品的使用进行严格控制。其目标是消除化学品危害或者尽可能降低其危害程度，以免危害工人，污染环境，引起火灾和爆炸等重大事故。

预防化学品引起的伤害、火灾和爆炸事故的最理想方式是在工作中不使用与上述危害有关的化学品，然而并不是总能做到这一点。因此，采取隔离危险源，实施有效的通风，或使用适当的个体防护用品等手段往往也是非常必要的。通常

采用操作控制的四条基本原则，从而有效地消除或降低化学品暴露，减少化学品引起的中毒事故、火灾及爆炸事故。

危险化学品使用事故预防的基本原则包括以下四点。

1. 事故可以预防

在这种原则基础上，分析事故发生的原因和过程，研究防止事故发生的理论及方法。

2. 防患于未然

事故隐患与后果存着偶然性关系，积极有效的预防办法是防患于未然。只有避免了事故隐患，才能避免事故造成的损失。

3. 根除可能的事故原因

事故与引发的原因是必然的关系。任何事故的出现，总是有原因的。事故与原因之间存在着必然性的因果关系。为了使预防事故的措施有效，首先应当对事故进行全面的调查和分析，准确地找出直接原因、间接原因以及基础原因。所以，有效的事故预防措施，来源于深入的原因分析。

4. 全面治理

这是指在引起事故的各种原因之中，技术原因、教育原因以及管理原因是三种最重要的原因，必须全面考虑、缺一不可。预防这三种原因的相应对策分别是技术对策、教育对策及法制（或管理）对策。这是事故预防的三根支柱，发挥这三根支柱的作用，事故预防就可以取得满意的效果。如果只是片面地强调某一根支柱，事故预防的效果就不理想。

二、危险化学品使用事故的控制措施

预防危险化学品使用事故的控制措施有替代、变更工艺、隔离、通风和个体防护。

1. 替代

控制、预防危险化学品危害最理想的方法是不使用有毒有害和易燃、易爆的化学品，但这很难做到，通常的做法是选用无毒或低毒的化学品替代有毒有害的化学品，选用可燃化学品替代易燃化学品。例如，用甲苯替代喷漆和除漆用的苯，用脂肪族烃替代胶水或黏合剂中的芳烃，用水基涂料或水基胶黏剂替代有机溶剂基的涂料或胶黏剂，用水性洗涤剂替代溶剂型洗涤剂，用三氯甲烷脱脂剂来替代三氯乙烯脱脂剂，使用高闪点化学品而不使用低闪点化学品等。

2. 变更工艺

虽然替代是控制危险化学品危害的首选方案，但是目前可供选择的替代品很有限，特别是因技术和经济方面的原因，不可避免地要生产、使用有害化学品。

这时可通过变更工艺消除或降低化学品危害。如以往通过乙炔制乙醛，采用汞作催化剂，现在发展为用乙烯为原料，通过氧化或氯化制乙醛，不需用汞作催化剂。通过变更工艺，彻底消除了汞害。另外还有改喷涂为电涂或浸涂，改手工分装料为机械连续装料，改干法破碎为湿法破碎等。

3. 隔离

隔离就是通过封闭、设置屏障等措施，避免作业人员直接暴露于有害环境中。最常用的隔离方法是将生产或使用的设备完全封闭起来，使工人在操作中不接触危险化学品。遥控隔离操作是另一种常用的隔离方法，简单地说，就是把生产设备与操作室隔离开。最简单的隔离形式就是把生产设备的管线阀门、电控开关放在与生产地点完全隔开的操作室内。

4. 通风

通风是控制作业场所中有害气体、蒸气或粉尘最有效的措施。借助于有效的通风，使作业场所空气中有害气体、蒸气或粉尘的浓度低于安全浓度，保证工人的身体健康，防止火灾、爆炸事故的发生。

通风分局部排风和全面通风两种。局部排风是把污染源罩起来，抽出污染空气，所需风量小，经济有效，并便于净化回收。全面通风亦称稀释通风，其原理是向作业场所提供新鲜空气，抽出污染空气，降低有害气体、蒸气或粉尘在作业场所中的浓度。全面通风所需风量大，不能净化回收。

对于点式扩散源，可使用局部排风。使用局部排风时，应使污染源处于通风罩控制范围内，吸尘罩应尽可能地接近污染源。为了确保通风系统的高效率，通风系统设计的合理性十分重要。对于已安装的通风系统，要经常加以维护和保养，使其有效地发挥作用。

对于面式扩散源，要使用全面通风。采用全面通风时，在厂房设计阶段就要考虑空气流向等因素。因为全面通风的目的不是消除污染物，而是将污染物分散稀释，所以全面通风仅适合于低毒性作业场所，不适合于腐蚀性、污染物量大的作业场所。

5. 个体防护

当作业场所中有害化学品的浓度超标时，工人就必须使用合适的个体防护用品。个体防护用品既不能降低作业场所中有害化学品的浓度，也不能消除作业场所中的有害化学品，而只是一道阻止有害物进入人体的屏障。防护用品本身的失效就意味着保护屏障的消失，因此个体防护不能被视为控制危害的主要手段，而只能作为一种辅助性措施。对于火灾和爆炸危害来说，是没有可靠的防护用品可提供的。

防护用品主要有头部防护器具、呼吸防护器具、眼防护器具、身体防护用品、手足防护用品等。

（1）安全帽。为防止人的头部受到伤害，应该佩戴安全帽。安全帽有安全头盔和护发帽两类。

安全帽一般指安全头盔，是由帽壳和帽衬两部分组成，以分散和缓冲外力。帽壳对外来冲击力起到第一道防护作用，帽壳顶部呈光滑圆弧形，应有一定的强度和弹性，使力分散，并吸收掉一部分动能。为了减轻质量，帽顶采用加筋的形式，以增加强度和弹性。帽衬用来减缓冲击力。帽衬与帽壳之间要有 50 mm 的空间，防止动能直接传到头上。帽衬有单层和双层两种，双层的更为安全，双帽衬与帽壳的连接处要牢靠，防止受冲击时脱开。安全帽的材料很多，帽壳有由聚酯树脂、聚苯树脂、聚乙烯等塑料制成的，这类安全帽的强度高，隔热绝缘性能好，耐酸碱；还有由金属制成的，其适于夏季露天作业使用，透气性好，但不抗穿刺。帽衬的材料有塑料衬、锦纶带衬、棉布带衬等。安全帽的质量不应超过 0.4 kg，帽的两侧要有通气孔，帽壳的颜色要鲜艳醒目。

护发帽指在传送带或机器旁工作的人，为防止头发卷进转动的传送带或机器中而佩戴的防护用具。护发帽应该能够把头发完全包起来。为了便于日常的洗涤，这种帽子应当用经久耐用的纤维织物做成。帽子的样式应当简单，大小可以调节，使任何人戴起来都觉得适合。护发帽应当有一个长而硬的帽檐，这样在头部还没有碰到运动的物体如钻床的主轴时，人就会警觉起来。如果工作场所可能遇到火花或热金属，护发帽应当用耐火的材料制作。佩戴护发帽不仅可以防止工伤事故的发生，而且可以保护头发不受灰尘、油烟等其他环境的影响。

如何选择一顶合适的安全帽是非常重要的。选择安全帽时，要注意的主要问题是：①要按不同的防护目的选择安全帽，如防护物体坠落和飞来冲击的安全帽；防止人员从高处坠落或从车辆上甩出去时头部受伤的安全帽；电气工程中使用的耐压绝缘安全帽等。②安全帽的质量须符合国家标准规定的技术指标，生产厂家和销售商须有国家颁发的生产经营许可证。安全帽的材料要尽可能轻，并有足够的强度。③安全帽在设计上要结构合理，使用时感觉舒适、轻巧，不闷热，防尘防灰。

选择了合适的安全帽，正确的使用方法同样重要。使用安全帽时要注意以下几点：①缓冲衬垫的松紧由带子调节，人的头顶和帽顶的空间至少要有30 mm的距离才能使用，以保证在遭受冲击时帽体有足够的空间可供变形，同时有利于帽体和头部之间的通风。②使用安全帽时要戴正，否则会降低安全帽对于物体冲击的防护作用。安全帽的带子要系牢，在发生危险时由于跑动使安全帽脱落，则起不到防护作用。④由于安全帽在使用过程中会逐步损坏，所以要定期进行检查，仔细检查有无龟裂、下凹、裂痕和磨损等情况。注意不要戴有缺陷的帽子。因为帽体材料有老化变脆的性质，所以注意不要长时间在阳光下曝晒。帽衬由于汗水浸湿而容易损坏，要经常清洗，损坏后要立即更换。④最重要的是，使用安全帽要以规章制度的形式规定下来，并严格执行。在工作中不断进行宣传教育，使职工养成自觉佩戴安全帽的习惯。

（2）防护口罩。口罩，其形式是覆盖口和鼻子，其作用是防止有害化学物质通过呼吸系统进入人体。防护口罩的使用主要局限于下列场合：①在安装工程控制系统之前，必须采取临时控制措施的场合。②没有切实可行的工程控制措施的场合。③在工程控制系统保养和维修期间。④突发事件期间。

在选择防护口罩时应考虑下列因素：①污染物的性质。②作业场所污染物可能达到的最高浓度。④舒适性。⑤适合工种性质，且能消除对健康的危害。⑥适合于工人的脸形，能保证佩戴严密，防止漏气。

防护口罩主要分为自吸过滤式和送风隔离式两种类型。

自吸过滤式防护口罩净化空气的原理是吸附和过滤空气，使空气中的有害物不能通过口罩，保证进入人体呼吸系统的空气是净化的。口罩中的净化装置是由过滤膜或吸附剂组成的，过滤膜是用来滤掉空气中的尘，含吸附剂的滤毒盒用来吸附空气中的有害气体、雾、蒸气等。这种防护口罩又可分为半面式（见图 7—1）和全面式（见图7—2）。半面式用来遮住口、下巴、鼻；全面式可遮住整个

图 7—1　全面自吸过滤式防护口罩

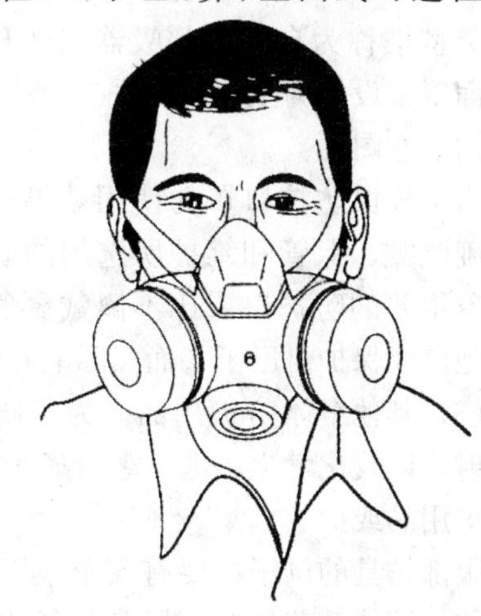

图 7—2　半面自吸过滤式防护口罩

面部，包括眼睛。实际上，没有哪一种防护口罩是万能的，或者说没有哪一种防护口罩能防护所有的有害物。不同性质的有害物需要选择不同的过滤材料和吸附剂，为了取得防护效果，正确选择防护口罩至关重要，可以从防护口罩生产厂家获得这方面的信息。图 7—3 所示是自吸过滤式防护口罩的结构图。

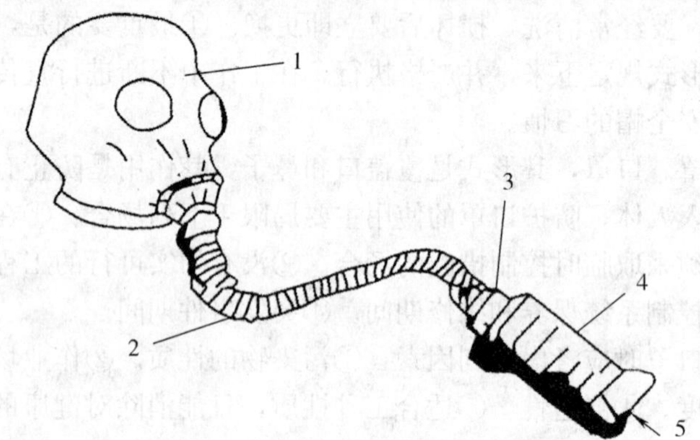

图 7—3　自吸过滤式防护口罩结构图

1—全面罩　2—导气管　3—接头　4—滤毒罐　5—进气口

送风隔离式防护口罩是将人的呼吸道与被污染的作业环境中的空气隔离，通过导气管或加用空气压缩机将未被污染场所的新鲜空气送进防护口罩或通过导管将便携式气瓶内的压缩空气或氧气送入呼吸防护器（见图 7—4），对使用者能够提供最有效的防护。所显示的类型被称为自给式呼吸器（SCBA），自给式呼吸器的面罩常设计为全面罩。图 7—5 所示为自给式呼吸器结构示意图。

为了确保防护口罩的使用效果，必须培训工人如何正确佩戴、保管和维护所选用的防护口罩。佩戴一个保养很差的防护口罩比不佩戴更危险，因为佩戴者以为他已经保护自己了，而实际上并没有。

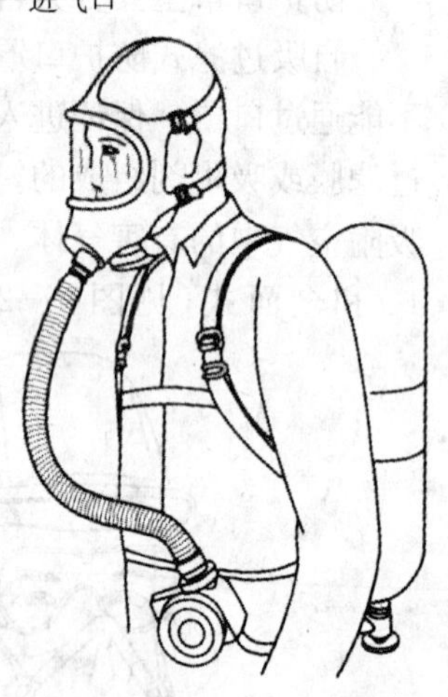

7—4　送风隔离式防护口罩

（3）其他个体防护用品。为了防止由于化学物质的溅射，以及化学尘、烟、雾、蒸气等所导致的眼和皮肤伤害，也需要使用适当的防护用品或护具。

眼部护具的例子主要有安全眼镜、护目镜（见图 7—6）以及用于防护腐蚀性液体、固体及蒸气对面部产生伤害的面罩（见图 7—7）。

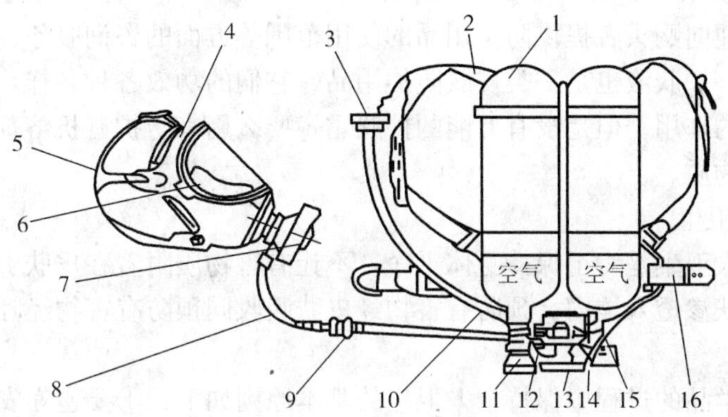

图 7—5　自给式呼吸器结构示意图

1—空气瓶　2—肩带　3—压力表　4—面罩　5—后头带　6—阻力罩　7—自动肺　8—膛压导管　9—膛压快速接头　10—高压导管　11—开关把手　12—高压快速接头手轮　13—减压器　14—安全阀　15—报警哨　16—腰带

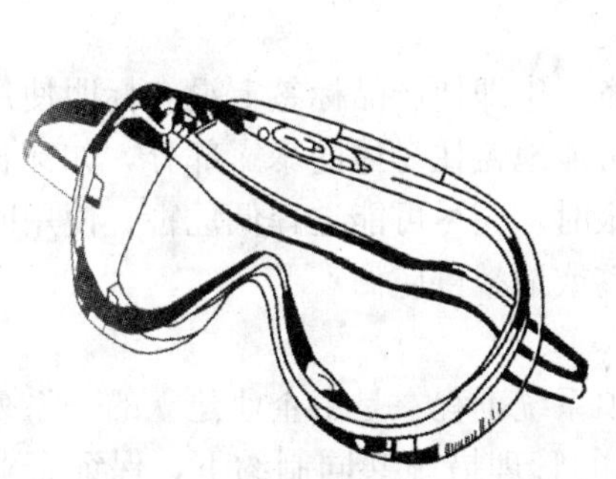

图 7—6　护目镜

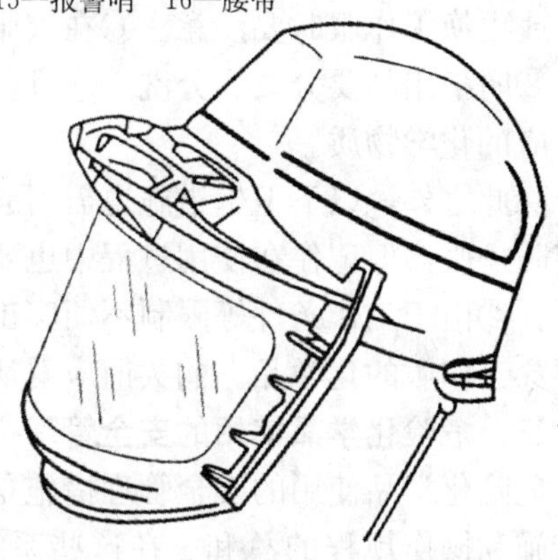

图 7—7　面罩

用抗渗透材料制作的防护手套、围裙、靴子和工作服，用来消除由于与化学品接触对皮肤产生的伤害。用于制造这类防护用品的材料很多，作用也不同，因此正确选择很重要。如棉布手套、皮革手套主要用于防灰尘，橡胶手套用于防腐蚀性物质（见图 7—8），在选择时要针对所接触的化学品的性质来确定合适材料制作的护品。作为防护用品的销售商，也应掌握这方面

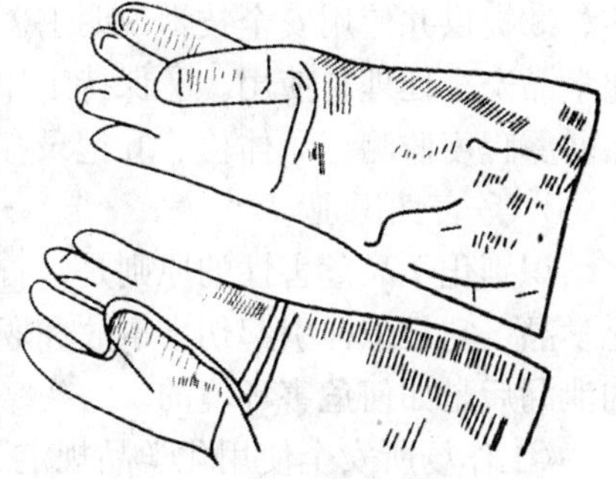

图 7—8　防护手套

的知识，以便向购买者提供防护用品的使用范围等方面的咨询服务。

护肤霜、护肤液也是一类皮肤防护用品，它们的功效各种各样，选择适当时可起到一定的作用。但是没有万能的护肤霜，要么用来防护有机溶剂，要么用来防护水溶性物质。

6. 个人卫生

保持个人卫生是为了保持身体干净，不让有害物质附着在皮肤上，防止有害物质通过皮肤渗透入体内。预防有害物经皮肤吸收同预防有害物经呼吸道和食道吸收同等重要。

使用化学品的过程中保持个人卫生的基本原则如下：①要遵守安全操作规程并使用适当的防护用品，避免化学品暴露的可能性。②工作结束后、饭前、饮水前、吸烟前以及便后要充分洗净身体的暴露部分。③定期检查身体以确信皮肤的健康。④皮肤受伤时，要完好地包扎。⑤每时每刻都要防止自我污染，尤其是在清洗或更换工作服时要注意。⑥在衣服口袋里不装被污染的东西，如脏布、工具等。⑧防护用品要分放、分洗。⑨勤剪指甲并保持指甲干净。⑩不接触能引起过敏反应的化学物质。

除此之外，以下卫生措施也需引起注意：①即使产品标签上没有标明使用时应穿防护服，但记住在使用过程中也要尽可能地盖住身体的暴露部分，如穿长袖衬衫。②由于工作条件等限制不便穿工作服时，应尽可能选择低危害、使用时不需要穿工作服的化学品。购买前应看清标签或请教供应商。

三、危险化学品使用的安全管理措施

危险化学品使用的安全管理措施是一项系统工程，是由企业建立的一系列管理措施和操作规程的总和。在这些系统化的管理措施共同制约下，保证企业安全。这些措施主要包括：①对所使用的危险化学品进行识别。②正确贴安全标签。③提供并使用安全技术说明书。④安全储存。⑤建立安全运输程序。⑥危险化学品安全处理与使用。⑦保持工作场所整洁的措施。⑧日常废物处理。⑨化学品暴露程度监测。⑩体检。⑪记录存档。⑫培训和教育。

1. 危害性识别

识别化学品危害性的原则是，首先要弄清楚自己所使用或正在生产的是什么化学品，它是怎样引起伤害事故和职业病的，它是怎样引起火灾、爆炸的，溢出和泄漏后是如何危害环境的。

《工作场所安全使用化学品规定》（劳部发［1996］423号，1997年1月1日实施）明确规定对化学品进行危险性鉴别是生产单位的责任。生产单位必须对自己生产的化学品进行危险性鉴别，并进行标志，对生产的危险化学品加贴安全标签，并向用户提供安全技术说明书，确保有可能接触化学品的人员都能得到化学品危害性的信息，一旦发生事故能随时得到技术支持。如果销售商不能提供这些信息，应设法通过政府部门、实验室、大学或有关研究机构来获得这些信息。

事实上，任何不经鉴别、无标签、无安全技术说明书的化学品是不能使用的，且对标签也有专门的要求，其中一条是标签上的内容表述必须能让一般工人看得懂。

2. 安全标签

所有盛装化学品的容器都要加贴安全标签，而且要经常检查，确保在容器上贴着合格的标签。贴标签的目的是为了警示使用者此种化学品的危害性以及一旦发生事故应采取的救护措施。

《化学品安全标签编写规定》（GB 15258—2009）对标签的内容、制作和使用作了详细的规定。

生产单位出厂的危险化学品，其包装上必须加贴标准的安全标签，出厂的非危险化学品应有标志。使用单位使用的非危险化学品应有标志，危险化学品应有安全标签。当一种危险化学品需要从一个容器分装到其他容器时，必须在所有的分装容器上贴上安全标签。

3. 安全技术说明书（MSDS）

企业中使用的任何化学品都必须有 MSDS。MSDS 详细描述了化学品的燃爆、毒性和环境危害，给出了安全防护、急救措施、安全储运、泄漏应急处理、法规等方面的信息，是了解化学品安全卫生信息的综合性资料。安全技术说明书是非常重要的资料，它是化学品安全生产、安全流通、安全使用的指导性文件，是应急行动时的技术指南，是企业进行安全教育的重要内容，它可以用来培训工人和管理人员如何安全使用某种化学品，同时也是讲解或编写安全使用说明书的基本材料，是制定化学品安全操作规程的基础。

《化学品安全技术说明书编写规定》（GB 13610—2000）对安全技术说明书的内容及编写要求作了详细规定。

生产单位必须随产品向用户提供标准的安全技术说明书，销售、使用单位应主动向供应商索取安全技术说明书。

基于对生产工艺的了解和安全技术说明书中所提供的化学品物理性质、化学性质、稳定性、反应活性及毒理性等方面的信息，管理人员需要对化学品进行仔细的研究，以确定化学品之间的匹配性，制定化学品的储存、运输、使用和废物处理等程序。作为工厂的安全管理人员，厂内消防队应持有一套厂内使用的化学品安全技术说明书。一旦发生紧急情况，如某工人急性中毒，能立即向医护人员提供相关的安全技术说明书，以帮助医护人员立即了解情况，并制定正确的急救措施。

4. 安全储存

如果某种具有危险性的化学品不能被危险性小的化学品所替代，应将该化学品在工作场所的量减少到每日所需的用量（一个轮班的用量），剩余部分要存放在一个安全的化学品仓库。安全储存是化学品流通过程中非常重要的一个环节，处理不当，就会造成事故。为了加强对危险化学品储存的管理，国家制定了国家标准《常用危险化学品储存通则》（GB 15603—1995），对危险化学品的储存场所、储存安排及储存限量、储存管理和具体做法都提出了要求。

储存化学品时应遵守下列规则：

(1) 禁忌物不能放在一起。如把酸和氰化物放在一起，在不小心撒出时能产生致人死亡的氰化氢气体。

(2) 不能将化学品放在可以发生化学反应的环境中。

(3) 储存容器必须完好，并按规定排列，不能泄漏、生锈或损坏。

(4) 要有适当的通风，以保证泄漏的有毒蒸气被充分稀释、减少。

对于易燃或有爆炸危险的化学品还有另外一些规定：

(1) 易燃化学品应存放于冷的、通风好的地方，并远离火源。

(2) 仓库应与工厂及生活区分开并远离饮用水水源。

(3) 应配备一套自动火灾防护系统。例如，喷洒灭火系统，但与水能反应的化学品不能用喷水的方法灭火，而且这些化学品也不能放在这里。

(4) 应配备防火门、报警系统和一个具有防护墙的场地，以防火灾蔓延。使用防爆电气。

(5) 所有用于输送用的大桶，都应固定并接地，以避免静电起火。

(6) 仓库的储存量不应过多，限制在仅够使工厂正常运行所必需的量。

(7) 应保证消防车畅通行驶。

(8) 应防止由于大桶、铲车的移动造成接线、闸盒及其固定装置等的损坏。

(9) 不能存在辐射热源，禁止出现焊接或吸烟的明火。

(10) 禁止装有内燃机的铲车通过。

5. 安全运输程序

作业场所间的化学品一般是通过管道、传送带或铲车、有轨道的小轮车、手推车传送的。用管道输送化学品时，必须保证阀门与法兰完好，整个管道系统无跑、冒、滴、漏现象。使用密封式传送带，可避免粉尘的扩散。如果化学品以高速高压通过各种系统，必须避免产生热，否则将引起火灾或爆炸。用铲车运送化学品时，道路要足够宽，并有清楚的标志，以减少冲撞及溢出的可能性。

装卸易燃液体的容器应具有特殊结构，装有弹簧盖，并在液体出口安装火焰消除器。

要在通风好的地方转移易燃液体，并将容器接地。

如果用铲车运送化学品，道路要足够宽，并有清楚的标志，以减少冲撞及溢出的可能性。

6. 安全处理与使用

化学品主要通过三种途径，即吸入、食入、皮肤吸收进入人体。在工作场所中化学品主要通过吸入进入人体，其次是皮肤吸收。

吸入的化学品在空气中以粉尘、蒸气、烟、雾的形式存在。粉尘产生于研磨、压碎、切削、钻孔或破碎过程，蒸气产生于加热的液体和固体，雾产生于溅落、电镀或沸腾过程，烟产生于焊接或铸造时金属的熔化。当处理气态化学品时通常发生皮肤的吸收；当处理液态化学品时，液体飞溅到裸露的皮肤上是最常见的接触方式。所以使用或处理化学品时必须视作业场所具体情况穿戴适当的个体防护用品。对一些易燃化学品，关键是控制热源，防止产生火灾或爆炸。

处理或使用化学品时一定要注意以下事项：

（1）作业场所要有防护措施，如通风、屏蔽等。

（2）使用者具有化学品安全方面的专业知识，接受过专业培训。

（3）看懂安全标签和安全技术说明书的内容，了解所要接触化学品的特性，选择适当的个体防护用品，掌握事故应急方法和操作注意事项。

（4）使用易燃化学品时控制好火源。

（5）检查防护用品和其他安全装置的完好性。

（6）确保应急装备处于完好、可使用状态。

在处理和使用化学品时，预防人体暴露于化学品中的最好方法，可通过以下一些控制原则来实现：

（1）消除或替代。

（2）密封或隔离。

（3）通风。

（4）提供个人防护设施。

7. 保持场所清洁

清洁的工作场所在控制化学品危害方面起着重要的作用。工作台、地面或壁架上的粉尘应定期用吸尘器清扫干净，不能用吹、扫的方式清扫。泄漏的液体要及时收集起来后，用密闭容器装好，并当天从车间清理出去。若装化学品的容器损坏或泄漏，应及时将化学品转移到完好的容器内，对损坏的容器做相应的处理。

8. 日常废物处理

所有生产过程都会产生一定数量的废弃物，有害废弃物的处理若不当不仅对工人健康有害，还有可能发生火灾和爆炸，而且有害于环境，危害工厂周围的居民。

所有的废弃物应装在特制的有标签的容器内，并运送到指定地点进行废弃处理。任何盛装过有毒或易燃物质的空容器或袋子也应放入这样的容器内。

有害废弃物的处理要有操作规程，有关人员应接受适当的培训，并应制定一个处理有毒、有害废弃物的书面程序。处理有毒、有害废弃物的工人的安全也应通过适当的控制措施得到保障。

9. 作业环境监测

车间有害物质（包括蒸气、粉尘和烟雾）浓度的监测是评价作业环境质量的重要手段，是企业职业安全卫生管理的一个重要内容。

接触监测要有明确的监测目标和对象，在实施过程中要拟订监测方案，结合现场实际和生产的特点，合理运用采样方法、方式，正确选择采样地点，掌握好采样的时机和周期，并采用最可靠的分析方法。

车间的环境监测包括空气采样及分析样品中化学物质的浓度。这些化学物质可能以粉尘、蒸气、雾或烟的形式存在。

采集空气样品，可采用个体采样的方式（工人佩戴一个个体采样器，在佩戴者呼吸带高度采样）或在车间合理布点，在采样地点放置固定空气采样装置。样品的采集时间依采集方法而定，分析结果将指出特定化学物质或其他污染物在采样时的浓度，将所测浓度与国家颁布的接触限值进行比较，若发现问题，应及时采取措施，控制污染和危害源，减少作业人员的接触。

10. 医学监督

医学监督包括健康监护、疾病登记和健康评定。它也分上岗前检查和定期的体检。上岗前体检可以知道工人是否有过敏的可能性，从而可适当地分配对其健康没有危害的工作岗位。定期的健康检查有助于发现工人在接触有害因素早期的健康改变和职业危害，通过对既往的疾病登记和定期的健康评定，可对接触者的健康状况作出评估。

化工行业已开展健康监护工作多年，制定了较为完整的系统管理规定和技术操作方案，取得了很好的社会效益。

11. 记录保存

所有环境监测与医学监督记录都应保存好。某些化学物质引起的疾病潜伏期较长，这些记录以后能帮助医生对是否是职业病作出诊断，使病人获得赔偿，并为流行病学研究提供有价值的资料。流行病学研究将进一步弄清化学物质对健康的危害。

12. 培训教育

培训教育在控制化学品危害中起着重要的作用。通过培训使工人能正确使用安全标签和安全技术说明书，了解所使用化学品的燃爆危害、健康危害和环境危害，掌握必要的应急处理方法和自救、互救措施，掌握个体防护用品的选择、使用、维护和保养等，掌握特定设备和材料如急救、消防、溅出和泄漏控制设备的使用，从而达到安全使用化学品的目的。

企业有责任对工人进行上岗前培训，考核合格方可上岗。并能根据岗位的变动或生产工艺的变化，及时对工人进行重新培训。

第三节　危险化学品使用程序控制

为了实现危险化学品的安全使用，必须实行与企业生产、销售、维修及质量控制等系统同样严谨的工作程序。这些工作程序的效果可以通过如下几方面反映：工作环境是否得到改善、工作场所事故及职业病是否有所降低、工人的健康是否更加得到保障、废料的产生是否更少等，这些方面的改善同时还将使得企业的生产率和利润均得到提高。

按照我国安全生产法规的规定，企业的主要负责人是安全生产的第一负责人，即企业安全使用化学品的主要责任全在于管理人员。事实上，在任何国家也是如此。最高管理层拥有开发并贯彻本企业安全使用化学品的方法和程序的权利、资源。为收到实效，管理化学品安全使用的计划至少应该和企业中诸如生产、销售、维修及质量控制等计划得到同样的重视，不能只是口头上“第一”，实际上没有“名次”。管理人员的重要工作是开发和贯彻一系列程序，通过严密和科学的操作程序实现化学品使用时的安全卫生方法和步骤，保证化学品使用的安全。

危险化学品使用程序控制的基本思想有如下几点：

（1）管理人员应该知道企业中正在使用的所有化学品的数量和与之有关的危险性质。

（2）工人应该知道他们在工作中使用的化学品的危险性，并应该接受一些必要的事故预防培训。

（3）工作场所的设计应该适应工人的需要，而不是使工人去适应工作场所。

实现危险化学品使用程序控制首先要制定工作目标，其次要建立完整、严谨、可操作的工作程序。具体程序如下：

一、建立目标

为了成功地控制各项活动，要求有一个安全使用化学品的明确方针。该方针是由企业的“一把手”制定的，阐述了企业安全使用化学品的总要求、总目标。该方针要宣传贯彻到企业中的每个管理人员和每个员工，使每个人都理解，以便他们的工作行为和决策均在此方针的指导下进行。这一基本原则可纳入企业综合控制计划的方针中表述。

在这样一个方针的陈述中，在化学品管理方面应包括以下承诺：

1. 建立危险化学品运输、使用和废弃处理方面的程序和惯例。

2. 管理者要确保工人的知情权，告知工人化学品的危险性，并在安全使用方面进行培训。

3. 任何一种化学品在进入企业之前，必须从供应商处获得该化学品的信息。

为了实现此方针，企业应进一步列出优先事项，便于建立具体的目标。例如，在使用某种危险化学品之前，企业要对其危险程度进行充分调查，并考虑是否有可选的替代品以及该替代品对经济和操作上的潜在影响。如果生产过程中必须使用该种危险化学品，那么应该采用切实可行的措施，将其暴露水平降到最低。由于列出的这些优先事项，为建立目标提供了依据，因此应尽可能地考虑全面。

二、明确责任

在化学品安全程序中应该反映出雇主和工人所应有的责任。

1. 雇主的责任

(1) 确保安全储存危险化学品，并防止任何未经许可的人员接近。

(2) 确保在工作中采取一些措施来保证工人安全，防止事故、伤害和中毒事件的发生。

(3) 尽最大可能选择无危险或危险性最低的化学品。

(4) 选择合适的设备和机械进行与化学品有关的工作。

(5) 确信所有的化学品都贴上了正确的标签，提供了化学品的安全数据表，并可为工人和工人代表所用。

(6) 向所有工人，尤其是新工人和那些无工作经验的工人说明化学品的危险性及安全预防措施。

(7) 对设计化学品的所有工种加强有效的监督管理，以确保操作正确，并防止由于工人缺乏知识和工作经验可能导致的任何危险的发生。

（8）对机械设备及工作场所进行维护、修理和定期检查。

（9）遵守安全卫生法规和安全的习惯。

（10）制定应急措施。

雇主在履行其职责时，应与在工作中使用化学品的工人及其代表在安全卫生方面进行密切合作。

2. 工人的责任

（1）工人应该与履行职责的雇主合作，并应遵守所有与工作中使用化学品时的安全与卫生有关的规定和习惯。应该对生产厂家、供货商、雇主或经营者发出的指令认真理解和执行。应该采取所有合理可行的措施将自己和他人的财产和环境所面临的危险降到最低水平。此外，工人还应做到：①正确使用提供给他们或其他人员的所有保护装置。②开始工作之前，应对设备进行检查，并将自己认为可能发生或不能正确处理的危险情况立即报告给直接管理人员。

（2）提醒工人代表和雇主对工作中使用化学品时产生的潜在危险引起注意。

（3）当自己有充分理由相信自身安全和卫生面临严重危险时，应逃离因使用危险化学品导致的危险环境。

（4）在身处危险化学品危害增大的卫生条件下，有权提出调换工作。尤其是怀孕或哺乳期的女工有权要求调离那些对她们未出生或在护理中的孩子有害的工作。

（5）对自己所受的工伤和职业病，有权要求给予足够的医治和赔偿。

三、建立工作组

为了协调和规划使用化学品时的安全卫生活动，组织一个能主动制订计划并能监督计划实施的工作组是重要的。工作组的大小可根据企业的大小而有所不同，可以由两个人组成（一个管理人员代表和一个工人代表），也可以由多个人组成。该工作组理想的构成应该是：一个具有权利的管理人员代表、一个安全人员、一个工业卫生学家（提供专业性支持），以及一些使用化学品和负责化学品储存的工人代表。

对于缺乏专业性支持的小型组织来说，可以寻求外界的帮助，尤其是在初期阶段更是如此，这种帮助可能来自咨询者、地方贸易协会或政府机构。该工作组取得管理人员的权利支持是必要的，工作组的活动应该在能反映企业政策的一些规定的密切指导下进行。

工作组的主要任务是：拟定化学品存货清单，建立化学品采购制度，落实化学品的收货、识别、分类、贴标签，加强化学品的日常管理等。

1. 拟定化学品存货清单

负责使用化学品时的安全协调和规划的工作组的首要任务是拟定一个在用化学品的详细清单。该清单应该包括所使用的每种化学品及其物理状态和每月所用的估计量。清单的拟定过程只能是通过每个工作场所、每个原料仓库及每个储存区域进行检查来完成。同时对化学品运输、操作、储存、废弃物的处理的方法也应在清单中注明。

建立这样一个清单的目的是为企业安全使用所有化学品提供基本的安全信息。化学品安全技术说明书能提供绝大多数必要的数据（如果没有这些化学品的安全技术说明书，应该与化学品供应商接触，要求他们提供有关的信息）。根据这些信息，该工作组应对危险化学品的使用情况进行分析。并考虑用危险性较低的化学品代替危险性较高的化学品。如果用危险性较低的化学品替代，在技术上和经济上均不可行的话，则应该开发其他预防措施，例如在使用化学品时，安装工程控制装置及遵循一定的安全规程和习惯等。

此外，还应通过培训课程、运行控制程序、手册等方式和手段使每个工人都知道其所接触的化学品的有关危害与防护信息。

2. 建立化学品采购制度

工作组的第二个任务是致力于建立一套化学品采购制度，并对它进行监督。其采购程序的基本原则是，所有进入工作场所的化学品都应得到该工作组的签字认可，对其危害性要进行鉴别，应分类和贴上安全标签。通过制度工作组便能检查和监督新化学品的购置是否符合企业的安全使用要求。该制度还应规定企业向有关的国家法律机构咨询，以确定贴标签的要求，并将这些要求写在购货合同和购货说明中。

最后，该制度还应包括对目前正在使用中的每一种化学品进行定期评审，以评估今后是否还要继续使用这种化学品。

3. 落实化学品的收货、识别、分类、贴标签

工作组的第三项任务是：当某种化学品首次进入工作场所时，与采购部门进行合作，要采取一系列必要的步骤。必须确保对每一种接收的化学品进行正确的危害性鉴别、分类和贴上标签，获得最新的化学品安全技术说明书。在将化学品入库储存或投入使用之前，必须达到上述要求。如果企业的采购部门在与供应商签署的购货合同中，对这些要求做出了详细的说明，那么这项任务便简单多了。

每个装有化学品的容器上都应贴上明显的标签，其目的是向每个接触该化学品或在该化学品附近工作的人员提供该化学品的名称、类别、潜在的危险性、应采取的防护措施等基本信息，一线的经理和工人应与管理部门合作，以确保每个化学品容器和包装上都贴有合乎要求的安全标签。

4. 加强化学品的日常管理

为保证工作场所化学品的安全使用，管理部门需开展一系列具体的活动。这些活动应该在企业内的各个车间、各个部门中展开，具体活动内容如下：

（1）让所有的化学品都使用合格的安全标签和安全技术说明书。

（2）向所有工人作出有关如何安全使用和存放相关化学品的说明。

（3）为提高危险化学品控制效果，加强合作。

（4）加强对个体防护用品的发放、使用、保养的管理。

（5）开发应急计划，并对其进行定期评价、组织定期演习。

（6）建立和保持化学品暴露监测程序，包括定期体检。

（7）制订培训计划并实施。

管理部门应及时发现、汇总、提出工人在化学品日常使用中存在和新出现的安全问题，通过建立安全规程和安全作业方法等消除相应的问题或降低各种暴露。当然，最好的解决化学品危害的方法是采用取代的手段，即无毒代有毒、低毒代高毒，如果取代方法行不通，就要设法将使用化学品的工序封闭或安装局部通风系统，并定期保养通风系统，以保证其效果。个体防护用品仅仅是作为上述措施的补充手段。

（1）确保所有的化学品都存放在适当的容器中，并且贴上合格的标签，在适宜的地方存放化学品安全技术说明书。化学品可以依照很多体系进行分类和标签，各个国家分类方法可能不同，化学品供应商承担着正确分类和标签的责任，特别是为不同国家提供化学品的时候，要注意所在国企业购货合同的要求。

危险性鉴别分类是根据化学品（化合物、混合物或单质）本身的特性，依据有关标准，确定是否为危险化学品，并划出可能的危险性类别及项别。鉴别分类是化学品管理的基础。

确定某种化学品是否为危险化学品，一般可按下列程序检验：

1）现有的化学品分类。对照《危险货物品名表》（GB 12268—2005）和《常用危险化学品的分类及标志》（GB 13960—1992）两个标准，确定其危险性类别和项别。

2）新的化学品分类。可首先检索文献，利用文献数据进行危险性初步评估，然后进行针对性试验；对于没有危险资料的，需要进行全面的物质性质、毒性、爆炸、环境方面的试验，然后依据《常用危险化学品的分类及标志》（GB 13690—1992）和《危险货物分类和品名编号》（GB 6944—2005）两个标准进行分类。试验方法和项目参照联合国《关于危险货物运输的建议书》进行。

3）混合物危险性分类。上述分类程序和方法适用于任何化学品，包括纯品和混合物。但对于混合物，列在《危险货物品名表》(GB 12268—2005) 和《常用危险化学品的分类及标志》(GB 13690—1992) 中的种类很少，危险数据也较少。有资料表明，混合物的急性毒性数据存在加和性，在难以得到试验数据的情况下，可以根据危害成分浓度的大小进行推算。

(2) 向所有工人提供化学品有关安全使用和储存方面的信息和教育。管理层有责任确保以下几方面：

1) 将暴露于工作场所化学品的危险性通知操作工人。

2) 知道工人怎样获取并使用在标签和化学品安全技术说明书上所提供的信息。

3) 将化学品安全技术说明书以及具体工作场所的信息，作为对工人进行培训教育的基本素材。

4) 定期对工人进行操作规程培训，以确保在工作中安全卫生地使用化学品。

5) 对工人进行正确、有效地使用控制措施的培训，特别是工程控制措施和个人防护措施。

由于对紧急事件的安排布置中必然涉及工人，所以管理层有职责要清楚地告知工人其角色、作用，并且特别培训工人们在具体紧急事件中应采取的正确措施。

适宜的储存是化学品安全管理计划中的另一个重要因素。管理层应对下列问题进行考虑。

1) 化学品的可混（溶）性。

2) 被储存化学品的性质和数量。

3) 储存地点的安全保障和进入方式。

4) 储存容器的品质和完整性。

5) 环境因素的影响如湿度和温度。

6) 预防有毒泄漏和失火的措施。

化学品要分类储存，例如易燃烧化学品不应储存在氧化物的附近，且应保持储存区域低温，远离火源和良好的通风。能与水发生反应的化学品（如锂、钠、钾、钙）应储存在干燥、低温和通风良好的区域，并且在这些区域不应安装自动喷水灭火装置。

(3) 加强合作。化学品使用安全管理的一个主要部分是管理层和工人之间的合作。安全管理的根本是提倡一种合作精神，使管理层和工人紧密合作，采取措施，促进化学品在工作场所的安全使用。

合作还意味着工人必须遵守一定的安全规则和程序，并且还将由于控制或保护装置失效所引发的危险情况立即向管理层报告。作为基本原则，工人应该安全地完成他们的任务，并且不能对其他的工人构成危害。

如果工人提出要求，管理人员应该能够提供有关化学品对健康影响的情况和其他诸如暴露监测数据或体检数据。

（4）个人防护用品的发放、使用和维护的管理。对于危害尚不能消除，向工人提供有效的个体防护用品并进行维护，是管理部门应该做的事情。管理部门还应采取有效措施以及确保这些个体防护用品得到正确地使用。

对于管理部门和工人来说，化学品安全技术说明书是正确选择个体防护用品的重要依据。必须基于 MSDS 上的信息和来自其他方面的信息（如工业卫生专家、化学专家或实验室或国家主管部门所提供的信息），来开发个体防护用品管理规划。其内容概括如下：

1）制定一个书面管理方针，以说明个体防护用品使用和维护要求。

2）要有一个供应的方法，以保证工人佩戴合适的个体防护用品和有足够的不同型号，适应所有工人。

3）有一个系统的方法，公布需要个体防护用品的工作场所和生产过程。

4）制订一个培训计划，以讲述化学品的危害、保护方法、选择和使用个体防护用品以及维护、修理。

（5）开发、定期评估和履行应急训练。与化学品相关的紧急情况不仅对工人本身而且对周边广大的社区、环境都可能造成灾难性的后果。应急预案不仅能清楚地指导本企业职工遇到何种紧急情况、如何处置，而且为消防人员、警察、医务人员以及厂外其他应急服务机构和人员提供一个绝好的讨论机会。

管理部门必须建立一套有针对性的应急措施和设备。例如，当发生事故性的化学品喷、溅到身体上，在工作场所附近应设有应急淋浴和洗眼设备，这些应急设备必须定期检查，以便在事故发生时能正常运行。

同样，一旦发生火灾，应提供适当的消防器材，以便在消防队到来之前控制火情。参加灭火的工人应受到良好的训练。必须建立一个火灾发生时的撤离计划，并定期演习，以保证届时能平稳、快速地撤离。

管理部门也应保证每班有经过培训的专职或兼职急救员。急救员的数量应满足需求。无数事实证明，急救及时，可以挽救更多的生命和减轻伤亡程度。

管理部门有责任针对化学品使用时可能发生的紧急情况和事故建立一套程序。这套程序必须定期评审和修订以适应新的情况。例如：

1）工作场所引进了新的化学物质。

2）启用了新的化学品生产过程或改进了现有的生产过程。

前面已经提到，管理部门有必要建立一个工人培训计划，包括应急培训的项目，使工人遇到紧急情况时有能力处理紧急情况。应急培训计划应至少包括以下几项：

1）拉响警报。

2）寻求适宜的紧急援助。

3）使用合适的处理紧急情况的个体防护用品。

4）紧急情况下选用、佩戴合适的个体防护用品。

5）撤离困境中人员的措施。

6）急救。

7）专门设备和材料的使用，包括急救、消防、溢出和泄漏控制设备。

8）减轻事故后果的措施。

9）必要时疏散厂房内人员的措施。

（6）建立和保持暴露程度的监测程序，包括医疗监督。管理层应建立监测工人使用危险化学物质暴露水平的程序。暴露水平不能超过国家规定的允许值。如果超过就应立即检查并找出原因，同时迅速加以解决。在采取补救措施的期间里，必须提供给工人正确的保护设备或禁止进入被污染地区。

所有暴露监测记录应保存好并有序存放。

对暴露于化学物质中的工人应给予医疗监督，包括定期体检，通过监督他们的健康状况确定这些化学物质是否危害人体。由于绝大多数职业病有相当长的潜伏期，医疗监督提供了早期发现疾病的机会，以便及时建立保护措施和及时安排治疗。

所有健康记录都要保存。

（7）培训计划的制订与实施。

培训与教育是管理有害化学品的一个重要组成部分，安全装置的安装或控制化学品的程序和管理，也需要培训和教育的配合，因此培训是化学品控制计划中必不可少的要素。

所有接触有毒化学品的人都应知道其危害、控制及一系列的程序。这些程序包括安全操作规程、个体防护用品的使用与维护、应急与急救措施。要对工人进行安全标签的培训，使工人具有从标签上获取信息的能力。

对新工人的培训更是十分重要，不管怎样，所有工人都应每隔一定时间接受再培训，或当生产过程、程序发生变化时重新接受培训。

参考文献

[1] 王凯全，邵辉主编．危险化学品安全经营、储运与使用．北京：化学工业出版社，2005

[2] 张景林，吕春玲，苟瑞君编著．危险化学品运输．北京：化学工业出版社，2006

[3] 王晶禹等编著．危险化学品储存．北京：化学工业出版社，2005

[4] 张少岩编著．危险化学品包装．北京：化学工业出版社，2005

[5] 崔克清编著．危险化学品安全总论．北京：化学工业出版社，2005

[6] 杨书宏编著．作业场所化学品的安全使用．北京：化学工业出版社，2005

[7] 苏华龙主编．危险化学品安全管理．北京：化学工业出版社，2006